中国科学院大学教材出版中心资助

中国科学院大学研究生教材系列

双曲守恒律数值方法概论

袁 礼 于海军 著

科学出版社

北 京

内 容 简 介

本书是为中国科学院大学计算数学专业硕士研究生专业课程"微分方程数值解 II"编写的教科书. 主要以一维问题为例, 介绍双曲守恒律方程数值方法中较成熟并得到广泛应用的一些方法. 本书内容包括有限差分法的基础知识、双曲守恒律方程的数学性质、经典有限体积和差分格式、高分辨率总变差减少格式、高阶基本无振荡格式和加权基本无振荡格式, 以及间断有限元方法. 最后还介绍了将守恒律数值方法应用于实际问题时所需的贴体结构网格生成技术.

本书可作为数学学科专业研究生的教科书, 也可供相关专业的科研人员参考.

图书在版编目 (CIP) 数据

双曲守恒律数值方法概论 / 袁礼, 于海军著. -- 北京 : 科学出版社, 2025. 2. -- (中国科学院大学研究生教材系列). -- ISBN 978-7-03-079705-6

I. O175.27

中国国家版本馆 CIP 数据核字第 2024DV8739 号

责任编辑: 胡庆家 范培培 / 责任校对: 彭珍珍
责任印制: 张 伟 / 封面设计: 无极书装

科学出版社 出版
北京东黄城根北街 16 号
邮政编码: 100717
http://www.sciencep.com

北京中石油彩色印刷有限责任公司印刷
科学出版社发行 各地新华书店经销
*
2025 年 2 月第 一 版   开本: 720×1000 1/16
2025 年 2 月第一次印刷   印张: 13 3/4
字数: 274 000

定价: **98.00 元**
(如有印装质量问题, 我社负责调换)

前　言

　　双曲型方程可描述流体力学、声学、电动力学等学科中出现的各种波动和输运现象. 其数值计算对于研究这些现象是一种非常重要的途径. 特别地, 非线性双曲守恒律方程间断解的准确计算是双曲型方程数值方法要解决的核心问题. 经过半个多世纪的发展, 双曲守恒律的理论和数值计算研究取得了丰硕的成果, 并发展出了各种各样的数值方法. 尽管如此, 由于问题本身的挑战性, 相关研究依然是当前计算数学的重要研究热点.

　　本书主要内容是双曲守恒律偏微分方程的一些最基本的数值方法. 由于多维问题的计算是以一维方法为基础, 本书主要以一维问题为例, 在有限体积和有限差分框架下着重介绍双曲守恒律的经典格式、高分辨率 TVD 格式、高精度 ENO 与 WENO 方法, 并简要介绍适合在复杂区域上使用的间断 Galerkin 方法. 本书介绍的数值方法基本上是较成熟, 并得到广泛应用的方法.

　　本书是以中国科学院大学计算数学专业硕士研究生专业课程 "微分方程数值解 II" 的讲义为基础, 参考了一些相关的中英文教材、专著、论文、讲义及网络资料撰写而成的. 本书假定读者已经接触过有限差分方法并选修过数值分析和数值代数方面的相关课程. 但在写作中, 我们尽量做到内容自我完备, 力求深入浅出地讲清楚守恒律数值方法的基本内容, 阐明基本概念, 介绍构造计算方法的基本思想和所依据的数学理论, 同时强调上机求解能力. 在内容选取上, 我们注重内容的理论性、简洁性和实用性. 有些方法和知识点, 可能并不是以其最初或者最严谨的方式表述, 而是从便于读者理解的角度展示. 我们希望读者通过本书的学习, 能了解守恒律常用数值方法和方法特点, 能将一些基本方法应用于实际问题, 并有能力进一步阅读计算流体力学等相关领域的研究文献.

　　本书共七章. 第 1 章回顾了有限差分法的基础知识. 第 2 章介绍一维双曲守恒律的数学性质. 第 3 章介绍一维双曲守恒律的经典数值方法. 第 4 章介绍一维双曲守恒律的高分辨率方法 (TVD 格式等). 第 5 章介绍一维双曲守恒律的高精度 ENO 和 WENO 方法. 第 6 章介绍双曲守恒律的间断 Galerkin 方法. 第 7 章介绍差分方法中常用的贴体结构网格生成技术. 每章后面都有练习题, 第 3—7 章后面还有上机练习题供读者通过简单的实践更好地掌握核心数值方法.

　　本书的出版得到了中国科学院大学的资助, 同时还得到了国家自然科学基金委员会 "可压缩湍流多重分形与统计特性的理论和数值研究" 项目 (项目批准号:

12161141017) 的支持, 在此表示感谢. 刘伟博士和冷伟副研究员曾先后参与授课并提供材料, 2010 届博士研究生张磊提供了第 6 章的材料. 本书作者对他们的帮助表示感谢. 另外作者也要感谢 2018—2022 年选修中国科学院大学 "微分方程数值解 II" 课程的同学们, 他们的反馈使得本书的内容选取更为合理, 逻辑更为清晰.

　　由于作者水平有限, 书中难免有不妥之处, 敬请读者指正.

作　者

2024 年 10 月 24 日

目　录

第 1 章　有限差分法的基础知识

有限差分法、有限体积法和有限元法是广泛应用的求解偏微分方程 (partial differential equation, PDE) 的数值方法. 有限差分法的概念直观、应用简单, 是发展较早且比较成熟的数值方法. 有限差分法一般要求结构网格, 适用的计算区域较为简单. 对于一个由偏微分方程及其边界条件和初值所构成的数值求解问题, 有限差分法将求解区域划分为有限个离散点 (网格点), 将方程中的偏导数用代数差商代替, 用一组代数方程近似地替代原来的偏微分方程, 进而求出离散网格点处的数值解. 本章, 我们以一些简单的偏微分方程为例, 介绍有限差分法的基本概念和差分格式的构造方法, 以及理论基础, 包括相容性、收敛性和稳定性.

1.1　偏微分方程的差分离散: 一个实例

考虑一维非定常热传导方程:

$$\frac{\partial u}{\partial t} = \alpha \frac{\partial^2 u}{\partial x^2}, \tag{1.1}$$

其中 u 为温度, 常数 $\alpha > 0$ 为热扩散系数. 设方程 (1.1) 的求解域为 $(x, t) \in (0, 1) \times (0, \infty)$, 初始条件和边界条件分别为

$$u(x, 0) = T_0(x), \quad 0 \leqslant x \leqslant 1 \quad \text{和} \quad u(0, t) = a(t), \quad u(1, t) = b(t). \tag{1.2}$$

根据偏微分方程理论, 方程 (1.1) 和初边值条件 (1.2) 构成了一个适定的定解问题.

为了用有限差分法数值求解问题 (1.1)-(1.2), 我们首先将连续的求解域划分为一系列离散的时空网格节点, 如图 1.1 所示. 这里采用均匀网格节点划分: $x_j = j\Delta x$, $t_n = n\Delta t$, $j = 0, 1, \cdots, J$, $n = 0, 1, \cdots$, 其中 $\Delta x = 1/J$ 为空间步长, Δt 为时间步长. 用 u_j^n 表示网格节点 (x_j, t_n) 处的数值解. 然后, 将式 (1.1) 中的时间导数用向前差商、空间导数用第 n 时间层上的中心差商替代, 得到一个近似的差分方程

$$\frac{u_j^{n+1} - u_j^n}{\Delta t} = \alpha \frac{u_{j-1}^n - 2u_j^n + u_{j+1}^n}{\Delta x^2}. \tag{1.3}$$

上式对于每个非边界处的 j, n 成立, 也就是 $j = 1, \cdots, J-1$, $n \geqslant 1$. 上式中涉及的边界处的值由下述对初始条件和边界条件 (1.2) 的离散给出

$$
\begin{aligned}
u_j^0 &= T_0(x_j), \quad j = 0, 1, \cdots, J, \\
u_0^n &= a(t_n), \\
u_J^n &= b(t_n), \qquad n = 0, 1, \cdots .
\end{aligned}
\tag{1.4}
$$

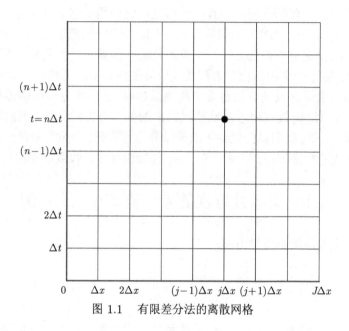

图 1.1　有限差分法的离散网格

方程 (1.3) 是一个代数方程, 可改写成一个计算 u_j^{n+1} 的公式:

$$
u_j^{n+1} = s u_{j-1}^n + (1 - 2s) u_j^n + s u_{j+1}^n,
\tag{1.5}
$$

其中 $s = \alpha \Delta t / \Delta x^2$. 差分方程 (1.3) 或 (1.5) 称为 FTCS 格式 (Forward difference in Time, Central difference in Space) [1,2]. 这种由前一时间步的值, 可直接计算下一时间步的值的格式, 称为显式格式.

　　类似地, 如果时间导数用向后差分而空间导数用最新时间层上的中心差分近似, 则可得差分方程

$$
\frac{u_j^{n+1} - u_j^n}{\Delta t} = \alpha \frac{u_{j-1}^{n+1} - 2u_j^{n+1} + u_{j+1}^{n+1}}{\Delta x^2}.
\tag{1.6}
$$

(1.6) 式称为 BTCS 格式 (Backward difference in Time, Central difference in Space), 可改写成计算格式

$$
-s u_{j-1}^{n+1} + (1 + 2s) u_j^{n+1} - s u_{j+1}^{n+1} = u_j^n.
\tag{1.7}
$$

与 FTCS 格式不同, BTCS 格式中同时涉及 $n+1$ 时刻的多个未知量, 不能直接求出解, 需要解代数方程组才能得到解, 这种格式称为隐式格式.

代数方程 (1.7) 可以在内点 $j = 1, \cdots, J - 1$ 处列出, 再加上已知的 $j = 0$ 和 $j = J$ 边界点处的边界条件, 形成形如

$$a_j u_{j-1} + b_j u_j + c_j u_{j+1} = f_j, \quad j = 1, \cdots, J - 1 \tag{1.8}$$

的关于 $J-1$ 个未知量的三对角线方程组. 上述方程组可用追赶法 (如参见 [1]) 或调用线性代数软件库 (比如 LAPACK 等) 高效求解.

通过本节内容我们看到, 从微分方程到差分方程的离散过程主要涉及使用基于离散点的网格函数来表示原始函数, 以及用有限差分逼近导数. 差分逼近会产生截断误差. 误差的产生和传播是数值方法研究的主要内容.

1.2 导数的差分逼近的截断误差

假设函数 $u(x)$ 足够光滑, 我们可以用 Taylor 级数展开式分析差分逼近的截断误差. 例如用单侧差商 $\delta_x^{\pm} u_j / \Delta x \equiv \pm (u_{j\pm 1} - u_j)/\Delta x$ 逼近导数 $\partial u / \partial x |_{x=x_j}$ 时, 利用 Taylor 公式将 $u_{j\pm 1}$ 在 $x = x_j$ 处展开可得

$$u_{j\pm 1} = u_j \pm \Delta x \frac{\partial u}{\partial x}\bigg|_j + \frac{\Delta x^2}{2!} \frac{\partial^2 u}{\partial x^2}\bigg|_j \pm \frac{\Delta x^3}{3!} \frac{\partial^3 u}{\partial x^3}\bigg|_j + \mathcal{O}(\Delta x^4), \tag{1.9}$$

其中 $\mathcal{O}(\Delta x)$ 表示在 $\Delta x \to 0$ 的过程中, 量级不超过 Δx 的量, 下标 j 表示相应量在 $x = x_j$ 处的取值. 于是, 向前差商逼近可以表示为

$$\begin{aligned}
\frac{\delta_x^+ u_j}{\Delta x} &\equiv \frac{u_{j+1} - u_j}{\Delta x} = \frac{\partial u}{\partial x}\bigg|_j + \text{T.E.}, \\
\text{T.E.} &= \frac{\Delta x}{2} \frac{\partial^2 u}{\partial x^2}\bigg|_j + \frac{\Delta x^2}{6} \frac{\partial^3 u}{\partial x^3}\bigg|_j + \mathcal{O}(\Delta x^3).
\end{aligned} \tag{1.10}$$

这里 $\text{T.E.} = \delta_x^+ u_j / \Delta x - (\partial u / \partial x)_j$ 称为差分逼近的截断误差 (truncation error). 由于截断误差的首项为网格步长 Δx 的一次幂函数, 我们称 $\delta_x^+ u_j / \Delta x$ 为 $(\partial u / \partial x)_j$ 的一阶精度的差分逼近.

类似地, 一阶导数的向后差分逼近有

$$\begin{aligned}
\frac{\delta_x^- u_j}{\Delta x} &\equiv \frac{u_j - u_{j-1}}{\Delta x} = \frac{\partial u}{\partial x}\bigg|_j + \text{T.E.}, \\
\text{T.E.} &= -\frac{\Delta x}{2} \frac{\partial^2 u}{\partial x^2}\bigg|_j + \frac{\Delta x^2}{6} \frac{\partial^3 u}{\partial x^3}\bigg|_j + \cdots = \mathcal{O}(\Delta x),
\end{aligned} \tag{1.11}$$

中心差分逼近:

$$
\frac{\delta_x^0 u_j}{\Delta x} \equiv \frac{u_{j+1} - u_{j-1}}{2\Delta x} = \left.\frac{\partial u}{\partial x}\right|_j + \text{T.E.},
$$

$$
\text{T.E.} = \frac{\Delta x^2}{6} \left.\frac{\partial^3 u}{\partial x^3}\right|_j + \cdots = \mathcal{O}(\Delta x^2),
$$

(1.12)

四点三阶精度迎风偏斜差分近似:

$$
\frac{\delta_3 u_j}{\Delta x} \equiv \frac{u_{j-2} - 6u_{j-1} + 3u_j + 2u_{j+1}}{6\Delta x} = \left.\frac{\partial u}{\partial x}\right|_j + \text{T.E.},
$$

$$
\text{T.E.} = \frac{\Delta x^3}{12} \left.\frac{\partial^4 u}{\partial x^4}\right|_j + \cdots = \mathcal{O}(\Delta x^3).
$$

(1.13)

二阶导数 $(\partial^2 u/\partial x^2)_j$ 的三点中心差分近似及其截断误差为

$$
\frac{\delta_x^2 u_j}{\Delta x^2} \equiv \frac{u_{j-1} - 2u_j + u_{j+1}}{\Delta x^2} = \left.\frac{\partial^2 u}{\partial x^2}\right|_j + \text{T.E.},
$$

$$
\text{T.E.} = \frac{2\Delta x^2}{4!} \left.\frac{\partial^4 u}{\partial x^4}\right|_j + \frac{2\Delta x^4}{6!} \left.\frac{\partial^6 u}{\partial x^6}\right|_j + \cdots = \mathcal{O}(\Delta x^2).
$$

(1.14)

1.3　导数的差分逼近的构造方法

这里仅介绍两种一般的方法: 待定系数法和差分算子法[2].

1.3.1　待定系数法

例如, 要构造导数 $(\partial u/\partial x)_j$ 的某种差分逼近, 首先要确定差分近似所用的 "模板点". 假如我们希望用三个网格点 $j-2$, $j-1$, j 作为模板点构造 $(\partial u/\partial x)_j$ 的差分逼近, 可以把差分逼近的表达式写成待定系数的形式:

$$
D_2(x_j) = \frac{au_{j-2} + bu_{j-1} + cu_j}{\Delta x},
$$

(1.15)

其中 a, b, c 是待定系数.

将式 (1.15) 中的 u_{j-1} 和 u_{j-2} 在 j 点处做 Taylor 级数展开, 得到

$$
D_2(x_j) = \frac{a+b+c}{\Delta x} u_j + (-2a - b) \left.\frac{\partial u}{\partial x}\right|_j + \left(\frac{4}{2}a + \frac{b}{2}\right) \Delta x \left.\frac{\partial^2 u}{\partial x^2}\right|_j
$$

$$
+ \left(-\frac{8}{6}a - \frac{1}{6}b\right) \Delta x^2 \left.\frac{\partial^3 u}{\partial x^3}\right|_j + \cdots.
$$

(1.16)

如果 $D_2(x_j)$ 要和 $(\partial u/\partial x)_j$ 符合到二阶精度, 那么待定系数要满足以下三个条件:

$$a + b + c = 0,$$
$$-2a - b = 1, \tag{1.17}$$
$$4a + b = 0.$$

解得

$$a = \frac{1}{2}, \quad b = -2, \quad c = \frac{3}{2}.$$

将其代回式 (1.16) 并考虑到式 (1.15), 得到

$$\left.\frac{\partial u}{\partial x}\right|_j = \frac{u_{j-2} - 4u_{j-1} + 3u_j}{2\Delta x} - \frac{1}{3}\Delta x^2 \left.\frac{\partial^3 u}{\partial x^3}\right|_j + \mathcal{O}(\Delta x^3). \tag{1.18}$$

类似地, 用 $j, j+1, j+2$ 这三个网格点作为模板可得

$$\left.\frac{\partial u}{\partial x}\right|_j = \frac{-3u_j + 4u_{j+1} - u_{j+2}}{2\Delta x} + \frac{1}{3}\Delta x^2 \left.\frac{\partial^3 u}{\partial x^3}\right|_j + \mathcal{O}(\Delta x^3). \tag{1.19}$$

以上两个差分逼近的精度都为 $\mathcal{O}(\Delta x^2)$. 一般地, 当网格均匀时, 用 $m+1$ 个连续网格点处的函数值逼近 $(\partial u/\partial x)_j$ 的精度最高为 m 阶. 这和用 $m+1$ 个点构造拉格朗日 (Lagrange) 插值多项式, 然后对其求一阶导数所得的逼近精度是一样的.

待定系数法也可被应用于非等距网格的情形和高阶导数的逼近.

例如, 考虑在非等距网格上构造 $(\partial u/\partial x)_j$ 的差分逼近, 要求用 $j-1$, j, $j+1$ 三点模板. 设 $\Delta x_- = x_j - x_{j-1}, \Delta x_+ = x_{j+1} - x_j, \Delta x_+/\Delta x_- = \alpha$. 差分近似的形式为

$$\left.\frac{\partial u}{\partial x}\right|_j \approx \frac{au_{j-1} + bu_j + cu_{j+1}}{\Delta x_-}.$$

将 u_{j-1} 和 u_{j+1} 在 j 点处做 Taylor 级数展开, 让系数 a, b, c 满足类似于式 (1.17) 的相容性和最高精度要求, 即可解出这些系数. 最后可得[3]

$$\left.\frac{\partial u}{\partial x}\right|_j = \frac{1}{\alpha(\alpha+1)\Delta x_-}\left[-\alpha^2 u_{j-1} + (\alpha^2 - 1)u_j + u_{j+1}\right] + \mathcal{O}(\Delta x_-^2, \Delta x_+^2). \tag{1.20}$$

1.3.2 差分算子法

所谓算子是一种前置运算符. 算子和它后面的被作用量一起代表一种确定的运算过程. 引入算子的目的是简化各种运算的形式及推导过程. 算子之间也可以

定义各种运算, 如加法和乘法. 特别地, 如果算子 L 对于任意实数 α, β 和元素 u, v 满足

$$L(\alpha u + \beta v) = \alpha L(u) + \beta L(v),\tag{1.21}$$

则称 L 为线性算子.

下面定义一些差分方法中常用的算子.[①]

(1) 移位算子: $E^s u_j = u_{j+s}$.

(2) 向前差分算子: $\Delta u_j = u_{j+1} - u_j \longrightarrow \Delta = E - 1$, 这里 1 表示恒同算子.

(3) 向后差分算子: $\nabla u_j = u_j - u_{j-1} \longrightarrow \nabla = 1 - E^{-1}$.

(4) 算术平均算子: $\mu u_j = \dfrac{1}{2}(u_{j-1/2} + u_{j+1/2}) \longrightarrow \mu = \dfrac{1}{2}\left(E^{-1/2} + E^{1/2}\right)$.

(5) 一倍步长中心差分算子: $\delta u_j = u_{j+1/2} - u_{j-1/2} \longrightarrow \delta = E^{1/2} - E^{-1/2}$.

(6) 二倍步长中心差分算子: $\delta^c u_j = \dfrac{1}{2}(u_{j+1} - u_{j-1}) \longrightarrow \delta^c = \dfrac{1}{2}(E - E^{-1})$.

(7) 二阶差分算子: $\delta^2 u_j = u_{j-1} - 2u_j + u_{j+1} \longrightarrow \delta^2 = E^{-1} - 2 + E = \delta\delta$.

这些差分算子都是线性算子, 满足加法的交换律和乘法的结合律.

1.3.2.1　移位算子与微分算子的关系

记微分算子: $\dfrac{\partial}{\partial x} = D$, 于是 $\dfrac{\partial^2}{\partial x^2} = DD = D^2$. 由 Taylor 公式:

$$u_{j+1} = u_j + \Delta x D u_j + \frac{\Delta x^2}{2!}D^2 u_j + \frac{\Delta x^3}{3!}D^3 u_j + \cdots$$

$$= \left(1 + \Delta x D + \frac{\Delta x^2}{2!}D^2 + \frac{\Delta x^3}{3!}D^3 + \cdots\right) u_j$$

$$= e^{\Delta x D} u_j,$$

因此

$$E u_j = e^{\Delta x D} u_j, \quad \text{或} \quad E = e^{\Delta x D}, \quad \text{或} \quad D = \frac{1}{\Delta x}\ln E.$$

以 h 表示时间或空间步长, 上面的关系可以统一写为

$$D = \frac{1}{h}\ln E.\tag{1.22}$$

---

① 这里定义的向前差分算子 Δ 和向后差分算子 ∇ 等价于前面使用的 δ^+ 和 δ^-. 使用 Δ 和 ∇ 的好处是在后续公式涉及算子幂次的时候会看起来更整洁.

二阶微分算子和移位算子之间的关系为

$$D^2 = DD = D\left(\frac{1}{h}\ln E\right) = \frac{1}{h}D\left(\ln E\right) = \frac{1}{h}\frac{1}{h}\ln E \cdot \ln E = \frac{1}{h^2}\left(\ln E\right)^2. \quad (1.23)$$

1.3.2.2 用算子构造差分逼近式

根据移位算子和向前、向后差分算子之间的转换关系: $E = 1 + \Delta = \dfrac{1}{1-\nabla}$, 可以建立微分算子与其他差分算子之间的联系, 从而得到导数的差分近似公式[2].

例 1.1 构造一阶导数的向后差分近似. 首先建立一阶微分算子与向后差分算子之间的联系:

$$D = \frac{1}{h}\ln E = \frac{1}{h}\ln\frac{1}{1-\nabla} = \frac{1}{h}\left(\nabla + \frac{\nabla^2}{2} + \frac{\nabla^3}{3} + \cdots\right). \quad (1.24)$$

考虑到向后差分算子的量级为 $\mathcal{O}(h)$, 取右端第一项即得到一阶精度的向后差商算子为 $\dfrac{1}{h}\nabla$, 它作用于 u_j 后所得的向后差商为

$$\frac{1}{h}\nabla u_j = \frac{u_j - u_{j-1}}{h} = \frac{\partial u}{\partial x}\bigg|_j + \mathcal{O}(h).$$

取 (1.24) 的前两项得到二阶精度的向后差商算子, 二阶精度向后差分近似为

$$\frac{1}{h}\left(\nabla + \frac{\nabla^2}{2}\right)u_j = \frac{3u_j - 4u_{j-1} + u_{j-2}}{2h} = \frac{\partial u}{\partial x}\bigg|_j + \mathcal{O}(h^2).$$

同理用 $D = \dfrac{1}{h}\ln(1+\Delta) = \dfrac{1}{h}\left(\Delta - \dfrac{1}{2}\Delta^2 + \dfrac{1}{3}\Delta^3 - \dfrac{1}{4}\Delta^4 + \cdots\right)$, 可得各阶精度的向前差分近似, 用 $D = \dfrac{1}{2}\left(\dfrac{1}{h}\ln(1+\Delta) + \dfrac{1}{h}\ln\dfrac{1}{1-\nabla}\right)$ 的 Taylor 级数展开, 可得各阶精度的中心差分近似.

例 1.2 用二阶导数和移位算子关系式 (1.23) 推导二阶导数的中心差分近似.

$$D^2 = \frac{1}{h^2}(\ln E)^2 = \frac{1}{h^2}\ln(1+\Delta)\ln\frac{1}{1-\nabla}$$

$$= \frac{1}{h^2}\left(\Delta - \frac{\Delta^2}{2} + \frac{\Delta^3}{3} - \frac{\Delta^4}{4} + \cdots\right)\left(\nabla + \frac{\nabla^2}{2} + \frac{\nabla^3}{3} + \frac{\nabla^4}{4} + \cdots\right)$$

$$= \frac{1}{h^2}\left[\Delta\nabla + \left(\frac{\Delta\nabla^2}{2} - \frac{\Delta^2\nabla}{2}\right) + \left(\frac{\Delta\nabla^3}{3} + \frac{\Delta^3\nabla}{3} - \frac{\Delta^2\nabla^2}{4}\right) + \cdots\right]$$

$$\stackrel{\underline{1}}{=} \frac{1}{h^2} \left[\Delta\nabla - \frac{(\Delta\nabla)^2}{2} + (\Delta\nabla)^2 \frac{4\Delta\nabla + 5}{12} + \cdots \right]$$

$$= \frac{1}{h^2} \left(\delta^2 - \frac{\delta^4}{12} + \frac{\delta^6}{90} + \cdots \right),$$

其中, 等号 $\stackrel{1}{=}$ 这一步使用了恒等式 $\Delta\nabla = \nabla\Delta$, $\Delta - \nabla = \Delta\nabla = \delta^2$, $\Delta^2 + \nabla^2 = (\Delta\nabla)^2 + 2\Delta\nabla$. 由于 $\delta^2 = \mathcal{O}(h^2)$, 因此, 二阶导数的二阶和四阶精度的中心差分近似为

$$\frac{1}{h^2}\delta^2 u_j = \frac{u_{j-1} - 2u_j + u_{j+1}}{h^2} = \left.\frac{\partial^2 u}{\partial x^2}\right|_j + \mathcal{O}(h^2), \tag{1.25}$$

$$\frac{1}{h^2}\left(\delta^2 - \frac{\delta^4}{12}\right) u_j = \frac{-u_{j-2} + 16u_{j-1} - 30u_j + 16u_{j+1} - u_{j+2}}{12h^2} = \left.\frac{\partial^2 u}{\partial x^2}\right|_j + \mathcal{O}(h^4). \tag{1.26}$$

1.4　有限差分格式的一般性要求

有限差分法要求数值解以一定精度逼近原微分方程初边值问题的精确解, 这是收敛性要求. 为此, 差分格式至少须满足相容性与稳定性要求.

为了便于讨论差分格式的相容性、收敛性和稳定性, 下面引入范数的概念.

1.4.1　范数

向量的大小可以用其长度 (模) 来度量, 范数是这种度量指标在函数空间的推广和抽象. 设函数 $u(x)$ 和相应的数值解 $u_h(j\Delta x)$ 为函数空间的元素. 记 $u(x)$ 的范数为 $\|u\|$. 最常用的范数集是 p-范数:

$$\|u_h\|_p = \left(\Delta x \sum_{j=-\infty}^{\infty} |u_j|^p \right)^{1/p}, \tag{1.27}$$

其中 $|u_j|$ 代表点 j 处的向量模 (设 $u \in \mathbb{R}^m$ 是有 m 个分量的函数). 式 (1.27) 对应的连续函数形式为 $\|u\|_p = \left(\int_{-\infty}^{\infty} |u(x)|^p \mathrm{d}x \right)^{1/p}$. 常用的范数有:

(1) 1-范数: $\|u_h\|_1 = \Delta x \sum\limits_{j=-\infty}^{\infty} |u_j|$　((1.27) 中取 $p = 1$. 常用于双曲守恒律).

(2) 2-范数: $\|u_h\|_2 = \left(\Delta x \sum\limits_{j=-\infty}^{\infty} |u_j|^2 \right)^{1/2}$ ((1.27) 中取 $p = 2$. 常用于线性格式).

(3) ∞-范数: $\|u_h\|_\infty = \max\limits_{-\infty \leqslant j \leqslant \infty} |u_j|$　(∞-范数用于最严格的点点收敛).

可以证明, 这些范数都满足一般模所要求的三个性质:

(1) 正定性: $\|u\| \geqslant 0$, 且当且仅当 $u = 0$ 时等号才成立;

(2) 齐次性: 对于任一常数 α, 都有 $\|\alpha u\| = |\alpha|\,\|u\|$;

(3) 三角不等式: 对任意两个函数 u, v, 都有 $\|u + v\| \leqslant \|u\| + \|v\|$.

设算子 A 可以与向量或标量 x 作用, 作用后 Ax 为向量或标量函数, 也有范数定义, 则算子的范数可定义为

$$\|A\| = \max_{x \neq 0} \frac{\|Ax\|}{\|x\|} = \max_{\|x\|=1} \|Ax\|. \tag{1.28}$$

显然有

$$\|Ax\| \leqslant \|A\|\|x\|. \tag{1.29}$$

1.4.2 差分格式的相容性

先定义差分方程的局部截断误差. 记 Q 为满足差分方程 $L_h(Q) = 0$ 的数值解. 它是一个网格函数, 我们记其在 t_n 时刻 x_j 网格点上的值为 Q_j^n, 并记时间 t_n 网格 $(x_j)_{j \in \mathbb{Z}}$ 上的数值解为 $Q^n = (Q_j^n)_{j \in \mathbb{Z}}$. 相应地, 满足微分方程 $L_{\mathrm{PDE}}(q) = 0$ 的精确解 q 在网格点上的值记为 $q_j^n = q(x_j, t_n)$. 则差分格式的局部截断误差 (local truncation error) 定义为

$$\tau_j^n = L_h(q)|_j^n, \tag{1.30}$$

其中上下标 n, j 表示 $L_h(q)$ 在网格点 (x_j, t_n) 上的取值. 接下来, 用某种给定的范数 $\|\cdot\|$ 来定义差分格式的截断误差: $\mathcal{T}^n = \|L_h(q)|_{(\cdot)}^n\|$. 有了 $\mathcal{T}^n$, 我们就可以定义差分格式的相容性.

相容性 设与微分方程 $L_{\mathrm{PDE}}(q) = 0$ 对应的差分方程为 $L_h(Q) = 0$. 如果

$$\lim_{\Delta t \to 0, \Delta x \to 0} \mathcal{T}^n = \lim_{\Delta t \to 0, \Delta x \to 0} \left\| L_h(q)|_{(\cdot)}^n \right\| = 0, \tag{1.31}$$

则称差分格式与微分方程是相容的, 即相容性是指当网格间距趋于零时, 差分方程 (或格式) 逼近于微分方程.

差分格式的局部截断误差很容易分析. 只需将差分方程改写为类似于微分方程的形式, 将精确解代入此方程, 并在网格点 (x_j, t_n) 处作 Taylor 级数展开, 就得到局部截断误差, 然后就可以分析格式的相容性.

例 1.3 热传导方程 $L_{\mathrm{PDE}}(q) \equiv q_t - \mu q_{xx} = 0$ 的 FTCS 格式为

$$\frac{Q_j^{n+1} - Q_j^n}{\Delta t} = \frac{\mu}{\Delta x^2} \left(Q_{j-1}^n - 2Q_j^n + Q_{j+1}^n \right). \tag{1.32}$$

将其改写成如下形式的差分方程,

$$L_h(Q)\big|_j^n \equiv \frac{Q_j^{n+1} - Q_j^n}{\Delta t} - \frac{\mu}{\Delta x^2}\left(Q_{j-1}^n - 2Q_j^n + Q_{j+1}^n\right) = 0. \tag{1.33}$$

将精确解 q 代入差分方程 $L_h(Q) = 0$ 并在网格点 (j, n) 处做 Taylor 级数展开, 有

$$\begin{aligned}
L_h(q)\big|_j^n &= \frac{q_j^{n+1} - q_j^n}{\Delta t} - \frac{\mu}{\Delta x^2}\left(q_{j-1}^n - 2q_j^n + q_{j+1}^n\right) \\
&= \left[\frac{\partial q}{\partial t} - \mu\frac{\partial^2 q}{\partial x^2}\right]_j^n + \frac{\Delta t}{2}\left(\frac{\partial^2 q}{\partial t^2}\right)_j^n - \mu\frac{\Delta x^2}{12}\left(\frac{\partial^4 q}{\partial x^4}\right)_j^n \\
&\quad + \frac{\Delta t^2}{6}\left(\frac{\partial^4 q}{\partial t^4}\right)_j^n - \mu\frac{\Delta x^4}{360}\left(\frac{\partial^6 q}{\partial x^6}\right)_j^n + \cdots.
\end{aligned}$$

由于 $q_t - \mu q_{xx} = 0$, 所以局部截断误差为

$$\begin{aligned}
L_h(q)\big|_j^n &= \frac{\Delta t}{2}\left(\frac{\partial^2 q}{\partial t^2}\right)_j^n - \mu\frac{\Delta x^2}{12}\left(\frac{\partial^4 q}{\partial x^4}\right)_j^n \\
&\quad + \frac{\Delta t^2}{6}\left(\frac{\partial^4 q}{\partial t^4}\right)_j^n - \mu\frac{\Delta x^4}{360}\left(\frac{\partial^6 q}{\partial x^6}\right)_j^n + \cdots. \tag{1.34}
\end{aligned}$$

以范数表示的差分格式截断误差 $\mathcal{T}^n = \big\|L_h(q)\big|_{(\cdot)}^n\big\| = \mathcal{O}(\Delta t) + \mathcal{O}(\Delta x^2)$. 差分格式和微分方程是相容的.

　　由于从微分方程可得到 $q_{tt} = \mu^2 q_{xxxx}$, 因此 (1.34) 变成

$$L_h(q)\big|_j^n = \frac{1}{2}\mu\Delta x^2\left(\frac{\mu\Delta t}{\Delta x^2} - \frac{1}{6}\right)q_{xxxx}(x_j, t_n) + \mathcal{O}(\Delta t^2) + \mathcal{O}(\Delta x^4). \tag{1.35}$$

特别地, 当 $\mu\Delta t/\Delta x^2 = 1/6$ 时局部截断误差变成 $\mathcal{O}(\Delta t^2, \Delta x^4)$, 这种特殊的时间步长称为 "magic" 时间步长.

　　例 1.4　线性对流方程 $q_t + cq_x = 0$ (常数 $c > 0$) 的一阶迎风格式为

$$Q_j^{n+1} = Q_j^n - \frac{c\Delta t}{\Delta x}\left(Q_j^n - Q_{j-1}^n\right), \quad c > 0. \tag{1.36}$$

将格式改写成

$$L_h(Q)\big|_j^n \equiv \frac{Q_j^{n+1} - Q_j^n}{\Delta t} + c\frac{Q_j^n - Q_{j-1}^n}{\Delta x} = 0. \tag{1.37}$$

将微分方程精确解 q 代入上式, 并在格点 (j, n) 处做 Taylor 级数展开, 得局部截断误差:

$$L_h(q)\big|_j^n = \left[\frac{\partial q}{\partial t} + c\frac{\partial q}{\partial x}\right]_j^n - \frac{1}{2}c\,\Delta x\left(\frac{\partial^2 q}{\partial x^2}\right)_j^n + \frac{1}{2}\Delta t\left(\frac{\partial^2 q}{\partial t^2}\right)_j^n + \mathcal{O}(\Delta t^2)$$

$$= -\frac{1}{2}c\,\Delta x\left(\frac{\partial^2 q}{\partial x^2}\right)_j^n + \frac{1}{2}\Delta t\left(\frac{\partial^2 q}{\partial t^2}\right)_j^n + \mathcal{O}(\Delta t^2)$$

$$= -\frac{1}{2}c\Delta x(1 - \sigma)q_{xx}(x_j, t_n) + \mathcal{O}(\Delta t^2), \tag{1.38}$$

其中 $\sigma = c\Delta t/\Delta x$. 假设空间步长和时间步长比例不变, 则局部截断误差为 $\mathcal{O}(\Delta x)$ 或 $\mathcal{O}(\Delta t)$, 方法为一阶精度 ($\sigma = 1$ 对应该格式的 "magic" 时间步长).

1.4.3 差分格式的收敛性

收敛性刻画差分方程的数值解逼近于微分方程的精确解的程度.

记差分方程的数值解为 Q^N, 微分方程的精确解为 q^N, N 为达到有限时间 T 的时间步数: $T = N\Delta t$.

设数值解和精确解的差为 $E^N = Q^N - q^N$, 称范数 $\|E^N\| = \|Q^N - q^N\|$ 为数值解的全局误差.

收敛性 在时刻 T, 如果

$$\lim_{\substack{\Delta t \to 0, \Delta x \to 0 \\ N\Delta t = T}} \|E^N\| = 0, \tag{1.39}$$

则称差分格式是收敛的.

进一步, 如果当 Δx, Δt 逐渐趋于零时, 有 $\|E^N\| = \mathcal{O}(\Delta x^p + \Delta t^q)$, 则称格式是空间方向 p 阶、时间方向 q 阶收敛的.

收敛性中的范数有各种选择. 当精确解 q 光滑时, 收敛性可以用 ∞-范数来度量; 当精确解 q 有间断时 (如非线性守恒律中), 收敛性只要求用 1-范数来度量; 当问题是线性时, 用 2-范数比较方便.

1.4.4 差分格式的稳定性

稳定性研究差分格式在求解过程中任一时刻或迭代步引入的误差扰动随时间或迭代步数的增长是否有界. 一个稳定的格式要求误差不会不可控地增长.

稳定性的要求和重要性可以从分析全局误差的上界中看到. 假设我们有了 t_n 时刻的数值解 Q^n, 它与微分方程的精确解 q^n (限制于网格上的) 之间存在全局误差 E^n, 满足 $E^n = Q^n - q^n$. 为简单起见, 我们局限于讨论时间发展型微分方程的

涉及两个时间层的差分格式

$$Q^{n+1} = \mathcal{N}(Q^n),$$

这里 $\mathcal{N}(\cdot)$ 表示将上一时间层数值解映射到下一时间层数值解的差分算子. 将 $\mathcal{N}$ 作用于上一时间层的精确解 q^n 并和下一时间层的精确解 q^{n+1} 进行比较, 可定义单时间步局部截断误差 $\tau^n = (\mathcal{N}(q^n) - q^{n+1})/\Delta t$[4]. 下一时间层的全局误差为

$$\begin{aligned}
E^{n+1} &= Q^{n+1} - q^{n+1} \\
&= \mathcal{N}(q^n + E^n) - q^{n+1} \\
&= \mathcal{N}(q^n + E^n) - \mathcal{N}(q^n) + \mathcal{N}(q^n) - q^{n+1} \\
&= [\mathcal{N}(q^n + E^n) - \mathcal{N}(q^n)] + \Delta t \tau^n.
\end{aligned} \tag{1.40}$$

这里, 第一项度量差分算子 $\mathcal{N}$ 对前一步的全局误差 E^n 的作用效果, 涉及差分算子使误差的增长是否有界的问题即稳定性问题; 第二项和差分方程的局部截断误差 τ^n 有关. 可见, 研究差分格式的收敛性问题可转化为研究稳定性和相容性问题. 研究相容性可得到局部截断误差的上界估计, 研究稳定性可得到式 (1.40) 第一项误差增长的上界估计, 从而确定格式的收敛性及收敛精度阶.

特别地, 如果 $\mathcal{N}$ 是线性算子, 式 (1.40) 简化为

$$E^{n+1} = \mathcal{N}E^n + \Delta t \tau^n. \tag{1.41}$$

递归地应用式 (1.41), 得

$$\begin{aligned}
E^{n+1} &= \mathcal{N}\left(\mathcal{N}E^{n-1} + \Delta t \tau^{n-1}\right) + \Delta t \tau^n \\
&= \cdots \\
&= \mathcal{N}^{n+1}E^0 + \Delta t \sum_{i=0}^{n} \mathcal{N}^i \tau^{n-i}.
\end{aligned}$$

注意这里 $\mathcal{N}$ 的上标表示幂次, 其他量的上标仍表示时间层. 为求解正确的初边值问题, 要求 $E^0 = 0$, 所以

$$E^{n+1} = \Delta t \sum_{i=0}^{n} \mathcal{N}^i \tau^{n-i}. \tag{1.42}$$

将 (1.42) 式两边取范数, 并利用 (1.29) 式, 有

$$\|E^{n+1}\| \leqslant \Delta t \sum_{i=0}^{n} \|\mathcal{N}^i\| \|\tau^{n-i}\|.$$

假设局部截断误差的上界为 $\tau_{\max} = \max\limits_{0 \leqslant i \leqslant n} \|\tau^i\|$, 则有

$$\|E^{n+1}\| \leqslant \Delta t \tau_{\max} \sum_{i=0}^{n} \|\mathcal{N}^i\|. \tag{1.43}$$

可见全局误差不仅与差分格式的局部截断误差有关, 还与差分算子的范数有关, 而后者又与差分格式的稳定性有关.

考虑这样一个条件

$$\|\mathcal{N}^i\| < K(t), \quad \forall \, 0 \leqslant i \leqslant n, \tag{1.44}$$

其中 $K(t)$ 和推进步数 n 无关, 但可能和时间 t 有关. 当 (1.44) 成立时, 由 (1.43) 有

$$\|E^{n+1}\| \leqslant (n+1)\Delta t K(t)\tau_{\max}. \tag{1.45}$$

由式 (1.45) 知, 对于相容的差分格式, 当 $\Delta x \to 0, \Delta t \to 0$ $((n+1)\Delta t = t)$ 时, 收敛性 (1.39) 成立, 差分方程的数值解逼近微分方程的精确解.

由条件 (1.44), 可引出线性差分方程的稳定性定义.

稳定性 对于线性差分方程 $Q^{n+1} = \mathcal{N}Q^n$, 如果当时间步长 Δt 和空间步长 Δx 足够小时 (如 $0 \leqslant \Delta t \leqslant \Delta t_0$, $0 \leqslant \Delta x \leqslant \Delta x_0$), 存在和 Δt 与 Δx 无关, 但和有限时间 t 有关的正数 $K(t)$, 使得对任意的 n 和 Δt $((n+1)\Delta t = t > 0)$, 有

$$\|Q^{n+1}\| \leqslant K(t)\|Q^0\|, \tag{1.46}$$

则称差分方程 (格式) 是稳定的.

式 (1.46) 表明, 对于线性差分方程, 稳定性等价于数值解的一致有界性. 由于舍入误差 $\epsilon_j^n \equiv Q_j^n - V_j^n$ (V_j^n 是差分方程的精确解) 满足和 Q 一样的齐次线性差分方程, 因此稳定性也等价于舍入误差的一致有界性[2,5]: $\|\epsilon^{n+1}\| \leqslant K(t)\|\epsilon^0\|$.

对于很多格式, 尤其是线性格式, 依据下面的 Lax 等价性定理, 可以仅研究稳定性就得到收敛性的结果.

1.4.5 Lax 等价性定理

Lax 等价性定理是数值方法的基本定理, 有多种表述. 简单地说就是[4]

$$\text{相容性} + \text{稳定性} \Longleftrightarrow \text{收敛性}.$$

对于线性偏微分方程的初值问题, 有更完善的结论[2]:

定理 1.1 (Lax 等价性定理) 对于适定的线性偏微分方程的初值问题, 如果一个差分格式满足相容性条件, 则其稳定性是其收敛性的充分必要条件, 即稳定性等价于收敛性.

这个定理非常有用, 因为直接分析差分格式的收敛性比较困难, 而稳定性分析则比较简单. 通过稳定性分析, 即可确定格式的收敛条件.

差分格式的稳定性分析方法有很多种, 如矩阵法、von Neumann 稳定性分析方法. 后者又叫 Fourier 分析法, 简单、实用是分析差分格式稳定性的重要工具.

1.5   von Neumann 稳定性分析方法

对常系数线性格式, 在稳定性中使用 2-范数分析特别方便, 因为格式稳定性可以使用 Fourier 方法分析.

von Neumann 稳定性分析方法是基于 Fourier 分析的, 对常系数线性格式的初值问题 (Cauchy 问题) 或者有周期性边界条件的初边值问题很有效.

为表述简便起见, 不妨设 Cauchy 问题的网格离散函数为 $Q_j^n(-\infty < j < \infty)$. 令 $i = \sqrt{-1}$, 可以将离散函数 Q_j^n 表示成 Fourier 级数

$$Q_j^n = \frac{1}{\sqrt{2\pi}} \int_{-\pi/\Delta x}^{\pi/\Delta x} \hat{Q}^n(\xi) e^{i\xi x_j} d\xi, \tag{1.47}$$

其中 $\hat{Q}^n(\xi)$ 为波数 ξ 下的幅值 (函数 Q_j^n 的 Fourier 变换量), $e^{i\xi x_j}$ 为基函数.

上述网格函数的 Fourier 变换满足 Parseval 恒等式

$$\|Q^n\|_2 = \|\hat{Q}^n\|_2, \tag{1.48}$$

其中 $\|Q^n\|_2 = \left(\Delta x \sum_{j=-\infty}^{\infty} |Q_j^n|^2\right)^{1/2}$, $\|\hat{Q}^n\|_2 = \left(\int_{-\pi/\Delta x}^{\pi/\Delta x} |\hat{Q}^n(\xi)|^2 d\xi\right)^{1/2}$, $|Q|$ 表示模.

由式 (1.48) 知, 研究物理空间的 2-范数 $\|Q^n\|_2$ 是否有界, 只需研究 Fourier 空间的 2-范数 $\|\hat{Q}^n\|_2$ 是否有界. 数值解的每一个点值 Q_j^n 和其他点值是耦合的, 不容易分析, 而线性差分格式经过 Fourier 变换后, 每个波数 ξ 下的 Fourier 分量 $\hat{Q}^n(\xi)$ 都独立地满足同一个方程, 所以我们只需考虑任意一个波数 ξ 下的 Fourier 变换量的增长情况.

以线性显式格式 $Q^{n+1} = \mathcal{N}Q^n$ (其中 $\mathcal{N}$ 为线性算子) 为例. 对差分方程两端的网格变量做 Fourier 展开, 记成如下形式

$$\frac{1}{\sqrt{2\pi}} \int_{-\pi/\Delta x}^{\pi/\Delta x} \hat{Q}^{n+1}(\xi) e^{i\xi x_j} d\xi = \frac{1}{\sqrt{2\pi}} \int_{-\pi/\Delta x}^{\pi/\Delta x} g(\xi, \Delta x, \Delta t) \hat{Q}^n(\xi) e^{i\xi x_j} d\xi. \tag{1.49}$$

由于 x_j 的任意性, 从 (1.49) 可得各个波数下的 Fourier 变换量都满足同一个方程

$$\hat{Q}^{n+1}(\xi) = g(\xi, \Delta x, \Delta t)\hat{Q}^n(\xi), \tag{1.50}$$

其中 $g(\xi, \Delta x, \Delta t)$ 为波数 ξ 下的放大因子, 表示相邻时间层上 Fourier 变换量的比率:

$$g(\xi, \Delta x, \Delta t) = \frac{\hat{Q}^{n+1}(\xi)}{\hat{Q}^n(\xi)}. \tag{1.51}$$

于是有

$$\|\hat{Q}^{n+1}\|_2 = \left(\int_{-\pi/\Delta x}^{\pi/\Delta x} |\hat{Q}^{n+1}(\xi)|^2 \mathrm{d}\xi\right)^{1/2} = \left(\int_{-\pi/\Delta x}^{\pi/\Delta x} |g(\xi)\hat{Q}^n(\xi)|^2 \mathrm{d}\xi\right)^{1/2}$$

$$\leqslant |G|\|\hat{Q}^n\|_2 \leqslant |G|^2\|\hat{Q}^{n-1}\|_2 \leqslant \cdots \leqslant |G|^{n+1}\|\hat{Q}^0\|_2, \tag{1.52}$$

其中 $|G| = \max\limits_{\forall \xi} |g|$. 根据稳定性定义 (1.46), 只要满足 $|G|^{n+1} \leqslant K(t)$ (这里 $K(t)$ 是某一有限正数), 格式就稳定. 令 $|G|$ 取上界: $|G| = K^{\frac{1}{n+1}} = e^{\frac{\ln K}{n+1}} = 1 + \dfrac{\ln K}{n+1} + \dfrac{(\ln K)^2}{2!(n+1)^2} + \cdots = 1 + \dfrac{\Delta t \ln K}{(n+1)\Delta t} + \dfrac{\Delta t^2 (\ln K)^2}{2!(n+1)\Delta t^2} + \cdots$. 由于 $(n+1)\Delta t = t$ 是数值计算中的总推进时间, 是有限值, 故 $|G| = 1 + \mathcal{O}(\Delta t)$, 由此得到著名的 von Neumann 稳定性条件:

$$|g(\xi, \Delta x, \Delta t)| \leqslant 1 + \mathcal{O}(\Delta t) = 1 + \alpha\Delta t, \quad \forall \xi, \tag{1.53}$$

其中 α 为不依赖于 $\xi, \Delta x, \Delta t$ 的常数. 在式 (1.52) 中使用上述条件 (1.53), 有

$$\|\hat{Q}^{n+1}\|_2 \leqslant (1 + \alpha\Delta t)\|\hat{Q}^n\|_2 \leqslant (1 + \alpha\Delta t)^2\|\hat{Q}^{n-1}\|_2 \leqslant \cdots$$

$$\leqslant (1 + \alpha\Delta t)^{n+1}\|\hat{Q}^0\|_2 \leqslant e^{\alpha t}\|\hat{Q}^0\|_2.$$

于是, 差分格式在有限时间 $t = (n+1)\Delta t$ 时仍是稳定的.

如果 g 满足更严格的条件

$$|g(\xi, \Delta x, \Delta t)| \leqslant 1, \quad \forall \xi, \tag{1.54}$$

则从式 (1.52) 有

$$\|\hat{Q}^{n+1}\|_2 \leqslant \|\hat{Q}^n\|_2 \leqslant \|\hat{Q}^{n-1}\|_2 \leqslant \cdots \leqslant \|\hat{Q}^0\|_2.$$

这相当于在稳定性定义 (1.46) 中取 $K(t) \equiv 1$, 这时, 差分格式是一致稳定的.

应当指出, von Neumann 稳定性理论是分析常系数线性差分方程初值问题稳定性的通用方法. 但初边值问题的稳定性分析更复杂, von Neumann 稳定性条件只是初边值问题稳定的必要条件.

因为每一波数 ξ 下的 Fourier 分量的幅值 $\hat{Q}^n(\xi)$ 都独立地满足方程 (1.50), 所以我们只需考虑单波的结果. 将网格数据的离散 Fourier 级数中的单波写为 (下式中的 A^n 即 $\hat{Q}^n(\xi)$)

$$Q_j^n = A^n e^{i\xi x_j}, \tag{1.55}$$

并将其代入线性差分格式的齐次部分中 (这部分为舍入误差所满足的方程, 而稳定性只关心舍入误差的增长情况), 计算放大因子

$$g(\xi, \Delta x, \Delta t) = \frac{A^{n+1}}{A^n}, \tag{1.56}$$

看它是否满足 von Neumann 稳定性条件 (1.54) 或 (1.53).

下面给出几个稳定性分析实例.

例 1.5　线性对流方程 $q_t + a q_x = 0$, $a > 0$ 的一阶迎风格式

$$Q_j^{n+1} = Q_j^n - \nu(Q_j^n - Q_{j-1}^n), \tag{1.57}$$

其中柯朗数 (又叫 CFL 数[6]) $\nu = a\Delta t/\Delta x > 0$. 设 $Q_j^n = A^n e^{i\xi x_j}$, $Q_j^{n+1} = A^{n+1} e^{i\xi x_j}$, 代入上式, 得

$$A^{n+1} e^{i\xi x_j} = (1-\nu)A^n e^{i\xi x_j} + \nu A^n e^{i\xi(x_j - \Delta x)},$$

$$g = \frac{A^{n+1}}{A^n} = (1-\nu) + \nu e^{-i\xi\Delta x}$$

$$= (1 - \nu + \nu\cos\xi\Delta x) - i\nu\sin\xi\Delta x.$$

令 $\beta = \xi\Delta x$. 由 von Neumann 稳定性条件 $|g| \leqslant 1$, $\forall \beta \in [-\pi, \pi]$, 得

$$\sqrt{(1 - \nu + \nu\cos\beta)^2 + \nu^2\sin^2\beta} \leqslant 1$$

$$\Rightarrow 1 - 2\nu + 2\nu^2 + 2\nu(1-\nu)\cos\beta \leqslant 1$$

$$\Rightarrow (1-\nu)(\cos\beta - 1) \leqslant 0$$

$$\Rightarrow \nu \leqslant 1. \tag{1.58}$$

例 1.6　带源项线性对流方程 $q_t + aq_x = bq,\ a > 0$ 的一阶迎风格式

$$Q_j^{n+1} = Q_j^n - \nu(Q_j^n - Q_{j-1}^n) + b\Delta t Q_j^n. \tag{1.59}$$

设 $Q_j^n = A^n e^{i\xi j\Delta x}$, 代入上式, 得

$$g = \frac{A^{n+1}}{A^n} = (1 - \nu) + \nu e^{-i\xi\Delta x} + b\Delta t.$$

根据宽松的稳定性条件 $|g| \leqslant 1 + \mathcal{O}(\Delta t), \forall\, \xi$, 要求

$$|(1 - \nu) + \nu e^{-i\xi\Delta x}| \leqslant 1 \Rightarrow \nu \leqslant 1. \tag{1.60}$$

从该例知, 线性源项是否存在不影响线性差分方程的稳定性. 此外, 将 $g(\xi, \Delta x, \Delta t)$ 写成 $g(\beta, \nu)$ 形式 ($\beta = \xi\Delta x, \nu = a\Delta t/\Delta x$) 更便于不等式的化简分析.

例 1.7　方程组情况　考虑波动方程

$$q_{tt} = a^2 q_{xx}, \quad a > 0 \tag{1.61}$$

的三个时间层的差分格式:

$$\frac{q_j^{n+1} - 2q_j^n + q_j^{n-1}}{\Delta t^2} = a^2 \frac{q_{j+1}^n - 2q_j^n + q_{j-1}^n}{\Delta x^2},$$

或　　$q_j^{n+1} = 2(1 - \nu^2)q_j^n + \nu^2(q_{j+1}^n + q_{j-1}^n) - q_j^{n-1}, \tag{1.62}$

其中 $\nu = a\Delta t/\Delta x$. 我们将三个时间层化为两个时间层, 令 $u_j^{n+1} = q_j^n$, 得方程组

$$\begin{cases} q_j^{n+1} = 2(1 - \nu^2)q_j^n + \nu^2(q_{j+1}^n + q_{j-1}^n) - u_j^n, \\ u_j^{n+1} = q_j^n. \end{cases} \tag{1.63}$$

将单波 Fourier 分量: $q_j^n = \hat{q}^n e^{i\xi x_j}, u_j^n = \hat{u}^n e^{i\xi x_j}$, 代入以上两式, 得

$$\begin{cases} \hat{q}^{n+1} = \left[2(1 - \nu^2) + \nu^2(e^{i\xi\Delta x} + e^{-i\xi\Delta x})\right]\hat{q}^n - \hat{u}^n, \\ \hat{u}^{n+1} = \hat{q}^n. \end{cases} \tag{1.64}$$

写成矩阵形式:

$$\hat{\mathbf{Q}}^{n+1} = \begin{bmatrix} \hat{q}^{n+1} \\ \hat{u}^{n+1} \end{bmatrix} = \begin{bmatrix} 2 - 4\nu^2 \sin^2 \dfrac{\xi\Delta x}{2} & -1 \\ 1 & 0 \end{bmatrix} \begin{bmatrix} \hat{q}^n \\ \hat{u}^n \end{bmatrix} = \mathbf{G}\hat{\mathbf{Q}}^n.$$

于是有

$$\hat{\mathbf{Q}}^{n+1} = \mathbf{G}(\xi, \Delta t, \Delta x)\hat{\mathbf{Q}}^{n}, \tag{1.65}$$

这里 $\mathbf{G}$ 称为放大矩阵. 稳定性条件要求所有特征值 $|\lambda_m(\mathbf{G})| \leqslant 1$, $m = 1, 2$. 计算 $\mathbf{G}$ 的特征值 λ: $|\mathbf{G} - \lambda \mathbf{I}| = 0$, 得 (其中 $\beta = \xi\Delta x$)

$$\lambda_{\pm} = \left(1 - 2\nu^2 \sin^2 \frac{\beta}{2}\right) \pm \sqrt{4\nu^2 \sin^2 \frac{\beta}{2}\left(\nu^2 \sin^2 \frac{\beta}{2} - 1\right)}. \tag{1.66}$$

当 $\nu \leqslant 1$ 时, 有共轭复根, $|\lambda_{\pm}| = 1$, 满足稳定性条件, 但属于临界稳定; 当 $\nu > 1$ 时, $\lambda_{-}(\pi) \leqslant -1$, 不满足稳定性条件. 因此 $\nu \leqslant 1$ 为格式 (1.62) 的稳定性条件.

  von Neumann 稳定性分析方法一样可用于 x 为有限区间的情况, 不同的是要作周期性延拓并利用有限项 Fourier 级数展开. von Neumann 稳定性条件对两层线性格式, 可以是稳定的充要条件, 但对多层格式仅是必要条件, 更多内容参见 [7].

1.6　差分格式的修正方程

  修正方程是指差分方程的精确解所满足的偏微分方程. 我们可以像分析相容性那样将一个差分方程用 Taylor 级数展开得到一个偏微分方程. 该微分方程含有网格步长幂级数的无穷多项, 通常只保留最低第一和第二项截断误差项, 得到所要的修正方程. 分析该修正方程的解结构和特性, 可以更好地了解差分格式数值解的结构和行为[3].

  为推导时间发展差分格式的修正方程, 可假设解析函数 $v(x, t)$ 精确地满足差分方程, 然后做 Taylor 级数展开, 用展开后截去高阶项的微分方程逐次消去时间导数项. 推导过程的讨论可参见 [8]. 以线性对流方程的一阶迎风格式

$$Q_j^{n+1} = Q_j^n - \frac{a\Delta t}{\Delta x}\left(Q_j^n - Q_{j-1}^n\right) \tag{1.67}$$

为例. 设函数 $v(x, t)$ 精确地满足上式:

$$v(x, t + \Delta t) = v(x, t) - \frac{a\Delta t}{\Delta x}\left[v(x, t) - v(x - \Delta x, t)\right].$$

在点 (x, t) 做 Taylor 级数展开, 得

$$\left(v_t + \frac{1}{2}\Delta t v_{tt} + \frac{1}{6}\Delta t^2 v_{ttt} + \cdots\right) + a\left(v_x - \frac{1}{2}\Delta x v_{xx} + \frac{1}{6}\Delta x^2 v_{xxx}\right) = 0.$$

重写为

$$v_t + av_x = \frac{1}{2}\left(a\Delta x v_{xx} - \Delta t v_{tt}\right) - \frac{1}{6}\left(a\Delta x^2 v_{xxx} + \Delta t^2 v_{ttt}\right) + \cdots. \quad (1.68)$$

如果保持步长比值 $\Delta t/\Delta x$ 固定不变, 那么 RHS $= \mathcal{O}(\Delta t) + \mathcal{O}(\Delta t^2) + \cdots$. 如果舍去 (1.68) 的全部右端项, 就得到原始 PDE; 如果只保留一阶截断误差项, 则得到

$$v_t + av_x = \frac{1}{2}\left(a\Delta x v_{xx} - \Delta t v_{tt}\right), \quad (1.69)$$

这里的截断误差项同时含有空间 x 和时间 t 的导数. 在导出修正方程时, 通常要求截断误差中不含时间导数项, 以便更清楚地了解修正方程的性质. 为此, 用保留了一阶截断误差项的方程 (1.69) 对 t 求导:

$$v_{tt} = -av_{xt} + \frac{1}{2}\left(a\Delta x v_{xxt} - \Delta t v_{ttt}\right).$$

再将 (1.69) 对 x 求导:

$$v_{tx} = -av_{xx} + \frac{1}{2}\left(a\Delta x v_{xxx} - \Delta t v_{ttx}\right).$$

结合以上两式, 得

$$v_{tt} = a^2 v_{xx} + \mathcal{O}(\Delta t, \Delta x).$$

代回 (1.69), 舍去高阶项, 得

$$v_t + av_x = \frac{1}{2}\left(a\Delta x v_{xx} - a^2\Delta t v_{xx}\right) = \frac{1}{2}a\Delta x(1-\nu)v_{xx}, \quad (1.70)$$

其中 $\nu = a\Delta t/\Delta x$. 可以看出, 修正方程 (1.70) 是一个对流扩散方程. 一阶迎风格式 (1.67) 的精确离散解 V_i^n 可以认为是修正方程 (1.70) 的二阶近似解. 当 $0 \leqslant \nu \leqslant 1$ 时, 方程 (1.70) 是正扩散的, 解是适定的、稳定的. 当 $\nu > 1$ 时, 该方程是负扩散的, 解指数增长. 可见, 修正方程给出了格式的稳定性信息.

类似地, 可以推出将在 3.2 节中介绍的二阶精度的 Lax-Wendroff 格式

$$Q_j^{n+1} = Q_j^n - \frac{1}{2}\nu\left(Q_{j+1}^n - Q_{j-1}^n\right) + \frac{1}{2}\nu^2\left(Q_{j-1}^n - 2Q_j^n + Q_{j+1}^n\right) \quad (1.71)$$

的修正方程为

$$v_t + av_x = -\frac{1}{6}a\Delta x^2(1-\nu^2)v_{xxx} - \frac{1}{8}a^2\Delta t\Delta x^2(1-\nu^2)v_{xxxx}. \quad (1.72)$$

二阶精度的 Warming-Beam 格式 (当 $a > 0$ 时)

$$Q_j^{n+1} = Q_j^n - \frac{\nu}{2}\left(3Q_j^n - 4Q_{j-1}^n + Q_{j-2}^n\right) + \frac{\nu^2}{2}\left(Q_j^n - 2Q_{j-1}^n + Q_{j-2}^n\right) \tag{1.73}$$

的修正方程为

$$v_t + av_x = \frac{1}{6}a\Delta x^2(2 - 3\nu + \nu^2)v_{xxx}. \tag{1.74}$$

修正方程 (1.72) 的右端第一项和第二项分别含有 v_{xxx} 和 v_{xxxx}, 分别称为频散 (dispersion) 项和耗散 (dissipation) 项. 修正方程 (1.74) 只有频散项. 数值耗散和数值频散体现了差分格式最重要的特性. 下面以一维线性对流方程的几种差分格式为例讨论这两种特性.

设线性对流方程 $q_t + aq_x = 0$ 的初值为周期函数且可展开为 $q(x,0) = \sum_\xi A_\xi e^{i\xi x}$. 该初值问题的精确解为 $q(x,t) = \sum_\xi A_\xi e^{i\xi(x-at)}$, 其中 $\xi = 2\pi/\lambda$ 为波数, A_ξ 为波数 ξ 下的 Fourier 系数, λ 为波长, a 为波速. 该方程的差分格式的修正方程一般可写成

$$\frac{\partial v}{\partial t} + a\frac{\partial v}{\partial x} = \sum_k D_k \frac{\partial^k v}{\partial x^k}, \quad k \geqslant 2, \tag{1.75}$$

其中系数 D_k 含有 Δx 的幂次. 式 (1.75) 右端的截断误差项可分为奇数阶空间导数项和偶数阶空间导数项两种情况.

(1) 修正方程右端项为偶数阶 (二、四、$\cdots$) 空间导数项:

$$\frac{\partial v}{\partial t} + a\frac{\partial v}{\partial x} = D_2 \frac{\partial^2 v}{\partial x^2} + D_4 \frac{\partial^4 v}{\partial x^4}. \tag{1.76}$$

此方程的精确解为

$$v_{(24)} = \sum_\xi A_\xi e^{\left(-D_2\xi^2 + D_4\xi^4\right)t} e^{i\xi(x-at)} = \sum_\xi \tilde{A}_\xi e^{i\xi(x-at)}. \tag{1.77}$$

可见, 等效波幅 $\tilde{A}_\xi = A_\xi e^{\left(-D_2\xi^2 + D_4\xi^4\right)t}$ 随时间变化, 而相位和波速都没有改变. 当 $D_2 > 0, D_4 < 0$ 时, 波幅随时间 t 增加而衰减, 产生数值耗散. 且可知波数 $\xi = 2\pi/\lambda$ 越大, 衰减越快. 反之, 当 $D_2 < 0, D_4 > 0$ 时, 波幅随时间指数增加, 产生负数值耗散.

为了保证格式的稳定性, 差分方程的解不能指数增长, 这要求修正方程 (1.75) 右端截断误差中首个偶数阶导数项的系数 D_{2m} 满足

$$D_{2m} = (-1)^{m+1}|D_{2m}|, \quad m \in \{1, 2, \cdots\}. \tag{1.78}$$

例如, 要求一阶迎风格式的修正方程 (1.70) 的 $D_2 = \dfrac{1}{2}\bar{u}\Delta x(1-\nu) \geqslant 0 \Rightarrow \nu \leqslant 1$.
这种根据修正方程中耗散误差首项的系数 D_{2m} 是否满足条件 (1.78) 来判别格式
是否稳定的方法称为 Hirt 启示性稳定性分析法 (Hirt's heuristic stability analysis
method).

(2) 修正方程右端项出现奇数阶 (三、五、$\cdots$) 空间导数项:

$$\frac{\partial v}{\partial t} + a\frac{\partial v}{\partial x} = D_3\frac{\partial^3 v}{\partial x^3} + D_5\frac{\partial^5 v}{\partial x^5}. \tag{1.79}$$

此方程的精确解为

$$v_{(35)} = \sum_\xi A_\xi e^{\mathrm{i}\xi\left[x-\left(a+D_3\xi^2-D_5\xi^4\right)t\right]} = \sum_\xi A_\xi e^{\mathrm{i}\xi(x-\tilde{a}t)}. \tag{1.80}$$

可见, 波幅不受影响, 但波速由 a 变成 $\tilde{a} = a + D_3\xi^2 - D_5\xi^4$. 波速的变化使很多分
立波随时间推移出现错位, 称为数值频散, 且波数 ξ 越大, 频散越大.

进一步, 根据波群的群速度定义 $c_g \equiv \dfrac{\mathrm{d}\omega}{\mathrm{d}\xi}$, 其中圆频率 $\omega = \xi\tilde{a}$, 可将差分格式
按其数值频散情况分为以下三种[3]:

$c_g < a$ 对于 $0 < \xi\Delta x \leqslant \pi$: 慢型格式.

$c_g > a$ 对于 $0 < \xi\Delta x \leqslant \pi$: 快型格式.

$c_g > a$ 对于 $0 < \xi\Delta x \leqslant \beta_0 < \pi$; $c_g < a$ 对于 $\beta_0 < \xi\Delta x \leqslant \pi$: 混合型格式.

例如, 从 Lax-Wendroff 格式的修正方程 (1.72) 可知, 该格式的 "精确解" 的波
速 $\tilde{a} = a + D_3\xi^2 = a - \dfrac{1}{6}a\Delta x^2(1-\nu^2)\xi^2$, 其群速度 $c_g = \dfrac{\mathrm{d}(\xi\tilde{a})}{\mathrm{d}\xi} = a - \dfrac{1}{2}a\Delta x^2(1-$
$\nu^2)\xi^2 \leqslant a$ (当 $\nu \leqslant 1$ 时), 格式为慢型格式. 以速度 a 移动的间断波的波后将形成
数值振荡, 且波数越大的分量走得越慢.

又如, Warming-Beam 格式的 "精确解" 的波速 $\tilde{a} = a + D_3\xi^2 = a + \dfrac{1}{6}a\Delta x^2(2-$
$3\nu + \nu^2)\xi^2$, 其群速度为 $c_g = \dfrac{\mathrm{d}(\xi\tilde{a})}{\mathrm{d}\xi} = a + \dfrac{1}{2}a\Delta x^2(1-\nu)(2-\nu)\xi^2$. 当 $\nu < 1$ 时,
$c_g > a$, 格式为快型格式, 且波数越大的分量走得越快; 当 $1 < \nu < 2$ 时, $c_g < a$,
格式为慢型格式, 波数越大的分量走得越慢.

再如, 二阶迎风格式 $Q_j^{n+1} = Q_j^n - \dfrac{1}{2}\nu(3Q_j^n - 4Q_{j-1}^n + Q_{j-2}^n)$, $a > 0$ 属于混合
型格式[3].

习　题　1

1. 确定以下差分近似中的系数 a, b, c, d:

$$\left(\frac{\mathrm{d}^2 T}{\mathrm{d}x^2}\right)_j \approx \frac{aT_j + bT_{j+1} + cT_{j+2} + dT_{j+3}}{(\Delta x)^2}.$$

并计算此差分近似的截断误差.

2. 设差分格式 $Q_j^{n+1} = Q_j^n - \nu(Q_j^n - Q_{j-1}^n)$ 是以下微分方程

$$q_t + aq_x = \frac{1}{2}a\Delta x(1-\nu)q_{xx}$$

的数值格式, 这里 $\nu = \dfrac{a\Delta t}{\Delta x}$ 为固定常数. 试分析格式的局部截断误差, 并验证其为 $\mathcal{O}(\Delta t^2)$ 精度.

3. 考虑求解一维热传导方程 (1.1) 的格式

$$\frac{3u_j^{n+1} - 4u_j^n + u_j^{n-1}}{2\Delta t} - \alpha\frac{u_{j-1}^n - 2u_j^n + u_{j+1}^n}{\Delta x^2} = 0.$$

用 von Neumann 稳定性分析方法建立格式的稳定性条件 (提示: 这需要求解关于放大因子 g 的二次方程).

4. 考虑标量对流方程

$$q_t + aq_x = 0, \quad a \text{ 为常数}$$

的中心格式

$$q_j^{n+1} = q_j^n - \frac{\Delta t}{2\Delta x}\left[f\left(q_{j+1}^n\right) - f\left(q_{j-1}^n\right)\right], \quad f = aq.$$

用 von Neumann 稳定性分析方法说明该格式在 L_2 范数意义下对于任意有限的 $\dfrac{\Delta t}{\Delta x}$ 值都不稳定.

5. 用 von Neumann 稳定性分析方法说明针对 $q_t + aq_x = 0$, $a > 0$ 的格式

$$q_j^{n+1} = q_{j-1}^n - \left(\frac{a\Delta t}{\Delta x} - 1\right)\left(q_{j-1}^n - q_{j-2}^n\right)$$

对于 $1 \leqslant \dfrac{a\Delta t}{\Delta x} \leqslant 2$ 是稳定的.

6. 对于线性对流方程 $q_t + aq_x = 0$, $a = \text{const}$, 有中心格式

$$q_j^{n+1} = q_j^n - \frac{1}{2}\nu(q_{j+1}^n - q_{j-1}^n),$$

其中 $\nu = \dfrac{a\Delta t}{\Delta x}$. 试写出格式的修正方程 (要求修正方程中的残余项全为空间导数项并只保留首项).

第 2 章 一维双曲守恒律的数学性质

双曲型方程是一类能够描述物质波动和输运现象的偏微分方程. 守恒律是常见的用于描述物理基本原理的微分或积分方程. 具有双曲属性的双曲守恒律在气体动力学、声学、电磁波、地震波、爆炸与冲击等许多科学与工程领域中有广泛的应用, 其中数值模拟在解决实际问题中起到了重要作用. 要学好相关的数值方法, 首先要对双曲守恒律的数学物理性质有所了解.

本章首先给出双曲守恒律的定义并介绍一些基本性质, 然后着重就一维, 特别是一维标量问题介绍双曲守恒律的数学性质. 非线性双曲守恒律方程 (组) 最基本的特征是容许存在间断解. 间断解的存在唯一性问题是双曲型偏微分方程数学研究的重要内容. 一维标量守恒律问题已经有成熟的数学理论, 但是对于更一般的一维和多维方程组情形, 解的存在唯一性是非常困难的问题, 尚未有非常完善的结果. 所以对于数学理论方面的结果本章只介绍一维标量情况.

2.1 双曲型方程简介

2.1.1 双曲守恒律方程的定义

考虑如下的一阶偏微分方程 (组)

$$\frac{\partial \mathbf{u}}{\partial t} + \sum_{i=1}^{d} \mathbf{A}_i(\mathbf{u}, x_1, \cdots, x_d, t)\frac{\partial \mathbf{u}}{\partial x_i} = \mathbf{g}(\mathbf{u}, x_1, \cdots, x_d, t), \tag{2.1}$$

其中空间变量 $(x_1, \cdots, x_d) \in \Omega \subset \mathbb{R}^d$, 时间变量 $t \in \mathbb{R}^+$. $\mathbf{u} = (u_1, \cdots, u_m)^{\mathrm{T}} \in \mathbb{R}^m$ 为有 m 个分量的解向量, 这里 T 表示转置, $\mathbf{g} = (g_1, \cdots, g_m)^{\mathrm{T}} \in \mathbb{R}^m$ 为已知的向量函数. $\mathbf{A}_i, i = 1, \cdots, d$ 为已知的矩阵函数, 每个 $\mathbf{A}_i$ 都是 $m \times m$ 的实矩阵.

当 $m = 1$ 时, (2.1) 是一个标量方程式. 当 $m > 1$ 时, 其为方程组.

定义 2.1 (双曲型方程) 若在变量 $(\mathbf{u}, x_1, \cdots, x_d, t)$ 变化的范围内, 对于任意的单位向量 $\vec{\omega} = (\omega_1, \cdots, \omega_d)$, 矩阵 $\sum\limits_{i=1}^{d} \omega_i \mathbf{A}_i$ 都有 m 个实特征值 (允许重复) 和 m 个线性无关的实特征向量, 则称方程 (2.1) 为双曲型方程.

当 $m = 1$ 时, $\mathbf{A}_i$ 是标量, 此时只要 $\mathbf{A}_i$ 全是实数, (2.1) 永远是双曲型的. 当

空间变量只有一个, 即 $d = 1$ 时, 方程 (2.1) 可以简化为

$$\frac{\partial \mathbf{u}}{\partial t} + \mathbf{A}(\mathbf{u}, x, t)\frac{\partial \mathbf{u}}{\partial x} = \mathbf{g}(\mathbf{u}, x, t). \tag{2.2}$$

此时定义 2.1 要求 $\mathbf{A}$ 的特征值, 即行列式多项式方程 $|\mathbf{A} - \lambda\mathbf{I}| = 0$ 的根, 都是实的, 并且存在 m 个线性无关的特征向量.

定义 2.2 (严格双曲型方程) 对于双曲型方程 (2.1), 若对任意的单位向量 $\vec{\omega} = (\omega_1, \cdots, \omega_d)$, 矩阵 $\sum\limits_{i=1}^{d} \omega_i \mathbf{A}_i$ 都有 m 个互不相同的实特征值, 则称 (2.1) 为严格双曲型方程.

定义 2.3 (守恒律) 如果偏微分方程可以写成如下形式

$$\frac{\partial \mathbf{u}}{\partial t} + \sum_{i=1}^{d} \frac{\partial \mathbf{f}_i(\mathbf{u}, x_1, \cdots, x_d, t)}{\partial x_i} = \mathbf{g}(\mathbf{u}, x_1, \cdots, x_d, t), \tag{2.3}$$

其中 $\mathbf{g}$ 和每个 $\mathbf{f}_i$ 都是与 $\mathbf{u}$ 维数相同的向量函数, 则称 (2.3) 为守恒律. 若 $\mathbf{g} = \mathbf{0}$, 则称守恒律是齐次的. $\mathbf{g}$ 一般代表源项.

注 有的文献 (比如 [4,9]) 称 (2.3) 在 $\mathbf{g} \neq \mathbf{0}$ 时为平衡律, 在 $\mathbf{g} = \mathbf{0}$ 时为守恒律. 这里采用文献 [10] 中对守恒律的定义: "守恒律" 可以包括有源项这种非齐次情形. 但在本书中主要研究齐次守恒律的数值方法.

为了记号简洁, 我们也会把向量形式 (2.3) 写成如下形式:

$$\mathbf{u}_t + \nabla \cdot \vec{\mathbf{f}}(\mathbf{u}, \mathbf{x}, t) = \mathbf{g}(\mathbf{u}, \mathbf{x}, t), \tag{2.4}$$

其中 $\mathbf{x} = (x_1, \cdots, x_d) \in \mathbb{R}^d$ 是 d 维空间变量, $\mathbf{u}(\mathbf{x}, t) \in \mathbb{R}^m$ 是待求解函数, 表示物理守恒量. $\vec{\mathbf{f}} = (\mathbf{f}_1, \cdots, \mathbf{f}_d) \in \mathbb{R}^{m \times d}$ 称为通量函数 (张量), 一般是非线性的. $\mathbf{g} \in \mathbb{R}^m$ 是源项. 这里 $\nabla \cdot \vec{\mathbf{f}}$ 表示 $\sum\limits_{i=1}^{d} \partial_{x_i} \mathbf{f}_i$. 方程写成 (2.3) 或 (2.4) 形式称为守恒形式.

守恒性可以通过如下的推导理解: 对方程 (2.4) 两边在任意固定区域 Ω 上积分, 利用散度定理, 我们得到

$$\frac{\mathrm{d}}{\mathrm{d}t} \int_{\Omega} \mathbf{u}\mathrm{d}\Omega + \int_{\Gamma} \vec{\mathbf{f}} \cdot \vec{n}_{\Gamma}\mathrm{d}\Gamma = \int_{\Omega} \mathbf{g}\mathrm{d}\Omega,$$

其中 Γ 是区域 Ω 的边界, $\vec{n}_{\Gamma}$ 是边界的外法向方向. 上式的意思是: 在一个给定区域内的守恒量总量增加率等于相应守恒量在区域内的生成速率减去从边界上流出积分区域的流出速率.

考虑通量函数仅仅是守恒变量的函数的情形, 即 $\mathbf{f}_i(\mathbf{u}, \mathbf{x}, t) = \mathbf{f}_i(\mathbf{u})$, 这时的守恒律

$$\mathbf{u}_t + \nabla \cdot \vec{\mathbf{f}}(\mathbf{u}) = \mathbf{0} \tag{2.5}$$

是自治的, 它出现在许多应用中, 处理起来也比非自治方程简单.

利用链式法则, 可以将方程 (2.5) 写成形如 (2.1) 的拟线性形式:

$$\mathbf{u}_t + \sum_{i=1}^{d} \mathbf{A}_i(\mathbf{u})\mathbf{u}_{x_i} = \mathbf{0}, \tag{2.6}$$

其中, 矩阵

$$\mathbf{A}_i(\mathbf{u}) = \frac{\partial \mathbf{f}_i}{\partial \mathbf{u}} = \begin{bmatrix} \dfrac{\partial f_{i1}}{\partial u_1} & \cdots & \dfrac{\partial f_{i1}}{\partial u_m} \\ \vdots & \ddots & \vdots \\ \dfrac{\partial f_{im}}{\partial u_1} & \cdots & \dfrac{\partial f_{im}}{\partial u_m} \end{bmatrix} \tag{2.7}$$

叫作第 i 方向通量 $\mathbf{f}_i$ 的 Jacobian 矩阵.

定义 2.4 (双曲守恒律)　对于守恒律方程 (2.5) 和相应的通量 Jacobian 矩阵 (2.7), 若对任意的单位向量 $\vec{\omega} = (\omega_1, \cdots, \omega_d)$, 矩阵 $\sum\limits_{i=1}^{d} \omega_i \mathbf{A}_i$ 都有 m 个实特征值 (允许重复) 和 m 个线性无关的实特征向量, 则称 (2.5) 为双曲守恒律.

2.1.2　两个简单的守恒律示例

为了对守恒律有个初步的直观认识, 在这一节中我们介绍两个简单的守恒律方程.

例 2.1 (交通流模型)　考察公路上的车辆流动. 为了简单起见, 我们限于讨论封闭的单行车道, 如图 2.1 所示. 另外还假定车辆间的距离和公路的长度之比很小, 这样就可以将车流量看成连续流体. 以 $\rho(x, t)$ 代表在 t 时刻 x 位置处车辆的平均密度, 单位是 "辆/单位长度". $f(x, t)$ 代表在 t 时刻通过 x 点的平均车流通量, 单位是 "辆/单位时间".

a　　　　　　　　　　　　　　　　　　　　　　b

图 2.1　交通流示意图

在公路上任取两点 $a < b$, 由车辆的数量守恒, 可以得到

$$\frac{\mathrm{d}}{\mathrm{d}t} \int_a^b \rho(x, t)\mathrm{d}x = f(a, t) - f(b, t),$$

即

$$\int_a^b \frac{\partial \rho(x,t)}{\partial t} \mathrm{d}x = -\int_a^b \frac{\partial f(x,t)}{\partial x} \mathrm{d}x.$$

由于 a, b 是任取的, 所以有

$$\frac{\partial \rho}{\partial t} + \frac{\partial f}{\partial x} = 0. \tag{2.8}$$

另一方面, 我们知道穿过一个点的通量等于车辆平均密度乘以车辆平均速度, 也就是

$$f = \rho v, \tag{2.9}$$

其中 v 是车辆平均速度 (单位是 "长度/单位时间"). 根据经验我们知道, 车辆行驶的平均速度应该跟车流密度相关. 当路上车很少的时候, 车辆可以以较快的速度行驶; 而当路上车辆非常多的时候, 车辆就必须减慢行驶速度. 也就是说 v 是一个依赖于 ρ 的单调不增函数. 此函数的具体形式有很多种取法, 在这里取一个最简单的形式:

$$v = v_{\max}\left(1 - \frac{\rho}{\rho_{\max}}\right), \quad 0 \leqslant \rho \leqslant \rho_{\max}, \tag{2.10}$$

这是一个线性函数. 当车流密度非常低时, 极限速度是 $v_{\max}$, 此时代表畅通无阻状态. 当车流密度达到一个阈值 $\rho_{\max}$ 之后, 车流速度降为 0, 此时代表完全拥堵状态. 将方程 (2.8)—(2.10) 结合, 得到如下的交通流模型

$$\rho_t + f(\rho)_x = 0, \qquad f(\rho) = v_{\max}\rho\left(1 - \frac{\rho}{\rho_{\max}}\right). \tag{2.11}$$

若引进变换

$$u = \rho - \frac{1}{2}\rho_{\max}, \quad \xi = -\frac{\rho_{\max}}{2v_{\max}}x,$$

可得

$$\frac{\partial u}{\partial t} + \frac{\partial(u^2/2)}{\partial \xi} = 0, \tag{2.12}$$

或

$$\frac{\partial u}{\partial t} + u\frac{\partial u}{\partial \xi} = 0.$$

方程 (2.12) 是一个典型的一阶非线性双曲型方程, 常称为 Hopf 方程, 又称为 "无黏" Burgers 方程.

例 2.2　考虑如下的弦振动方程

$$\frac{\partial^2 u}{\partial t^2} - a^2 \frac{\partial^2 u}{\partial x^2} = g(x, t), \tag{2.13}$$

其中 $a > 0$. 此方程是一个二阶双曲型方程. 它可以通过变量替换化成一阶双曲型方程组. 具体地, 令

$$p = \frac{\partial u}{\partial x}, \qquad q = \frac{\partial u}{\partial t},$$

可以得到

$$\begin{cases} p_t - q_x = 0, \\ q_t - a^2 p_x = g(x, t). \end{cases} \tag{2.14}$$

使用 (2.1) 中的记号, 则有

$$\mathbf{A} = \begin{bmatrix} 0 & -1 \\ -a^2 & 0 \end{bmatrix}.$$

它的特征值为 $\pm a$. 因此 (2.14) 是严格双曲型方程组.

2.2　流体力学守恒律方程组

双曲守恒律有很多应用. 流体力学中的欧拉 (Euler) 方程组就是一个非常重要的守恒律方程组. 实际上, 双曲守恒律的基本数学理论和经典数值方法很多是在研究 Euler 方程组的过程中发展出来的. 为此, 我们在这一节简单介绍一下跟 Euler 方程相关的一些简化流体模型.

2.2.1　一维 Euler 方程

描述气体动力学的方程组是空间三维的守恒律方程组. 为了简单起见, 这里只推导一维的情况. 假设在光滑、均匀的细管中充满气体, 令 x 表示沿细管方向的位置坐标, $\rho(x, t)$ 表示气体在点 x 时刻 t 的密度. 考虑任意一个随气体运动的物质片段 $[x_1(t), x_2(t)]$. 密度函数的积分给出该物质片段中的气体总质量:

$$在 t 时刻位于区间 [x_1(t), x_2(t)] 内的气体质量 = \int_{x_1(t)}^{x_2(t)} \rho(x, t)\mathrm{d}x.$$

质量守恒定律表示如下

$$\frac{\mathrm{d}}{\mathrm{d}t} \int_{x_1(t)}^{x_2(t)} \rho(x, t)\mathrm{d}x = 0.$$

应用莱布尼茨公式将上式变为

$$\int_{x_1(t)}^{x_2(t)} \frac{\partial \rho(x,t)}{\partial t} dx + \rho\left(x_2(t),t\right) \frac{dx_2(t)}{dt} - \rho\left(x_1(t),t\right) \frac{dx_1(t)}{dt}$$

$$= \int_{x_1(t)}^{x_2(t)} \frac{\partial \rho(x,t)}{\partial t} dx + \rho\left(x_2(t),t\right) u\left(x_2(t),t\right) - \rho\left(x_1(t),t\right) u\left(x_1(t),t\right) = 0,$$

其中, 因为区间端点也跟随流体质点运动, 所以有 $\dfrac{dx_1(t)}{dt} = u\left(x_1(t),t\right)$, $\dfrac{dx_2(t)}{dt} = u\left(x_2(t),t\right)$, 这里 $u(x,t)$ 表示在点 x 和时刻 t 的流体速度. 上式可写成

$$\int_{x_1(t)}^{x_2(t)} \frac{\partial \rho}{\partial t} dx + \int_{x_1(t)}^{x_2(t)} \frac{\partial (\rho u)}{\partial x} dx = 0.$$

由 $t, x_1(t)$ 和 $x_2(t)$ 的任意性, 可得到微分方程形式的连续方程

$$\frac{\partial \rho}{\partial t} + \frac{\partial (\rho u)}{\partial x} = 0. \tag{2.15}$$

设 $p(x,t)$ 为气体压力. 由动量守恒定律

$$\frac{d}{dt} \int_{x_1(t)}^{x_2(t)} \rho u dx = p\left(x_1(t),t\right) - p\left(x_2(t),t\right),$$

同理可得动量方程

$$\frac{\partial (\rho u)}{\partial t} + \frac{\partial (\rho u^2 + p)}{\partial x} = 0. \tag{2.16}$$

设 $E(x,t)$ 为气体在 (x,t) 处的总能量密度, 则由能量守恒定律

$$\frac{d}{dt} \int_{x_1(t)}^{x_2(t)} E dx = p\left(x_1(t),t\right) u\left(x_1(t),t\right) - p\left(x_2(t),t\right) u\left(x_2(t),t\right),$$

同样可得能量方程

$$\frac{\partial E}{\partial t} + \frac{\partial (Eu + pu)}{\partial x} = 0. \tag{2.17}$$

方程 (2.15)—(2.17) 中共含有四个未知量: ρ, u, p, E, 但是只有三个方程, 还需补充一个状态方程. 气体能量密度为动能密度和内能密度的总和:

$$E = \frac{1}{2} \rho u^2 + \rho \varepsilon, \tag{2.18}$$

这里 ε 为单位质量的内能 (称为比内能). 对于不同气体, 可以有不同的状态方程 $\varepsilon = \varepsilon(\rho, p)$. 例如对于理想气体有

$$\varepsilon(\rho, p) = \frac{p}{\rho(\gamma - 1)} = \frac{RT}{\gamma - 1}, \tag{2.19}$$

其中 T 为绝对温度, R 为气体常数, γ 为绝热指数 (或比热比, 对于空气 $\gamma = 1.4$). p, ρ, ε, T 都是热力学参数, 其中有两个是独立的. 在 (2.18) 中使用 (2.19) 的第一式就变成下面常用的理想气体方程

$$E = \frac{1}{2}\rho u^2 + \frac{p}{\gamma - 1}. \tag{2.20}$$

将方程 (2.15)—(2.17) 联立, 就得到关于守恒变量 $(\rho, \rho u, E)$ 的 Euler 方程组:

$$\begin{cases} \dfrac{\partial \rho}{\partial t} + \dfrac{\partial(\rho u)}{\partial x} = 0, \\[2mm] \dfrac{\partial(\rho u)}{\partial t} + \dfrac{\partial(\rho u^2 + p)}{\partial x} = 0, \\[2mm] \dfrac{\partial E}{\partial t} + \dfrac{\partial(Eu + pu)}{\partial x} = 0, \end{cases} \tag{2.21}$$

其中压力 p 由理想气体状态方程 (2.20) 给出. 可以验证上述方程组是双曲的.

　　Euler 方程组 (2.21) 也可以写成非守恒变量 (ρ, u, p) 或 (ρ, u, T) 或 (ρ, u, ε) 的方程, 例如, 通过利用连续方程, 以及用能量方程减去以 u 乘以非守恒型动量方程所导出的动能方程, 可以将 (2.21) 写成关于 (ρ, u, ε) 的非守恒形式方程组[11]:

$$\begin{cases} \dfrac{\partial \rho}{\partial t} + u\dfrac{\partial \rho}{\partial x} + \rho\dfrac{\partial u}{\partial x} = 0, \\[2mm] \dfrac{\partial u}{\partial t} + u\dfrac{\partial u}{\partial x} + \dfrac{1}{\rho}\dfrac{\partial p}{\partial x} = 0, \\[2mm] \dfrac{\partial \varepsilon}{\partial t} + u\dfrac{\partial \varepsilon}{\partial x} - \dfrac{p}{\rho^2}\left(\dfrac{\partial \rho}{\partial t} + u\dfrac{\partial \rho}{\partial x}\right) = 0. \end{cases} \tag{2.22}$$

　　另外还可以引入另一个热力学参数: 熵 (物理中的熵, 不是数学上的熵), 记作 S. 根据热力学基本关系有

$$TdS = d\varepsilon + pdV = d\varepsilon + pd(\rho^{-1}) = d\varepsilon - \frac{p}{\rho^2}d\rho,$$

其中 $V = 1/\rho$ 是单位质量气体所占体积 (称为比容). 对于理想气体, 通过将上式两边同除以 T, 利用理想气体状态方程 $p = \rho RT$ 将变量 p 替换掉, 利用

$\varepsilon = \dfrac{R}{\gamma - 1} T$ 将 T 替换掉, 然后两边积分, 再求指数, 可以得到

$$\mathrm{d}S = \frac{R}{\gamma - 1} \frac{\mathrm{d}\varepsilon}{\varepsilon} - R \frac{\mathrm{d}\rho}{\rho} \Rightarrow \frac{\gamma - 1}{R} \mathrm{d}S = \mathrm{d}(\ln \varepsilon) - \mathrm{d}\left(\ln \rho^{\gamma - 1}\right)$$

$$\Rightarrow s = \ln \frac{\kappa \varepsilon}{\rho^{\gamma - 1}} \Rightarrow e^s = c \frac{p}{\rho^\gamma},$$

其中 $\kappa, c > 0$ 均是常数, 无量纲熵 $s = \dfrac{\gamma - 1}{R} S$. 将基本关系式 $T\mathrm{d}S = \mathrm{d}\varepsilon - \dfrac{p}{\rho^2}\mathrm{d}\rho$ 应用于 (2.22) 的第三个方程, 可以将 Euler 方程写成 (ρ, u, s) 的方程 (非守恒形式)

$$\begin{cases} \dfrac{\partial \rho}{\partial t} + u \dfrac{\partial \rho}{\partial x} + \rho \dfrac{\partial u}{\partial x} = 0, \\[3mm] \dfrac{\partial u}{\partial t} + u \dfrac{\partial u}{\partial x} + \dfrac{1}{\rho} \dfrac{\partial p}{\partial x} = 0, \\[3mm] \dfrac{\partial s}{\partial t} + u \dfrac{\partial s}{\partial x} = 0, \end{cases} \tag{2.23}$$

其中

$$p = p(\rho, s) = e^s \rho^\gamma / c. \tag{2.24}$$

不难验证方程组 (2.23) 是严格双曲型的. 注意 (2.23) 的第三个方程表明熵沿流体质点的运动路径不变, 但这只对光滑流成立. 物理上, 当流体跨过激波后, 熵是增加的. 所以, 在出现诸如激波等间断解的情况下, 方程组 (2.23) 并不等价于守恒型 Euler 方程组 (2.21), 原因可参考 2.4 节关于弱解的注 1.

2.2.2 等熵流

如果在一维 Euler 方程组 (2.23) 中熵是一个均匀常数, 那么 (2.23) 的第三个方程无须求解. 由状态方程 (2.24) 得到

$$p = C\rho^\gamma, \quad \text{其中} \quad C = e^s / c \text{ 是一个常数.}$$

代入 Euler 方程组 (2.23) 的前两个方程中并写成守恒形式:

$$\begin{cases} \dfrac{\partial \rho}{\partial t} + \dfrac{\partial(\rho u)}{\partial x} = 0, \\[3mm] \dfrac{\partial(\rho u)}{\partial t} + \dfrac{\partial(\rho u^2 + C\rho^\gamma)}{\partial x} = 0. \end{cases} \tag{2.25}$$

不难证明此方程组也是严格双曲的.

2.2.3　等温流

如果将充满气体的细管沉浸在一个恒温的大容器中, 气体中产生的热量可以迅速地扩散出去. 此时可以假定气体是等温的, 气体的内能变为一个常数, 不再需要求解能量方程. 只需要求解连续方程 (2.15) 和动量方程 (2.16) 即可, 即

$$
\begin{cases}
\dfrac{\partial \rho}{\partial t} + \dfrac{\partial (\rho u)}{\partial x} = 0, \\[2mm]
\dfrac{\partial (\rho u)}{\partial t} + \dfrac{\partial (\rho u^2 + p)}{\partial x} = 0,
\end{cases}
\tag{2.26}
$$

其中由状态方程 (2.19) 可知压力

$$
p = \rho R T = a^2 \rho,
\tag{2.27}
$$

此时声速 $a = \sqrt{RT} > 0$ 是常数 (注: 在非等温 Euler 方程组 (2.21) 或 (2.25) 中, 声速 $a = \sqrt{\gamma p / \rho} > 0$ 不为常数. 等温流也相当于在等熵流中取 $\gamma = 1$).

不难验证方程组 (2.26)-(2.27) 是严格双曲型的.

2.2.4　浅水波方程

在河床是平直的河道中, 设河水深度和河床宽度与河流长度相比很小, 在与水流方向垂直的截面上, 流速可以认为是均匀的, 则可以用一维浅水波方程描述. 以 p 表示压力, 它近似地等于静水压力, 设水深为 h, 则沿垂直方向 z, 压力的分布为

$$
p(z) = \rho g (h - z),
$$

其中 ρ 为流体密度, g 为重力加速度, z 为沿重力反向的坐标. 设河床宽度为 S, 则作用于与水流方向垂直的截面上的压力合力为

$$
\int_0^h \rho g S (h - z) \mathrm{d}z = \frac{1}{2} \rho g S h^2,
$$

这里 ρ, g, S 都是常数. 类似于一维 Euler 方程组, 可以导出连续方程和动量方程

$$
\begin{cases}
\dfrac{\partial h}{\partial t} + \dfrac{\partial (hu)}{\partial x} = 0, \\[3mm]
\dfrac{\partial (hu)}{\partial t} + \dfrac{\partial \left(hu^2 + \dfrac{1}{2} g h^2 \right)}{\partial x} = 0,
\end{cases}
\tag{2.28}
$$

这里 x 是沿河流流向的位置坐标. 这就是浅水波方程. 浅水波方程更详细的推导过程可以参见 [9].

注意到上述方程组等价于在等熵流方程组 (2.25) 中取 $\gamma = 2, C = g/2$. 容易验证, 上述浅水波方程还可以化成下面的较为简洁的形式:

$$\begin{cases} \dfrac{\partial \varphi}{\partial t} + \dfrac{\partial (\varphi u)}{\partial x} = 0, \\[3mm] \dfrac{\partial u}{\partial t} + \dfrac{\partial \left(\dfrac{1}{2} u^2 + \varphi \right)}{\partial x} = 0, \end{cases} \tag{2.28'}$$

其中 $\varphi = gh$.

2.3 特征线、依赖域和影响范围

2.3.1 特征线和特征线法

特征线是双曲型方程中的一个基本概念. 特征线法是一种基于自变量平面中的特征线和沿特征线解所满足的常微分关系式 (称为特征关系或相容关系) 求双曲型方程解的计算方法. 在某些特殊情况下, 使用特征线法可以求出一些简单的双曲型单个方程和方程组的精确解. 下面分几种情况讨论.

2.3.1.1 常系数对流方程

考虑下面的一维常系数线性对流方程

$$u_t + a u_x = 0. \tag{2.29}$$

为了方便, 考虑无穷区域 $-\infty < x < \infty$ 上的初值问题. 初值给定形式如下

$$u(x, 0) = u_0(x). \tag{2.30}$$

容易验证, 初值问题 (2.29)-(2.30) 的解可由下述公式给出

$$u(x, t) = u_0(x - a t).$$

可见随着时间的推移, 初值只是简单地以速度 a 传播. 解沿 x-t 平面中的每条射线 $x - a t = x_0$ 都是常数. 这些射线称为双曲型方程的特征线.

注意到方程 (2.29) 的特征值为 a, 特征线 $x = X(t)$ 是在 x-t 平面中满足常微分方程

$$\frac{\mathrm{d}}{\mathrm{d}t} X(t) = a, \quad X(0) = x_0$$

的曲线, 上述特征线满足的方程称为特征方程. 如果沿特征线来求变量 u 的变化率, 我们得到

$$\frac{\mathrm{d}}{\mathrm{d}t}u\left(X(t),t\right) = \frac{\partial}{\partial t}u\left(X(t),t\right) + X'(t)\frac{\partial}{\partial x}u\left(X(t),t\right)$$

$$= u_t + au_x$$

$$= 0.$$

由此验证了变量 u 沿特征线是常数. 上式是一个常微分方程, 称为特征线上的特征关系. 求解此方程, 即得 $u(x,t) = u_0(x - at)$. 这种基于特征线方向和特征关系求原双曲型方程的解的方法就是特征线法.

2.3.1.2 变系数对流方程

考虑如下形式的变系数线性对流方程

$$u_t + (a(x)u)_x = 0,$$

其中 $a(x)$ 是一个光滑函数. 上述方程可以重写为

$$u_t + a(x)u_x = -a'(x)u$$

或

$$\left(\frac{\partial}{\partial t} + a(x)\frac{\partial}{\partial x}\right)u(x,t) = -a'(x)u(x,t).$$

沿着下述曲线

$$\frac{\mathrm{d}}{\mathrm{d}t}X(t) = a(X(t)), \quad X(0) = x_0, \tag{2.31}$$

解变量 u 满足一个简单的常微分方程

$$\frac{\mathrm{d}}{\mathrm{d}t}u(X(t),t) = -a'\left(X(t)\right)u\left(X(t),t\right). \tag{2.32}$$

方程 (2.31) 和 (2.32) 分别是原线性对流方程的特征方程和解在特征线上满足的特征关系. 但在此问题中, 特征线不再是直线, 解沿特征线也不再是常数. 这里, 特征线满足一个与解无关的常微分方程 (2.31), 可以直接求出. 在得到特征线的表达式之后, 方程的解也可以通过求解常微分方程 (2.32) 得到. 此时, 特征线法的应用可能需要使用数值方法来求解常微分方程, 在这种情况下特征线法也可以看成是一种数值格式. 特征线概念可以进一步推广到一般的非线性双曲偏微分方程.

2.3.1.3 非线性标量双曲问题

考虑如下的一维标量双曲型方程

$$u_t + A(u, x, t)u_x = g(u, x, t). \tag{2.33}$$

其特征线 $(X(t), t)$ 是 $x\text{-}t$ 平面内的一条曲线, 满足如下的特征方程

$$\frac{\mathrm{d}X(t)}{\mathrm{d}t} = A\left(u, X(t), t\right). \tag{2.34}$$

沿着特征线对原方程的解求导, 可以得到如下特征关系

$$\frac{\mathrm{d}u}{\mathrm{d}t} = g(u, X(t), t). \tag{2.35}$$

上述两个方程 (2.34) 和 (2.35) 组成一个常微分方程组. 若给定合适的初值条件

$$X(0) = x_0, \quad u(X(0), 0) = u_0(x_0),$$

则可以用求解常微分方程组的办法求解 X 和 u. 这里, 使用特征法需要求解耦合的常微分方程. 当源项 $g = 0$ 时, 得到 u 沿特征线是常数. 如果此时 $A(u, x, t)$ 不显式地依赖于 x 和 t, 则由 (2.34) 可知特征线是一条过 $X(0)$ 点的直线.

2.3.1.4 线性常系数双曲型方程组的特征

下面以波动方程 (2.14) 的齐次问题来研究双曲型方程组的特征. 对于齐次问题, 此方程可以写成如下向量形式

$$\mathbf{q}_t + \mathbf{A}\mathbf{q}_x = \mathbf{0}, \qquad \mathbf{q} = \begin{bmatrix} p \\ q \end{bmatrix}, \quad \mathbf{A} = \begin{bmatrix} 0 & -1 \\ -a^2 & 0 \end{bmatrix}. \tag{2.36}$$

用行列式方程

$$|\mathbf{A} - \lambda\mathbf{I}| = 0$$

求出矩阵 $\mathbf{A}$ 的特征值为 $\lambda_1 = -a$, $\lambda_2 = a$. 对应的一组 (未归一化的) 右特征向量为

$$\mathbf{r}_1 = \begin{bmatrix} 1 \\ a \end{bmatrix}, \quad \mathbf{r}_2 = \begin{bmatrix} 1 \\ -a \end{bmatrix}.$$

记 $\mathbf{R} = [\mathbf{r}_1, \mathbf{r}_2]$, $\mathbf{\Lambda} = \mathrm{diag}(\lambda_1, \lambda_2)$, 则有 $\mathbf{R}^{-1}\mathbf{A}\mathbf{R} = \mathbf{\Lambda}$. 令 $\mathbf{w} = (u, v)^{\mathrm{T}} = \mathbf{R}^{-1}\mathbf{q}$, 在方程 (2.36) 左乘 $\mathbf{R}^{-1}$ 得到

$$\mathbf{w}_t + \mathbf{\Lambda}\mathbf{w}_x = \mathbf{0}. \tag{2.37}$$

这是一个对角化方程组, 写成解耦的分量形式为

$$u_t - au_x = 0, \qquad v_t + av_x = 0.$$

这两个方程的解分别沿 $\mathrm{d}x/\mathrm{d}t = \lambda_1 = -a$ 和 $\mathrm{d}x/\mathrm{d}t = \lambda_2 = a$ 这两族特征线传播. 我们称 u, v 变量为特征变量, 其解可写成

$$u(x,t) = u_0(x + at), \quad v(x,t) = v_0(x - at), \tag{2.38}$$

其中 $u_0(x)$ 和 $v_0(x)$ 分别是特征变量 $u(x,t)$ 和 $v(x,t)$ 的初值. 从式 (2.38) 可以看出特征变量解在 (x,t) 处的值依赖于其在 $x + at$ 和 $x - at$ 这两个空间点处的初值. 在此问题中由于原始变量 (p, q) 和特征变量 (u, v) 之间的变换矩阵 $\mathbf{R}$ 是与 (x,t) 无关的常矩阵, 因此, 类似依赖关系对原始变量也成立. 求出 $\mathbf{w}(x,t)$ 后, 可获得原始变量解:

$$\mathbf{q}(x,t) = \mathbf{Rw}(x,t). \tag{2.39}$$

分析上式可知, 原始变量解同时依赖于其在 $x + at$ 和 $x - at$ 两点处的初值.

2.3.1.5　非线性双曲守恒律方程组的特征

考虑如下的一维守恒律方程组

$$\frac{\partial \mathbf{u}}{\partial t} + \frac{\partial \mathbf{f}(\mathbf{u})}{\partial x} = \mathbf{0}, \tag{2.40}$$

其中 $\mathbf{u} = \mathbf{u}(x,t) = (u_1, u_2, \cdots, u_m)^\mathrm{T}$ 为守恒变量, $\mathbf{f}(\mathbf{u}) = (f_1(\mathbf{u}), f_2(\mathbf{u}), \cdots, f_m(\mathbf{u}))^\mathrm{T}$ 为通量.

守恒形式 (2.40) 可以改写成非守恒的拟线性形式

$$\frac{\partial \mathbf{u}}{\partial t} + \mathbf{A}(\mathbf{u})\frac{\partial \mathbf{u}}{\partial x} = \mathbf{0}, \tag{2.41}$$

其中 $\mathbf{A}(\mathbf{u}) = \partial \mathbf{f}(\mathbf{u})/\partial \mathbf{u}$ 是通量 $\mathbf{f}(\mathbf{u})$ 的 Jacobian 矩阵.

类似于线性常系数双曲型方程组, 可列出一个关于 λ 的 m 次多项式代数方程 $|\mathbf{A}(\mathbf{u}) - \lambda\mathbf{I}| = 0$, 并求出根 (矩阵 $\mathbf{A}$ 的特征值). 如果 $\mathbf{A}(\mathbf{u})$ 的所有特征值都是实数且有相应的 m 个线性无关的特征向量, 则守恒律 (2.40) 为双曲型的; 此时可将这些特征值从小到大进行排序: $\lambda_1(\mathbf{u}) \leqslant \lambda_2(\mathbf{u}) \leqslant \cdots \leqslant \lambda_m(\mathbf{u})$. 特征值决定了 x-t 平面中特征线的斜率 (x 为横轴, t 为纵轴, 斜率的倒数为特征速度, 即 λ_i):

$$\frac{\mathrm{d}X}{\mathrm{d}t} = \lambda_i(\mathbf{u}), \quad i = 1, \cdots, m. \tag{2.42}$$

将矩阵 $\mathbf{A}(\mathbf{u})$ 的特征值 $\lambda_i(\mathbf{u})$ 对应的左、右特征向量分别记为 $\mathbf{l}_i(\mathbf{u})$ 和 $\mathbf{r}_i(\mathbf{u})$. 对左、右特征向量可以选择合适的归一化使得下述方程满足

$$\begin{cases} \mathbf{A}(\mathbf{u})\mathbf{r}_i(\mathbf{u}) = \lambda_i(\mathbf{u})\mathbf{r}_i(\mathbf{u}), \\ \mathbf{l}_i(\mathbf{u})\mathbf{A}(\mathbf{u}) = \lambda_i(\mathbf{u})\mathbf{l}_i(\mathbf{u}), \end{cases} \quad \mathbf{l}_i\mathbf{r}_j = \begin{cases} 1, & j = i, \\ 0, & j \neq i, \end{cases} \quad i = 1, \cdots, m. \quad (2.43)$$

将所有的右 (左) 特征向量作为列 (行) 向量可以组成 $\mathbf{A}$ 的右 (左) 特征矩阵:

$$\mathbf{R}(\mathbf{u}) = [\mathbf{r}_1(\mathbf{u}), \mathbf{r}_2(\mathbf{u}), \cdots, \mathbf{r}_m(\mathbf{u})],$$
$$\mathbf{L}(\mathbf{u}) = [\mathbf{l}_1^{\mathrm{T}}(\mathbf{u}), \mathbf{l}_2^{\mathrm{T}}(\mathbf{u}), \cdots, \mathbf{l}_m^{\mathrm{T}}(\mathbf{u})]^{\mathrm{T}}. \quad (2.44)$$

此时, 式 (2.43) 可以写成等价的矩阵形式:

$$\mathbf{L}(\mathbf{u})\mathbf{A}(\mathbf{u})\mathbf{R}(\mathbf{u}) = \mathbf{\Lambda}(\mathbf{u}), \qquad \mathbf{L} = \mathbf{R}^{-1}. \quad (2.45)$$

这里 $\mathbf{\Lambda}(\mathbf{u}) = \mathrm{diag}\,(\lambda_1(\mathbf{u}), \lambda_2(\mathbf{u}), \cdots, \lambda_m(\mathbf{u}))$ 是由特征值构成的对角矩阵.

由式 (2.42) 中第 i 个方程给出的曲线称为原方程组的 i-特征线. 对应每个特征速度 $\lambda_i(\mathbf{u})$ 或者特征向量 $\mathbf{r}_i(\mathbf{u})$ 可以定义一个特征场, 称其为 λ_i-特征场. 它可以理解为解在相空间 $(u_1, \cdots, u_m)^{\mathrm{T}}$ 中以特征向量 $\mathbf{r}_i(\mathbf{u}) = (r_{1,i}, \cdots, r_{m,i})^{\mathrm{T}}$ 为切向所定义的 "特征线":

$$\frac{\mathrm{d}u_1}{r_{1,i}} = \frac{\mathrm{d}u_2}{r_{2,i}} = \cdots = \frac{\mathrm{d}u_m}{r_{m,i}}, \quad \text{或者表示为} \quad \mathrm{d}\mathbf{u} \parallel \mathbf{r}_i. \quad (2.46)$$

与常系数线性双曲型方程组不同的是, 为得到对角化形式, 方程 (2.41) 的特征变量不能取成 $\mathbf{w} = \mathbf{L}(\mathbf{u})\mathbf{u}$, 而需要找到 $\mathbf{w}(\mathbf{u})$ 使得

$$\frac{\partial \mathbf{w}}{\partial \mathbf{u}} = \mathbf{L}(\mathbf{u}). \quad (2.47)$$

此时, 将方程 (2.41) 两边左乘 $\mathbf{L}(\mathbf{u})$, 我们得到

$$\mathbf{L}(\mathbf{u})\frac{\partial \mathbf{u}}{\partial t} + \mathbf{\Lambda}(\mathbf{u})\mathbf{L}(\mathbf{u})\frac{\partial \mathbf{u}}{\partial x} = \mathbf{0}.$$

则有

$$\frac{\partial \mathbf{w}}{\partial t} + \mathbf{\Lambda}(\mathbf{u})\frac{\partial \mathbf{w}}{\partial x} = \mathbf{0}. \quad (2.48)$$

方程组 (2.48) 变成一个 "对角" 的系统. 然而即使能找到 $\mathbf{w}$ 满足 (2.47), 求解 (2.47)-(2.48) 并不是一个简单的事情. 其中一个原因是 $\mathbf{\Lambda}(\mathbf{u})$ 虽然是对角的, 但其第 i 个

对角元并不一定只依赖于特征分量 w_i, 因此 (2.48) 并未完全解耦; 另一个原因是双曲守恒律方程组 (2.40) 在 $\mathbf{f(u)}$ 为非线性函数时, 即使初值 $\mathbf{u}(x,0) = \mathbf{u}_0(x)$ 无穷可微, 也可发展出含间断的解 (后面会通过一个关于无黏 Burgers 方程的初值问题展示这一现象).

2.3.2　依赖域和影响范围

从上面的例子可以看出, 一维齐次标量双曲型方程 (2.33) $(g = 0)$ 光滑初值问题的解 $u(x,t)$ 在光滑解区域内任一时空点 $(\bar{x},\bar{t})$ 的值仅仅依赖于初值 $u_0(x)$ 在 x 轴上一点处的值, 记此点为 $\bar{x}_0$. $(\bar{x},\bar{t})$ 处在过 $\bar{x}_0$ 点的特征线上. 我们可以改变除 $\bar{x}_0$ 点之外的所有点的数值而不影响解在 $(\bar{x},\bar{t})$ 处的值. 集合 $\mathcal{D}(\bar{x},\bar{t}) = \{\bar{x}_0\}$ 称为时空点 $(\bar{x},\bar{t})$ 的依赖域 (domain of dependence). 这里, 依赖域只是 x 轴上的一个点. 但对于更一般的标量双曲型方程、双曲型方程组等情况, 由于有非线性性、多族特征线和其他因素, 依赖域可能是多个点或一个区域. 在双曲守恒律方程 (组) 中一个基本的事实是依赖域总是有界的. 这对应于解的传播速度是有限的事实. 解在 $(\bar{x},\bar{t})$ 处的值依赖于距离 $\bar{x}$ 有限距离处的初值. 依赖域的大小随时间增长, 但是增长速度是有界的. 一般有如下关系: $\mathcal{D}(\bar{x},\bar{t}) \subseteq \{x : |x - \bar{x}| \leqslant a_{\max}\bar{t}\}$, 其中 $a_{\max}$ 是一个确定的数值, 对应于方程 (组) 中的最大特征速度.

另一方面, 在点 x_0 处的初值可以影响解在 x-t 平面中一个锥形区内的值. 这个锥形区称为点 x_0 的影响范围 (range of influence), 一般被限制在 $\{(x,t) : |x - x_0| \leqslant a_{\max}t\}$ 内, 如图2.2所示. 守恒律解的这些性质可以用守恒律方程 (组) 的解具有有限的传播速度来总结. 信息传播的速度至多是 $a_{\max}$. 这个特性在数值格式的设计中具有重要影响.

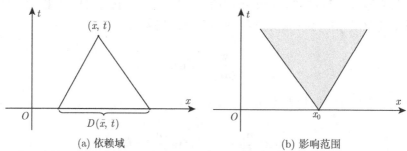

(a) 依赖域　　　　　　　　　　　　　　　　(b) 影响范围

图 2.2　在非线性双曲型方程 (组) 问题中, $(\bar{x},\bar{t})$ 的依赖域是 x 轴的一个区间, 点 x_0 的影响范围的边界可能是曲边

2.3.3　双曲守恒律及其数值方法的特点

从上面的讨论可以看出, 双曲守恒律具有一些良好的性质和结构, 比如: 守恒量的守恒性; 方程的解沿特征线传播且传播速度是有限的, 这使得相应的问题是

非刚性的, 可以使用显式格式处理. 然而很多重要的双曲守恒律都是非线性的, 其与椭圆和抛物型方程 (组) 相比有如下挑战:

(1) 双曲型方程没有黏性. 这意味着方程的解通常不会随着时间推演变得越来越光滑. 因此, 如果在初值或在计算过程中产生了间断, 间断一般不会消失.

(2) 由于非线性相互作用的存在, 即使初值是光滑的, 双曲型方程也可能在发展的过程中产生间断. 因此设计数值格式时必须考虑间断解的处理问题.

(3) 非线性双曲型方程的适定性分析方法不同于椭圆问题和抛物问题. 在椭圆和抛物问题中一些奏效的分析方法很难扩展到双曲守恒律方程. 目前高维双曲守恒律方程组本身的数学理论还很不完善.

由于以上原因, 双曲守恒律无论是从数学模型分析还是从数值算法设计分析上都要比椭圆和抛物型方程更复杂. 严格的理论分析往往只能用于一维或标量方程. 对于一般的高维方程组问题还没有完美的数学理论, 一般要借助数值实验来验证算法的好坏. 鉴于此, 本书将主要以一维问题为例介绍双曲守恒律求解中较为成熟的数值方法.

在双曲守恒律的数学性质和数值算法的研究中有一类很特殊却很重要的初值问题, 称为黎曼问题 (Riemann problem). 所谓的 Riemann 问题就是双曲型方程的初值为分片常数的初值问题. 对于一维的双曲型方程 (组) (2.2), 此分片常数初值可表示为

$$u_0(x) = \begin{cases} u_l, & x < 0, \\ u_r, & x > 0, \end{cases}$$

其中 u_l, u_r 是两个常数 (对应于标量方程) 或常向量 (对应于方程组). 双曲守恒律问题经过分片常数离散之后, 其时间推进格式跟求解局部 Riemann 问题非常相关.

2.4 弱解和 Rankine-Hugoniot 条件

2.4.1 非光滑初值问题

从上面的推导来看, (线性) 方程沿特征线传播的性质不受初值的光滑性影响. 但是, 当初值有间断或不光滑的时候, 解在不光滑和间断处的导数是没有定义的. 因此, 此时通过特征线方法构造出来的解不再是经典意义上的解 (强解). 但是如果考虑方程的积分形式 (也就是弱形式), 其对解不要求光滑, 因此能包容用特征线方法构造不出来的含有间断的解. 也就是说在间断出现的时候, 我们只能在弱解的意义下考虑原方程的解. 可以证明 (参见 [10]) 对于 (系数光滑的) 线性严格双曲型方程, 在初边界条件适当给出的情况下, 古典解是存在唯一的.

对于非光滑初值问题, 我们可以采用其他途径来得到 (定义) 解.

(1) 第一种途径是找一组光滑初值 $u_0^\varepsilon(x)$ 来逼近间断初值 $u_0(x)$, 使得

$$\left\| u_0^\varepsilon - u_0 \right\|_1 < \varepsilon, \quad \text{当 } \varepsilon \to 0 \text{ 时,}$$

这里 $\| \cdot \|_1$ 是 1-范数, 定义为

$$\|v\|_1 = \int_{-\infty}^{\infty} |v(x)| \mathrm{d}x.$$

对每个光滑初值, 可以找到原来线性方程的强解 $u^\varepsilon(x,t) = u_0^\varepsilon(x - at)$. 那么可以得到对任意时刻 t, 光滑解在 L^1-空间中极限存在, 且满足

$$u(x,t) = \lim_{\varepsilon \to 0} u_0^\varepsilon(x - at) = u_0(x - at).$$

不幸的是, 这种途径对非线性方程并不适用. 在后面我们会展示, 对于非线性方程, 即使初值是无穷光滑的, 经过一定时间之后, 也可能产生间断的解. 因此, 即使初值是非常光滑的, 也无法保证强解的长时间存在性.

(2) 一个更好的途径是不改变初值, 但是把方程修改 (扰动) 一下: 在守恒律方程上加入一个比较小的扩散. 比如对于线性对流方程, 加入了小扩散之后变成一个对流扩散方程:

$$u_t + a u_x = \varepsilon u_{xx}, \tag{2.49}$$

这里 ε 是一个小量, 代表黏性系数. 用 $u^\varepsilon(x,t)$ 代表上述方程满足初值条件 $u(x,0) = u_0(x)$ 的解. 因为方程 (2.49) 是一个抛物型方程, 它的解在 $t > 0$ 时是无穷光滑的, 也就是 $u^\varepsilon \in C^\infty((-\infty, \infty) \times (0, \infty))$, 即使初值 $u_0(x)$ 是有间断的. 于是可以对 ε 取极限, 利用扰动方程解的极限来定义原方程的解 $u(x,t)$. 这种方法定义的解称为黏性消失解.

2.4.2　非线性导致的间断解

下面考虑更一般的一维非线性标量守恒律方程

$$u_t + f(u)_x = 0, \tag{2.50}$$

其中 $f(u)$ 是关于 u 的一个非线性函数. 在大多数情况下, 假定 $f(u)$ 是一个严格凸函数. 严格凹情况与严格凸情况的数学处理方法类似.

定义 2.5　方程 (2.50) 称为本质非线性的, 如果对所有的 u, $f(u)$ 是严格凸的或严格凹的.

上述关于本质非线性的定义可以推广到方程组. 在方程组中, 记 $\lambda_i(\mathbf{u})$, $\mathbf{r}_i(\mathbf{u})$ 是 Jacobian 矩阵的第 i 个特征值和对应的右特征向量, 如果

$$\nabla_{\mathbf{u}} \lambda_i(\mathbf{u}) \cdot \mathbf{r}_i(\mathbf{u}) = 0, \quad \forall \, \mathbf{u} \in \mathbb{R}^m, \tag{2.51}$$

称 λ_i-特征场是线性退化的. 如果

$$\nabla_{\mathbf{u}}\lambda_i(\mathbf{u}) \cdot \mathbf{r}_i(\mathbf{u}) \neq 0, \quad \forall\, \mathbf{u} \in \mathbb{R}^m, \tag{2.52}$$

称 λ_i-特征场是本质非线性的. 很多实际的双曲守恒律问题都是本质非线性的, 比如等温 Euler 方程组. 而带有能量方程的完整的一维 Euler 方程组有两个特征场是本质非线性的, 还有一个是线性退化的. 当然也有很多问题的通量函数并不一定在整个定义域上是凸的或凹的, 或者线性退化的, 这个时候方程的解会更加复杂.

在守恒律中一个非常重要的模型是无黏的 Burgers 方程. 在无黏 Burgers 方程中, $f(u) = \dfrac{1}{2}u^2$. 考虑如下的无黏 Burgers 方程初值问题

$$\begin{cases} u_t + \left(\dfrac{u^2}{2}\right)_x = 0, \\ u(x,0) = \sin(x), \end{cases} \tag{2.53}$$

其特征线满足如下的特征方程

$$\begin{cases} \dfrac{\mathrm{d}X(t)}{\mathrm{d}t} = f'(u) = u, \\ X(0) = x_0. \end{cases}$$

沿特征线 $X(t)$ 对方程求导得到

$$\frac{\mathrm{d}u(X(t),t)}{\mathrm{d}t} = u_x X'(t) + u_t = u_x f'(u) + u_t = f(u)_x + u_t = 0,$$

也就是沿特征线解不变. 于是 $u(X(t),t) = u(X(0),0) = u(x_0)$, 特征线是直线:

$$X(t) = x_0 + u(x_0)t. \tag{2.54}$$

在以上推导中, 假定解是光滑的, 但是对于非线性方程这并不总是成立.

考虑在初始时刻过 $x = \pi/2$ 和 $3\pi/2$ 这两点处的特征线. 在这两条特征线上函数的值分别为 $u(\pi/2, 0) = 1$ 和 $u(3\pi/2, 0) = -1$. 根据上面的特征线方程, 左侧过 $\pi/2$ 点的特征线以速度 1 往右传播, 而右侧过 $3\pi/2$ 点的特征线以速度 1 往左传播, 因此在经过时间 $t_s = \dfrac{3\pi/2 - \pi/2}{1 - (-1)} = \dfrac{\pi}{2}$ 后两者相遇. 但是它们传播的函数值并不同. 也就是 u 在 $(x,t) = (\pi, t_s)$ 处, 既要等于左侧特征线上的值 1, 又要等

于右侧特征线上的值 -1. 这是不可能的. 实际上, 此时解产生了间断. 解产生间断之后, 导数便无法定义, 因此解不可能再逐点满足原来的偏微分方程, 也就是方程的解不再是一个古典解 (亦称作强解). 为了使原来的问题有解, 必须扩充解的取值空间. 为此需引入了弱解的概念.

2.4.3　弱解的概念和弱解满足的 Rankine-Hugoniot 条件

弱解的定义方式不唯一. 有两种常用的途径定义弱解. 它们都是把原来的微分方程化成相应的积分形式. 先以一维标量守恒律 (2.50) 为例.

(1) 如果对任给的区间 (a, b), 函数 u 满足下述方程, 则称 u 是原方程 (2.50) 的一个弱解.

$$\frac{\mathrm{d}}{\mathrm{d}t} \int_a^b u(x, t) \mathrm{d}x + f(u(b, t)) - f(u(a, t)) = 0. \tag{2.55}$$

(2) 如果对任意 $\varphi(x, t) \in C_0^1(\mathbb{R}^2)$,

$$\int_0^\infty \int_{-\infty}^\infty (u\varphi_t + f(u)\varphi_x)\mathrm{d}x\mathrm{d}t + \int_{-\infty}^\infty u(x, 0)\varphi(x, 0)\mathrm{d}x = 0,$$

则称 u 是方程 (2.50) 的一个弱解.

可以证明, 上述两种定义是等价的.

接下来, 上述定义可以自然地推广到方程组情形. 比如对于守恒律方程组 (2.40), 上述第一种定义可以写成

$$\frac{\mathrm{d}}{\mathrm{d}t} \int_a^b \mathbf{u}(x, t)\mathrm{d}x = \mathbf{f}(\mathbf{u}(a, t)) - \mathbf{f}(\mathbf{u}(b, t)), \tag{2.56}$$

这里 (a, b) 是任意给定的积分区间. 上述形式一般称为守恒律的积分形式, 它是有限体积法的出发方程. 当 $\mathbf{u}$ 和 $\mathbf{f}$ 足够光滑时, (2.56) 等价于 (2.40).

另外还有一种数值分析中不常用的弱解定义: 定义 $\mathbf{u}(x, t)$ 为方程组 (2.40) 的弱解, 如果 $\mathbf{u}(x, t)$ 在时空域中任意分段可微的闭回路 L 上满足如下积分方程

$$\oint_L \mathbf{u}(x, t)\mathrm{d}x - \mathbf{f}(\mathbf{u}(x, t))\mathrm{d}t = \mathbf{0}. \tag{2.57}$$

下面通过第一个定义来推导分片光滑的弱解[①]在分片处要满足的条件.

---

① 这里的 "分片光滑的弱解" 要求解在时空定义域中的有限条曲线上有第一类间断, 也就是左、右极限存在 (极限可以相等也可以不相等), 在定义域的其他部分有连续的一阶导数并满足原方程.

考虑标量方程情况, 假设 u 是方程的一个分片光滑弱解, 它在一个由曲线 $(x(t),t)$ 分割成的两块区域内分别是 C^1 的, 如图 2.3 所示. 取一个区间 $[a,b]$, 包含间断点 $x(t)$. 由第一个定义有

$$0 = \frac{\mathrm{d}}{\mathrm{d}t} \int_a^b u(x,t)\mathrm{d}x + f(u(b,t)) - f(u(a,t))$$

$$= \frac{\mathrm{d}}{\mathrm{d}t} \left[\int_a^{x(t)} u(x,t)\mathrm{d}x + \int_{x(t)}^b u(x,t)\mathrm{d}x \right] + f(u(b,t)) - f(u(a,t))$$

$$= u^- x'(t) + \int_a^{x(t)} u_t(x,t)\mathrm{d}x - u^+ x'(t) + \int_{x(t)}^b u_t(x,t)\mathrm{d}x + f(u(b,t)) - f(u(a,t))$$

$$= \left[u^- - u^+ \right] x'(t) + \int_a^{x(t)} -f(u)_x \mathrm{d}x + \int_{x(t)}^b -f(u)_x \mathrm{d}x + f(u(b,t)) - f(u(a,t))$$

$$= \left[u^- - u^+ \right] x'(t) - f(u^-) + f(u(a,t)) - f(u(b,t)) + f(u^+) + f(u(b,t)) - f(u(a,t))$$

$$= \left[u^- - u^+ \right] x'(t) - \left[f(u^-) - f(u^+) \right],$$

其中 $u^-(u^+)$ 代表从左 (右) 边趋向间断线时解的极限值. 于是得到弱解或者满足 $u^- = u^+$, 也就是解是连续的, 或者解在 $x(t)$ 两侧是不连续的但满足条件

$$x'(t) = \frac{f(u^+) - f(u^-)}{u^+ - u^-}. \tag{2.58}$$

此条件称为兰金-于戈尼奥 (Rankine-Hugoniot, R-H) 条件. $x'(t)$ 的物理意义为间断传播速度, 由 R-H 条件, 它等于通量穿过间断的跳跃值除以解的跳跃值. 对于方程组情形, $\mathbf{u}$ 和 $\mathbf{f}$ 都是向量, 对应的 R-H 条件写成

$$\mathbf{f}(\mathbf{u}^+) - \mathbf{f}(\mathbf{u}^-) = x'(t)(\mathbf{u}^+ - \mathbf{u}^-). \tag{2.59}$$

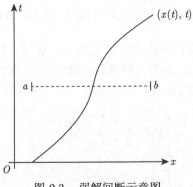

图 2.3　弱解间断示意图

例 2.3　考虑下面的 Riemann 问题:

$$\begin{cases} u_t + \left(\dfrac{u^2}{2}\right)_x = 0, \\ u(x,0) = \begin{cases} 1, & x < 0, \\ -1, & x > 0. \end{cases} \end{cases} \tag{2.60}$$

由前面的分析可知, 解在 $x = 0$ 左侧沿特征速度 1 向右传播, 在 $x = 0$ 右侧沿特征速度 -1 向左传播, 因此在 $x = 0$ 处出现间断. 在间断左侧 $u^- = 1$, 在间断右侧 $u^+ = -1$. 根据 R-H 条件, 我们有

$$x'(t) = \frac{f(u^+) - f(u^-)}{u^+ - u^-} = \frac{1^2/2 - (-1)^2/2}{-1 - 1} = 0.$$

也就是说间断传播的速度是 0, 间断位置是不动的, 恒等于 $x = 0$. 因此方程的解是

$$u(x,t) = u(x,0) = \begin{cases} 1, & x < 0, \\ -1, & x > 0. \end{cases} \tag{2.61}$$

其特征线由图 2.4 给出.

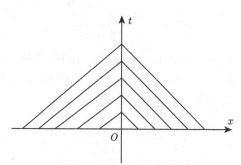

图 2.4　无黏 Burgers 方程初值问题 (2.60) 的弱解 (2.61) 对应的特征线

在上面的例子中, 间断两边的特征线相互汇聚最终相交形成间断, 在这种情况下形成的间断称为激波. 下面将初值条件翻转一下, 看解会怎样变化.

例 2.4　考虑如下的 Riemann 问题:

$$\begin{cases} u_t + \left(\dfrac{u^2}{2}\right)_x = 0, \\ u(x,0) = \begin{cases} -1, & x < 0, \\ 1, & x > 0. \end{cases} \end{cases} \tag{2.62}$$

前面的分析得出无黏 Burgers 方程的特征线满足 (2.54), 结合本问题的初值可知, 当 $x < 0$ 时, 解沿特征速度 -1 向左侧传播; 当 $x > 0$ 时, 解沿特征速度 1 向右传播. 因此区域

$$\{(x,t)\,|\,-t < x < t, t > 0\}$$

未被从 x 轴出发的特征线覆盖. 解在这部分区域如何定义才能保证其是一个弱解呢? 不难构造出下述两个不同的解:

(1)

$$u(x,t) = u(x,0) = \begin{cases} -1, & x < 0, \\ 1, & x > 0. \end{cases} \tag{2.63}$$

(2)

$$u(x,t) = \begin{cases} -1, & x < -t, \\ x/t, & -t \leqslant x \leqslant t, \\ 1, & x > t. \end{cases} \tag{2.64}$$

这两个解的特征线由图2.5给出. 不难验证, 这两个解都是弱解. 实际上对问题 (2.62), 可以构造无穷多个弱解 (思考: 如何构造?).

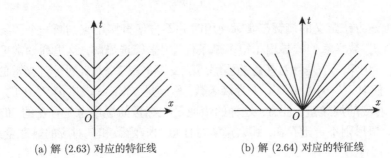

(a) 解 (2.63) 对应的特征线   (b) 解 (2.64) 对应的特征线

图 2.5　无黏 Burgers 方程初值问题 (2.62) 的两个弱解对应的特征线

注　在无黏 Burgers 方程

$$u_t + \left(\frac{u^2}{2}\right)_x = 0 \tag{2.65}$$

两侧乘以 $2u$, 然后写成守恒形式, 可以得到一个针对 u^2 的守恒律

$$(u^2)_t + \left(\frac{2}{3}u^3\right)_x = 0. \tag{2.66}$$

上述两个方程在强解的意义下是等价的, 即两个方程的强解是一样的. 然而, 在弱解的意义下两者是不等价的. 这可以通过 R-H 条件来验证: 两者的间断传播速度是不一样的.

弱解在解光滑的情况下等价于古典解 (强解), 但其允许不光滑解的存在, 扩大了解的范围, 使得解的存在性更容易满足. 从本节的例子可以看出, 弱解能够解决解的存在性问题但并不能解决解的唯一性问题. 下一节通过引入熵解和熵条件来解决解的唯一性问题.

2.5　熵解和熵条件

为了保证方程解的唯一性, 当有多个弱解的时候必须对弱解进行选择, 找出唯一一个跟物理相符的解. 选取解的思想来源于物理中的熵增加定律, 因此这种唯一解也称为熵解. 用数学的方法定义熵解的途径是考虑下面的黏性消失解

$$u_t^\varepsilon + f(u^\varepsilon)_x = \varepsilon u_{xx}^\varepsilon, \quad u^\varepsilon(x,0) = u_0(x), \tag{2.67}$$

其中 $0 < \varepsilon \ll 1$ 是一个小参数. 根据抛物型方程的性质, 上述初值问题的解存在唯一. 因此可以如下定义熵解

$$u(x,t) = \lim_{\varepsilon \to 0} u^\varepsilon(x,t).$$

由上述方法定义的熵解在实际使用时并不方便直接用来判断一个弱解是否是熵解. 为此, 数学家们推导出了很多熵条件, 用来筛选熵解. 这里列举常见的三个熵条件, 其中第一个是针对任意的弱解, 第二个和第三个是针对分片光滑的弱解.

(1) 任取 $U''(u) \geqslant 0$, 称 U 为熵函数, 称满足 $F'(u) = U'(u)f'(u)$ 的 F 为熵函数 U 对应的熵通量. 注意: 这样的熵通量在标量问题中总是存在的, 但是对于方程组的情形则不一定存在. 那么熵解对任意的熵函数和其对应的熵通量满足

$$U(u^\varepsilon)_t + F(u^\varepsilon)_x \leqslant 0.$$

注: 上式的不等号是在弱的意义下理解的. 也就是对任意 $\varphi \in C_0^2(\mathbb{R} \times \mathbb{R}^+)$, $\varphi \geqslant 0$, 有

$$\int_0^\infty \int_{-\infty}^\infty U(u)\varphi_t + F(u)\varphi_x \mathrm{d}x\mathrm{d}t \geqslant 0. \tag{2.68}$$

(2) Oleinik 熵条件: 设 u^-, u^+ 分别是间断左右两侧的值, 熵解的间断传播速度满足下述不等式:

$$\frac{f(u) - f(u^-)}{u - u^-} \geqslant s \geqslant \frac{f(u) - f(u^+)}{u - u^+}, \quad \text{对任意介于 } u^-, u^+ \text{ 之间的 } u, \tag{2.69}$$

其中 $s = x'(t)$ 是间断速度, 由 Rankine-Hugoniot 条件 (2.58) 给出.

(3) Lax 熵条件: 设 u^-, u^+ 是间断两侧的值, 如果通量函数 f 是严格凸的或严格凹的, 弱解要成为熵解, 间断速度需要满足下述不等式:

$$f'(u^-) > s > f'(u^+). \tag{2.70}$$

这里的间断是一个激波. $s = x'(t)$ 是激波速度, 由 Rankine-Hugoniot 条件 (2.58) 给出.

我们可以很容易看出 Oleinik 熵条件能够导出 Lax 熵条件. 实际上, 对一般的通量函数 f, Lax 熵条件仅是一个必要条件, 并不是一个充要条件. 仅当 f 是严格凸或者严格凹的时候 (此时守恒律是本质非线性的), Lax 熵条件才是一个充要条件.

下面给出熵条件 (2.68) 式的推导. 任取函数 $U(u)$ 满足 $U''(u) \geqslant 0$, 记 $F(u) = \int U'(u)f'(u)\mathrm{d}u$. 在方程 (2.67) 两边同时乘以 $U'(u)$ 可得

$$U'(u^\varepsilon)\left(u_t^\varepsilon + f(u^\varepsilon)_x\right) = \varepsilon U'(u^\varepsilon)u_{xx}^\varepsilon$$

$$\Rightarrow U(u^\varepsilon)_t + F(u^\varepsilon)_x = \varepsilon\left[(U'(u^\varepsilon)u_x^\varepsilon)_x - U''(u^\varepsilon)(u_x^\varepsilon)^2\right]$$

$$\Rightarrow U(u^\varepsilon)_t + F(u^\varepsilon)_x \leqslant \varepsilon\left(U'(u^\varepsilon)u_x^\varepsilon\right)_x.$$

为了取极限 $\varepsilon \to 0$, 我们必须在弱的意义下考虑极限过程 (否则由于解在取极限后不连续, 上述方程右端不会逐点收敛到 0). 为此, 我们在上述不等式两端乘以测试函数 $\varphi \in C_0^2(\mathbb{R} \times \mathbb{R}^+), \varphi \geqslant 0$, 得

$$\int_0^\infty \int_{-\infty}^\infty \left[U(u^\varepsilon)_t + F(u^\varepsilon)_x\right]\varphi\mathrm{d}x\mathrm{d}t \leqslant \varepsilon \int_0^\infty \int_{-\infty}^\infty (U'(u^\varepsilon)u_x^\varepsilon)_x \varphi\mathrm{d}x\mathrm{d}t.$$

因此

$$\int_0^\infty \int_{-\infty}^\infty U(u^\varepsilon)\varphi_t + F(u^\varepsilon)\varphi_x\mathrm{d}x\mathrm{d}t \geqslant \varepsilon \int_0^\infty \int_{-\infty}^\infty U'(u^\varepsilon)u_x^\varepsilon\varphi_x\mathrm{d}x\mathrm{d}t$$

$$= -\varepsilon \int_0^\infty \int_{-\infty}^\infty U(u^\varepsilon)\varphi_{xx}\mathrm{d}x\mathrm{d}t.$$

取极限 $\varepsilon \to 0$, 得到熵不等式 (2.68).

弱解的 Rankine-Hugoniot 条件和各种熵条件可以帮助我们构造一些特殊问题的熵解. 其中就包括在守恒律数值格式设计中非常重要的 Riemann 问题. 比如, 对初值问题 (2.62) 的第一个弱解 (2.63), 我们可以得到

$$f'(u^-) < s = 0 < f'(u^+),$$

它不满足 Lax 熵条件, 也不满足 Oleinik 熵条件, 因此不是一个熵解. 而第二个解 (2.64) 因为是连续的, 故满足熵条件. 直接分片代入原方程可验证是解, 因此是一个熵解.

对于像解 (2.64) 一样, 可以写成 $u(x,t) = w(x/t)$ 形式的分片光滑解, 从一点附近出发的特征线随着时间发展越来越远, 称为稀疏波. 激波和稀疏波是构成分片光滑解的两种基本波.

2.6　一维标量双曲守恒律熵解的稳定性和唯一性

定理 2.1 (L^1 压缩性)　下述初值问题

$$\begin{cases} u_t^\varepsilon + f(u^\varepsilon)_x = \varepsilon u_{xx}^\varepsilon, \\ u^\varepsilon(x,0) = u_0(x) \end{cases} \tag{2.71}$$

的解 u^ε 是 L^1 压缩的, 也就是说: 如果 v^ε 同时是下述初值问题

$$\begin{cases} v_t^\varepsilon + f(v^\varepsilon)_x = \varepsilon v_{xx}^\varepsilon, \\ v^\varepsilon(x,0) = v_0(x) \end{cases}$$

的解, 则

$$\|u^\varepsilon(\cdot,t) - v^\varepsilon(\cdot,t)\|_{L^1} \leqslant \|u_0 - v_0\|_{L^1}.$$

证明　我们只要证明

$$\frac{\mathrm{d}}{\mathrm{d}t} \int_{-\infty}^{\infty} |u^\varepsilon(x,t) - v^\varepsilon(x,t)|\,\mathrm{d}x \leqslant 0.$$

如图 2.6, 令 $s_j(t)$ 为 $u^\varepsilon - v^\varepsilon$ 在区间 $I_j(t) := \big(x_{j-1/2}(t), x_{j+1/2}(t)\big)$ 上的符号. 由黏性解的光滑性可知 $\{s_j(t)\}$ 是一个正负 1 交替出现的序列①. 记 $E(t) = \int_{-\infty}^{\infty} |u^\varepsilon(x,t) - v^\varepsilon(x,t)|\mathrm{d}x$. 由 Leibniz 公式, 我们有

$$\frac{\mathrm{d}}{\mathrm{d}t} E(t) = \frac{\mathrm{d}}{\mathrm{d}t} \sum_j \int_{x_{j-1/2}(t)}^{x_{j+1/2}(t)} |u^\varepsilon(x,t) - v^\varepsilon(x,t)|\,\mathrm{d}x$$

$$= \frac{\mathrm{d}}{\mathrm{d}t} \sum_j \int_{x_{j-1/2}(t)}^{x_{j+1/2}(t)} s_j(t)\,(u^\varepsilon(x,t) - v^\varepsilon(x,t))\,\mathrm{d}x$$

---

① 这里为了简单, 我们没有考虑重根情况和 $u^\varepsilon - v^\varepsilon$ 在一个区间内相等的情况.

$$= \sum_j \int_{x_{j-1/2}(t)}^{x_{j+1/2}(t)} \left[s_j(t) \left(u_t^\varepsilon(x,t) - v_t^\varepsilon(x,t) \right) + s_j'(t) \left(u^\varepsilon(x,t) - v^\varepsilon(x,t) \right) \right] \mathrm{d}x$$

$$+ \sum_j \left(x_{j+1/2}'(t) s_j(t) (u^\varepsilon - v^\varepsilon) \big|_{x=x_{j+1/2}} - x_{j-1/2}'(t) s_j(t) (u^\varepsilon - v^\varepsilon) \big|_{x=x_{j-1/2}} \right).$$

由于 $s_j(t)$ 在区间 I_j 内为常数, 因此上式中 $s_j'(t)$ 项为零. 而在交点 $x_{j-1/2}$ 和 $x_{j+1/2}$ 处, u^ε 和 v^ε 相等, 因此上式后一项也消失. 于是

$$\frac{\mathrm{d}}{\mathrm{d}t} E(t) = \sum_j \int_{x_{j-1/2}}^{x_{j+1/2}} s_j(t) \left(u_t^\varepsilon(x,t) - v_t^\varepsilon(x,t) \right) \mathrm{d}x$$

$$= \sum_j \int_{x_{j-1/2}}^{x_{j+1/2}} s_j(t) \left(\varepsilon u_{xx}^\varepsilon - f(u^\varepsilon)_x - \varepsilon v_{xx}^\varepsilon + f(v^\varepsilon)_x \right) \mathrm{d}x$$

$$= \sum_j s_j(t) \varepsilon (u_x^\varepsilon - v_x^\varepsilon) \big|_{x_{j-1/2}}^{x_{j+1/2}} - \sum_j s_j(t) \left(f(u^\varepsilon) - f(v^\varepsilon) \right) \big|_{x_{j-1/2}}^{x_{j+1/2}}$$

$$= \varepsilon \sum_j s_j(t) (u_x^\varepsilon - v_x^\varepsilon) \big|_{x_{j-1/2}}^{x_{j+1/2}} \leqslant 0.$$

上述推导中最后一个不等式成立是因为 $u^\varepsilon - v^\varepsilon$ 是一个连续函数, 并且在 $x_{j+1/2}$ 和 $x_{j-1/2}$ 处变号 (图 2.6). □

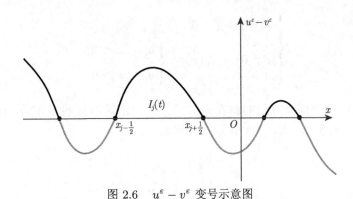

图 2.6 $u^\varepsilon - v^\varepsilon$ 变号示意图

注 利用上述定理, 我们很容易得到:

(1) 通过令 $v_0(x) = 0, v^\varepsilon(x,t) = 0$, 可得到初值问题 (2.71) 解的 L^1 稳定性,

$$\|u^\varepsilon(\cdot, t)\|_{L^1} \leqslant \|u_0\|_{L^1}.$$

(2) 通过令 $u_0(x) = v_0(x)$, 得到初值问题 (2.71) 的解的唯一性.

(3) 通过令 $\varepsilon \to 0$, 可以得到守恒律熵解满足相应结果.

定理 2.2   标量守恒律初值问题 (2.71) 的解是总变差下降 (total variation diminishing, TVD) 的:

$$\mathrm{TV}(u^\varepsilon(\cdot, t)) \leqslant \mathrm{TV}(u_0),$$

其中函数的总变差定义为

$$\mathrm{TV}(u) := \sup_h \int_{-\infty}^{\infty} \left| \frac{u(x+h) - u(x)}{h} \right| \mathrm{d}x.$$

证明   类似 L^1 稳定性的证明. 在定理 2.1 中取 $v_0(x) = u_0(x + h)$. $\square$

注   通过取极限 $\varepsilon \to 0$, 可以得到相应守恒律的熵解是总变差不增的.

2.7   一维标量双曲守恒律的 Riemann 问题

双曲守恒律的 Riemann 问题在解的性质研究和数值计算中都占有非常重要的地位. Riemann 问题的解在数值计算中的主要作用是构造数值通量, 它是守恒律有限体积方法的基础.

这一节集中讨论怎样利用 R-H 条件和 Lax 或者 Oleinik 熵条件来求解如下一维标量双曲守恒律的 Riemann 问题:

$$\begin{cases} u_t + f(u)_x = 0, \\ u(x, 0) = u_0(x) = \begin{cases} u_l, & x < 0, \\ u_r, & x > 0. \end{cases} \end{cases}$$

首先, 上述双曲守恒律方程的解在光滑的区域内沿着特征线是常数, 且方程的特征线是直线. 特征线 $(X(t), t)$ 满足的方程为

$$\frac{\mathrm{d}X(t)}{\mathrm{d}t} = f'(u).$$

因此在左侧区域, 在特征线不相交的情况下得到特征线的表达式为

$$X(t) = x_0 + f'(u_l)t, \quad x_0 < 0.$$

相应地, 在右侧区域, 在特征线不相交的情况下得到特征线的表达式为

$$X(t) = x_0 + f'(u_r)t, \quad x_0 > 0.$$

记 $\lambda_l = f'(u_l), \lambda_r = f'(u_r)$ 为特征速度, 则根据 λ_l, λ_r 的大小会有不同的情况出现:

(1) $\lambda_l < \lambda_r$. 此时在 $x_0 = 0$ 附近的特征线随着时间增长越来越远, 不会相交. 在区域

$$\lambda_l t < x < \lambda_r t$$

中的解需要构造出来. 从前面 Burgers 方程的例子可知, 这部分解很可能是一个稀疏波. 但解的具体情况要根据 $f(\cdot)$ 函数的性质构造. 如果可以构造一个稀疏波连接左右两侧常数区域的话, 整个解是连续的, 可以验证是熵解.

(2) $\lambda_l > \lambda_r$. 此时在 $x_0 = 0$ 附近的特征线注定要相交, 会产生激波. 激波的传播速度由 R-H 条件决定. 但是, 解是否只由一个激波组成还跟 $f(\cdot)$ 的具体性质相关.

(3) $\lambda_l = \lambda_r$. 此时若 $u_l = u_r$, 则解就是一个常数 $u(x,t) = u_l = u_r$. 但是如果 $f'(u)$ 不单调, 有可能出现 $u_l \neq u_r$.

下面根据 $f(\cdot)$ 的性质分两种情况讨论.

2.7.1 本质非线性 Riemann 问题的解

对本质非线性 Riemann 问题, 可以证明将左右两块常数区域拼接在一起的中间态只可能是一个稀疏波或一个激波. 注意到在 Riemann 问题中, 不管是稀疏波还是激波, 解沿着所有射线 $x/t = \lambda$, $\lambda \in \mathbb{R}$ 都是常数. 或者说如果 $u(x,t)$ 是解, 则 $u(ax, at)$ 也是解. 故解 $u(x,t)$ 实际上只依赖于 x/t, 因此不妨设

$$u(x,t) = w\left(\frac{x}{t}\right),$$

其中 $w(\cdot)$ 是一个待定函数. 如果有稀疏波产生, 对上述解的形式求导得

$$u_t = w'(x/t) \cdot (-1)t^{-2}x,$$

$$f(u)_x = f'(u)w'(x/t)t^{-1},$$

代入守恒律方程中得到

$$0 = u_t + f(u)_x$$

$$= w'(x/t)t^{-1}\left[f'(u) - x/t\right],$$

注意到: $w' = 0$ 对应于 w 是常数, 此时对应于左右两侧解为常数的区域. 对 $t > 0, w'(x/t) \neq 0$, 我们得到

$$\frac{x}{t} = f'(u).$$

此时如果 $f'(\cdot)$ 的反函数存在, 不妨记为 $g(\cdot)$, 则方程的解为

$$u = g(x/t).$$

由于此处考虑的 f 是严格凸或严格凹的, $f'(\cdot)$ 的反函数处处存在. 所以产生稀疏波的情况可以总结如下.

   • $\lambda_l < \lambda_r$. 注意到 $\lambda_l = f'(u_l), \lambda_r = f'(u_r)$, 易得: 如果 $f''(u) > 0$, 则 $u_l < u_r$; 反之, 如果 $f''(u) < 0$, 则 $u_l > u_r$. 含稀疏波的解可表示为

$$u(x,t) = \begin{cases} u_l, & x < \lambda_l t, \\ g(x/t), & \lambda_l t \leqslant x \leqslant \lambda_r t, \\ u_r, & x > \lambda_r t, \end{cases}$$

其中 $g(\cdot)$ 是 $f'(\cdot)$ 的反函数. 可以验证此解是熵解.

   相应地产生激波的情况如下.

   • $\lambda_l > \lambda_r$. 此时, 如果 $f''(u) > 0$, 则有 $u_l > u_r$; 反之, 如果 $f''(u) < 0$, 则 $u_l < u_r$. 含激波的解可表示为

$$u(x,t) = \begin{cases} u_l, & x < st, \\ u_r, & x > st, \end{cases}$$

其中 $s = \dfrac{f(u_l) - f(u_r)}{u_l - u_r}$ 是激波速度. 不难验证此解满足 Lax 熵条件 (亦满足 Oleinik 熵条件) , 因此是熵解. 由熵解的唯一性 (见上一节结论), 我们不需要再考虑其他形式的解.

   最后一种情况如下.

   • $\lambda_l = \lambda_r$. 因为方程本质非线性, $f'(u)$ 是严格单调函数, 所以 $u_l = u_r$, 解就是一个常数: $u(x,t) = u_l = u_r$.

2.7.2   求解一般情况下 Riemann 问题的凸包方法

   如果标量守恒律不是本质非线性, 其 Riemann 问题的求解难度将大大增大. 这里介绍一种通过使用通量函数 $f(u)$ 的凸包构造相应 Riemann 问题解的方法.

   由于此时 $f(\cdot)$ 不是严格凸的或严格凹的, 无法保证任意给定的两个初值都能通过 "一个" 稀疏波过渡 (需要 f' 的反函数存在唯一). 在产生激波的情况下, 也无法保证只通过 "一个" 激波把两个初值连接且相应的解满足 Oleinik 熵条件, 具体细节由下面的推导过程给出.

下面通过分析 Oleinik 熵条件来得到凸包方法. 由熵解的 TV 不增性质可知, 连接两个初值 u_l, u_r 的解 $u(x,t)$ 在 x 方向必须是单调的. 否则会有 $\mathrm{TV}(u(\cdot,t)) > |u_l - u_r| = \mathrm{TV}(u(\cdot,0))$. 设 u^-, u^+ 是连接 u_l, u_r 的解出现间断处的左极限和右极限. 由 Oleinik 条件知:

$$\frac{f(u) - f(u^-)}{u - u^-} \geqslant s \geqslant \frac{f(u) - f(u^+)}{u - u^+}, \quad \text{对任意 } u \text{ 介于 } u^- \text{ 和 } u^+ \text{ 之间,} \quad (2.72)$$

其中 s 是间断速度, 由 R-H 条件 (2.58) 决定. 下面分情况讨论.

(1) 若 $u_l = u_r$, 则解就是一个常数: $u(x,t) = u_l = u_r$, 也是古典解, 因此是熵解、唯一.

(2) 若 $u_l < u_r$. 此时若有间断, 由 TV 不增的性质可知 $u_l \leqslant u^- < u^+ \leqslant u_r$. 此时 (2.72) 中的两个不等式可以变为

$$f(u) \geqslant f(u^-) + s(u - u^-),$$
$$f(u) \geqslant f(u^+) + s(u - u^+).$$

以上两式的右端分别表示 u-f 图中过 $(u^-, f(u^-))$ 和 $(u^+, f(u^+))$ 斜率为 s 的直线段, 而由于 s 的定义: $s = \dfrac{f(u^+) - f(u^-)}{u^+ - u^-}$, 这两条直线段实际上是同一条直线段, 即过 $(u^-, f(u^-))$ 和 $(u^+, f(u^+))$ 两点的直线段. 如果可以取 $u^- = u_l, u^+ = u_r$, 使得 Oleinik 熵条件成立, 也就是使得 $f(u)$ 整体在过 $(u_l, f(u_l))$ 和 $(u_r, f(u_r))$ 两点的直线上方, 则 u_l, u_r 可以由一个激波直接连接, 且相应的解为熵解. 如果上述做法不成立, 那么 u^-, u^+ 只能取到某些中间值, 或无论 u^-, u^+ 怎么取都不满足熵条件, 则连接 u_l, u_r 的解中应该有连续过渡部分, 解的对应形式为 $u(x,t) = w(x/t)$, 这就是稀疏波. 其中 $x/t = f'(u)$ 是特征速度. 由解的单值性, 通过分析 x-t 平面的特征线, 可以得出当一个稀疏波跟一个间断相接的时候必有 $f'(u_s) = s$, 其中 u_s 是间断在稀疏波侧的极限值, 对应于 u-f 图中就是间断对应的直线段应该跟稀疏波对应的 $f(u)$ 曲线在 u_s 点相切. 综合上述分析, 此时要做一个连接 $(u_l, f(u_l)), (u_r, f(u_r))$ 两点的曲线 $f(u)$ 的下凸包, 图 2.7 (a) 给出了一个示例. 下凸包中直线部分对应间断, 曲线部分对应稀疏波. 因为是凸包, 所以其曲线部分是凸的, 因此对应 f' 在相应区域是可逆的. 可以验证这种方法构造出来的解是满足熵条件的.

(3) $u_l > u_r$. 这种情况与 $u_l < u_r$ 情况类似. 不同的是这里要构造上凸包, 图 2.7 (b) 给出了一个示例.

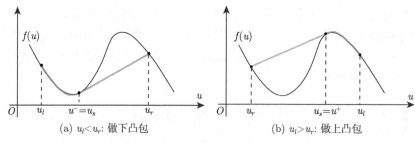

(a) $u_l < u_r$: 做下凸包　　　　　　　　　(b) $u_l > u_r$: 做上凸包

图 2.7　求解标量双曲守恒律 Riemann 问题凸包方法示意图

2.8　一维双曲守恒律方程组的 Riemann 问题

下面简要讨论下述一维双曲守恒律方程组的 Riemann 问题:

$$\begin{cases} \dfrac{\partial \mathbf{u}}{\partial t} + \dfrac{\partial \mathbf{f(u)}}{\partial x} = \mathbf{0}, \\[2mm] \mathbf{u}(x,0) = \mathbf{u}_0(x) = \begin{cases} \mathbf{u}_L, & x < 0, \\ \mathbf{u}_R, & x > 0, \end{cases} \end{cases} \tag{2.73}$$

这里, 初值在原点 $x = 0$ 处有一间断, 在间断两侧的区域内都是常数.

非线性双曲守恒律方程组的 Riemann 问题的解是很难获得的. 但线性常系数双曲型方程组有精确解, 其 Riemann 问题解容易获得. 下面先对常系数线性双曲型方程组的 Riemann 问题进行求解, 从中也可以得到一些一般 Riemann 问题解结构的直观认识.

2.8.1　线性常系数双曲型方程组的 Riemann 问题

考虑线性常系数严格双曲型方程组的 Riemann 问题:

$$\begin{cases} \mathbf{q}_t + \mathbf{A}\mathbf{q}_x = \mathbf{0}, \quad \mathbf{q} \in \mathbb{R}^m, \ x \in \mathbb{R}, \ t > 0, \\[2mm] \mathbf{q}(x,0) = \mathbf{q}_0(x) = \begin{cases} \mathbf{q}_L, & x < 0, \\ \mathbf{q}_R, & x > 0, \end{cases} \end{cases} \tag{2.74}$$

这里系数矩阵 $\mathbf{A}$ 有 m 个互不相等的实特征值. 根据 Jacobian 矩阵的特征分解 (2.45), $\mathbf{A} = \mathbf{R}\mathbf{\Lambda}\mathbf{L}$. 定义特征变量 $\mathbf{w} = \mathbf{L}\mathbf{q}$, 其分量 $w_p = \mathbf{l}_p \cdot \mathbf{q}$. 将 $\mathbf{A} = \mathbf{R}\mathbf{\Lambda}\mathbf{L}$ 代入方程 (2.74) 第一式, 并在方程两边左乘 $\mathbf{L}$, 可以得到

$$\mathbf{w}_t + \mathbf{\Lambda}\mathbf{w}_x = \mathbf{0}, \tag{2.75}$$

其中 $\mathbf{\Lambda} = \mathrm{diag}(\lambda_1, \lambda_2, \cdots, \lambda_m)$ 是不依赖于 $\mathbf{q}$ 的对角矩阵. 方程组 (2.75) 是一个对角系统, $w_p, p = 1, \cdots, m$ 是解耦的, 可以分别进行求解. 求解第 p 个分量对应的方程 $\partial_t w_p + \lambda_p \partial_x w_p = 0$, 得到

$$w_p(x, t) = w_p(x - \lambda_p t, 0). \tag{2.76}$$

再利用特征变换 $\mathbf{w}(x, 0) = \mathbf{L}\mathbf{q}(x, 0)$ 和 $\mathbf{q}(x, t) = \mathbf{R}\mathbf{w}(x, t)$, 也就是

$$w_p(x, 0) = \sum_{j=1}^{m} l_{pj} q_j(x, 0), \quad q_k(x, t) = \sum_{p=1}^{m} r_{kp} w_p(x, t), \tag{2.77}$$

得到线性常系数严格双曲型方程的通解

$$q_k(x, t) = \sum_{p=1}^{m} r_{kp} w_p(x, t) = \sum_{p=1}^{m} r_{kp} \sum_{j=1}^{m} l_{pj} q_j(x - \lambda_p t, 0), \quad k = 1, \cdots, m. \tag{2.78}$$

从上述表达式并不容易看清楚解的结构. 可以从方程 (2.76) 来理解 Riemann 问题的解结构. 由于变换矩阵 $\mathbf{L}, \mathbf{R}$ 与 x 无关, 所以初始特征变量 $\mathbf{w}_0$ 也分别在 $x < 0$ 和 $x > 0$ 区域中为常数, 可记为 $\mathbf{w}^L$ 和 $\mathbf{w}^R$. 再由方程 (2.76) 可知, 在 x-t 平面上, 从左往右每穿过一条从原点 $x = 0$ 发出的特征线 $x = \lambda_p t$, 相应的第 p 个特征变量分量的值要发生一个跳跃 $w_p^R - w_p^L$, 而其他的特征变量分量保持不变. 因此, 利用特征变换 $\mathbf{q} = \mathbf{R}\mathbf{w}$, 可以将初始间断 (从常数区域 $x < \lambda_1 t$ 到常数区域 $x > \lambda_m t$ 的变化) 对应的跳跃量 $\Delta \mathbf{q}$ 分解成为 m 个特征跳跃量 $(w_p^R - w_p^L)\mathbf{r}_p$ 的和:

$$\Delta \mathbf{q} = \mathbf{q}_R - \mathbf{q}_L = \sum_{p=1}^{m} \left(w_p^R - w_p^L\right) \mathbf{r}_p. \tag{2.79}$$

这等价于解关于 $\boldsymbol{\alpha} = (\alpha_1, \cdots, \alpha_m)^{\mathrm{T}}$ 的线性方程组:

$$\mathbf{R}\boldsymbol{\alpha} = \mathbf{q}_R - \mathbf{q}_L. \tag{2.80}$$

解为 $\boldsymbol{\alpha} = \mathbf{L}(\mathbf{q}_R - \mathbf{q}_L)$, 其分量 $\alpha_p = \mathbf{l}_p \cdot (\mathbf{q}_R - \mathbf{q}_L) = w_p^R - w_p^L$ 表示第 p 个特征波强度. 记 $\mathcal{W}_p \equiv \alpha_p \mathbf{r}_p$ 表示第 p 个特征波. 在 x-t 平面上, 从左到右跨过第 p 条特征线, 解 $\mathbf{q}$ 的变化量就等于 p-特征波. 例如, 图 2.8 中从左到右跨过特征线 $x = \lambda_1 t$, 则 $\mathbf{q}_{*L} - \mathbf{q}_L = \mathcal{W}_1$. 因此, Riemann 问题 (2.74) 的解可以表示成从初始间断某一侧的初始数据经过一系列特征波的跳跃而获得的解:

$$\mathbf{q}(x, t) = \mathbf{q}_L + \sum_{p: \lambda_p < \frac{x}{t}} \mathcal{W}_p$$

$$= \mathbf{q}_R - \sum_{p:\lambda_p > \frac{x}{t}} \mathcal{W}_p$$

$$= \mathbf{q}_L + \sum_{p=1}^{m} H(x - \lambda_p t)\mathcal{W}_p, \tag{2.81}$$

其中 $H(x)$ 为 Heaviside 函数

$$H(x) = \begin{cases} 0, & x \leqslant 0, \\ 1, & x > 0. \end{cases}$$

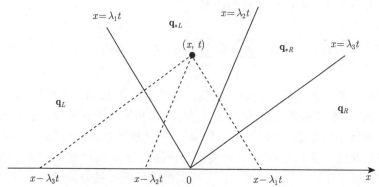

图 2.8　常系数线性严格双曲型方程组 Riemann 问题 (2.74) 的解

在 x-t 平面上总共有 $m+1$ 个扇形常数区, 这里以方程组分量个数 $m = 3$ 为例

图 2.8 给出了一个线性严格双曲型方程 ($m = 3$) 的 Riemann 问题解的示意图, 四个扇形常数区的解为

$$\mathbf{q}(x,t) = \begin{cases} \mathbf{q}_L, & x \leqslant \lambda_1 t, \\ \mathbf{q}_{*L} = \mathbf{q}_L + (w_1^R - w_1^L)\mathbf{r}_1, & \lambda_1 t < x \leqslant \lambda_2 t, \\ \mathbf{q}_{*R} = \mathbf{q}_R - (w_3^R - w_3^L)\mathbf{r}_3, & \lambda_2 t < x \leqslant \lambda_3 t, \\ \mathbf{q}_R, & x > \lambda_3 t. \end{cases} \tag{2.82}$$

2.8.2　非线性双曲守恒律方程组的 Riemann 问题

对于一般的非线性双曲守恒律方程组, 其一维 Riemann 问题的解很难解析给出, 甚至是否存在都无法保证. 但在解存在的情况下, 非线性 Riemann 问题解具有一些与线性 Riemann 问题解类似的结构和性质.

具体地, 针对 Riemann 问题 (2.73) 在守恒律方程组为严格双曲型的情况下, 有以下结论.

性质 1[11,12]　对每个给定的状态 $\mathbf{u}_L$, 存在一邻域, 当另一个状态 $\mathbf{u}_R$ 属于该邻域时, 严格双曲守恒律方程组的 Riemann 问题有唯一解, 并且该解由 m 个初等波①将 $t > 0$ 半平面分割成 $m + 1$ 个常数状态区所组成 (注: 稀疏波区域作为一个初等波不计入常数状态区). 当第 k 个特征场是本质非线性的时, 对应的第 k 个初等波是激波或者中心稀疏波; 当第 k 个特征场是线性退化的时, 对应的第 k 个初等波是接触间断.

性质 2[10]　如果可允许的弱解是唯一的, 则该解一定是 x/t 的函数, 也就是说解可写成: $\mathbf{u}(x, t) = \mathbf{u}(x/t)$ 形式. 如果全部特征场都是本质非线性的或者线性退化的, 此时解是由从原点出发的激波、接触间断、中心稀疏波区和扇形的常数状态区组成, 并且在射线 $x/t = \text{const}$ 上解为常数.

习 题 2

1. 验证 (2.64) 是 Riemann 问题 (2.62) 的解.

2. 验证一维等温流 (2.26) 和 (2.27) 是严格双曲型的.

3. 将一维 Euler 方程组 (2.21) 和 (2.20) 写成 ρ, u, p 三个变量的方程, 并验证方程是双曲型的.

4. 分析交通流模型的 Riemann 问题

$$\begin{cases} \rho_t + f(\rho)_x = 0, \\ \rho(x, 0) = \begin{cases} \rho_l, & x < 0, \\ \rho_r, & x > 0, \end{cases} \end{cases}$$

其中

$$f(\rho) = u_{\max} \, \rho \left(1 - \rho/\rho_{\max}\right).$$

(1) 出现稀疏波的条件是什么?

(2) 出现激波的条件是什么? 激波传输的方向是固定的吗?

5. 证明带黏性的 Burgers 方程

$$u_t + u u_x = \varepsilon u_{xx},$$

有如下形式的行波解 $u^\varepsilon(x, t) = w(x - st)$, 其中

$$w(y) = u_r + \frac{1}{2}(u_l - u_r) \left[1 - \tanh\left(\frac{(u_l - u_r)y}{4\varepsilon}\right)\right].$$

---

① 初等波一般包括激波、稀疏波、接触间断. 三者分别对应了汇聚、发散和平行的特征传播特性.

行波解中的参数 $s = \dfrac{u_l + u_r}{2}$. 画出解的草图, 并研究解在 $\varepsilon \to 0$ 时的极限.

6. 计算矩阵

$$\mathbf{A} = \begin{bmatrix} 0 & 1 \\ -u_0^2 + c_0^2 & 2u_0 \end{bmatrix}$$

的特征值和右特征向量, 并验证它们等于以下结果.

$$\lambda_1 = u_0 - c_0, \qquad\qquad \lambda_2 = u_0 + c_0,$$

$$\mathbf{r}_1 = \begin{bmatrix} 1 \\ u_0 - c_0 \end{bmatrix}, \qquad \mathbf{r}_2 = \begin{bmatrix} 1 \\ u_0 + c_0 \end{bmatrix}.$$

7. 求以下两组参数对应的线性双曲型方程组 $\mathbf{q}_t + \mathbf{A}\mathbf{q}_x = \mathbf{0}$ 的 Riemann 问题的解, 并在 $x\text{-}t$ 平面上画出各扇形区任一点 (x, t) 处的解示意图.

(1) $\mathbf{A} = \begin{bmatrix} 0 & 4 \\ 1 & 0 \end{bmatrix}$, $\mathbf{q}_l = \begin{bmatrix} 0 \\ 1 \end{bmatrix}$, $\mathbf{q}_r = \begin{bmatrix} 1 \\ 1 \end{bmatrix}$.

(2) $\mathbf{A} = \begin{bmatrix} 1 & 1 \\ 1 & 1 \end{bmatrix}$, $\mathbf{q}_l = \begin{bmatrix} 1 \\ 0 \end{bmatrix}$, $\mathbf{q}_r = \begin{bmatrix} 2 \\ 0 \end{bmatrix}$.

8. 对于上一题 (1) 中的矩阵 $\mathbf{A}$ 所对应的线性双曲型方程组 $\mathbf{q}_t + \mathbf{A}\mathbf{q}_x = \mathbf{0}$, 求出任意 Riemann 初值数据 $\mathbf{q}_l = \mathbf{Q}_i$ 和 $\mathbf{q}_r = \mathbf{Q}_{i+1}$ 所分解的波 $\mathcal{W}_{i+1/2}^1$ 和 $\mathcal{W}_{i+1/2}^2$.

9. 使用凸包方法求解如下的两相流 Buckley-Leverett 方程的 Riemann 问题:

$$\begin{cases} u_t + f(u)_x = 0, \\ u(x, 0) = \begin{cases} 0, & x < 0, \\ 1, & x > 0, \end{cases} \end{cases}$$

其中

$$f(u) = \frac{u^2}{u^2 + a(1-u)^2}, \quad a = \frac{1}{2}.$$

第 3 章　一维双曲守恒律的经典数值方法

本章主要介绍基于分片常值重构的 Godunov 有限体积法、波传播法、通量差分分裂方法和矢通量分裂方法, 并给出守恒格式和单调格式的数学理论. 这些知识是后几章高分辨率方法的基础.

3.1　有限体积法的基本形式

有限体积法 (finite volume method, FVM) 的出发方程是积分形式的守恒律方程. 它跟踪的是变量的网格单元平均值. FVM 的优点主要有: ① 可适用于各种各样的网格, 因而对于复杂的求解区域有较好的适应性; ② 可模拟真实解的守恒性, 因而更适合于计算有激波间断的问题; ③ 如果守恒律的守恒型格式收敛, 则收敛到守恒律的弱解 (Lax-Wendroff 定理[4,13]).

和有限差分法采用点值作为解变量的做法不同, FVM 采用网格单元平均值作为解变量. 考虑计算区域 $[a, b]$ 上的守恒律 (可以是标量方程, 也可以是方程组)

$$\frac{\partial q}{\partial t} + \frac{\partial f(q)}{\partial x} = 0. \tag{3.1}$$

设 Q_i^n 是解 q 的网格平均值的数值近似:

$$Q_i^n \approx \frac{1}{\Delta x} \int_{x_{i-1/2}}^{x_{i+1/2}} q(x, t_n) \mathrm{d}x = \frac{1}{\Delta x} \int_{I_i} q(x, t_n) \mathrm{d}x,$$

其中网格单元 $I_i = [x_{i-1/2}, x_{i+1/2}]$, 计算区域划分为 $a = x_{1/2} < x_{3/2} < \cdots < x_{N-1/2} < x_{N+1/2} = b$, 网格长度 $\Delta x = x_{i+1/2} - x_{i-1/2}$, 如图3.1所示. 考虑 (3.1) 的积分形式:

$$\frac{\mathrm{d}}{\mathrm{d}t} \int_{I_i} q(x, t) \mathrm{d}x = f\left(q(x_{i-1/2}, t)\right) - f\left(q(x_{i+1/2}, t)\right), \tag{3.2}$$

将 (3.2) 从时间 t_n 积分到 t_{n+1}, 得另一种形式:

$$\int_{I_i} q(x, t_{n+1}) \mathrm{d}x - \int_{I_i} q(x, t_n) \mathrm{d}x = \int_{t_n}^{t_{n+1}} \left[f\left(q(x_{i-1/2}, t)\right) - f\left(q(x_{i+1/2}, t)\right) \right] \mathrm{d}t.$$

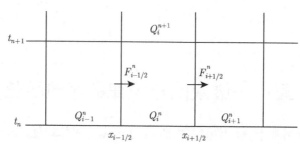

图 3.1　在 x-t 平面上利用界面数值通量更新单元平均值 Q_i^{n+1} 的示意图

上式两端同除以 Δx, 可整理成

$$\frac{1}{\Delta x}\int_{I_i} q(x,t_{n+1})\mathrm{d}x - \frac{1}{\Delta x}\int_{I_i} q(x,t_n)\mathrm{d}x$$

$$= -\frac{\Delta t}{\Delta x}\left[\frac{1}{\Delta t}\int_{t_n}^{t_{n+1}} f\big(q(x_{i+1/2},t)\big)\,\mathrm{d}t - \frac{1}{\Delta t}\int_{t_n}^{t_{n+1}} f\big(q(x_{i-1/2},t)\big)\,\mathrm{d}t\right]. \qquad (3.3)$$

这精确地给出了更新 q 的网格平均值的公式. 由于 $q(x_{i+1/2},t)$ 随 t 是变化的, 右端项中的时间积分一般不能精确地计算, 这就建议我们应当采用某种形式的通量去近似 $x=x_{i+1/2}$ 处的时间平均通量, 这样获得如下形式的有限体积法:

$$Q_i^{n+1} = Q_i^n - \frac{\Delta t}{\Delta x}\Big(F_{i+1/2}^n - F_{i-1/2}^n\Big), \qquad (3.4)$$

其中

$$F_{i+1/2}^n \approx \frac{1}{\Delta t}\int_{t_n}^{t_{n+1}} f\Big(q\big(x_{i+1/2},t\big)\Big)\mathrm{d}t. \qquad (3.5)$$

近似通量 $F_{i+1/2}^n$ 称为数值通量. 对于双曲型问题, 由于信息传播速度的有限性, 数值通量 $F_{i+1/2}^n$ 可只依赖于 n 时间层的几个网格平均值, 例如

$$F_{i+1/2}^n = \hat{f}(Q_i^n, Q_{i+1}^n),$$

这里 $\hat{f}$ 为某种形式的数值通量函数. 对于高阶有限体积法, 数值通量为

$$F_{i+1/2}^n = \hat{f}\big(Q_{i+1/2-}^n, Q_{i+1/2+}^n\big), \qquad (3.6)$$

其中 $Q_{i+1/2\pm}^n$ 是由网格平均值 $\{Q_i^n\}$ 重构的解在网格界面 $i+1/2$ 两侧的取值.

将格式 (3.4) 乘以 Δx 然后对任意区间求和, 得

$$\Delta x \sum_{i=I}^{J} Q_i^{n+1} = \Delta x \sum_{i=I}^{J} Q_i^n - \Delta t\Big(F_{J+1/2}^n - F_{I-1/2}^n\Big). \qquad (3.7)$$

这完全模拟了精确解满足的性质 (3.3)——在一个给定区域内, 守恒量总量的变化是由该守恒量在区域边界上的出入通量引起的. 格式 (3.4) 称为守恒型格式. 关于守恒型格式的理论见 3.9.1 节.

如果把 Q_i^n 当作取在单元中心的点值, 有限体积法 (3.4) 也可视为直接逼近于微分形式守恒律 (3.1) 的有限差分格式:

$$\frac{Q_i^{n+1} - Q_i^n}{\Delta t} + \frac{F_{i+1/2}^n - F_{i-1/2}^n}{\Delta x} = 0. \tag{3.8}$$

对于一维线性常系数标量守恒律, 有限体积法和有限差分法在均匀网格上是等价的. 但对于非线性守恒律二者是不等价的. 对于多维问题及均匀网格情形, 二者在某种意义上是等价的. 因此, 有限体积法和有限差分法有密切的联系, 有限差分法的相容性、收敛性和稳定性概念以及稳定性分析方法, 对于有限体积法也是适用的.

为了获得有限体积法中的数值通量, 可以利用 Godunov 方法, 以及各种近似 Riemann 解方法, 这些将在后续章节陆续介绍.

3.1.1 有限体积法的相容性

数值通量 $F_{i+1/2}^n = \hat{f}(Q_{i-s+1}^n, \cdots, Q_{i+s}^n)$ 是逼近于 (3.5) 中的时间积分平均通量的. 为此, 函数 $\hat{f}$ 必须满足相容性条件而且是 Lipschitz 连续的:

$$\begin{aligned}
\hat{f}(q, \cdots, q) &= f(q), \\
\left| \hat{f}(Q_{i-s+1}, \cdots, Q_{i+s}) - f(q) \right| &\leqslant L \max \left(|Q_{i-s+1} - q|, \cdots, |Q_{i+s} - q| \right).
\end{aligned} \tag{3.9}$$

3.1.2 有限体积法的稳定性

1928 年, Courant, Friedrichs 和 Lewy[6] 给出了差分格式稳定的必要条件: 以他们三人名字命名的 CFL 条件.

CFL 条件　有限差分法或有限体积法稳定 (在 Lax 等价性定理满足时亦可说 "收敛") 的必要条件是数值方法的依赖域包含微分方程的依赖域 (至少在 Δt 和 $\Delta x \to 0$ 的极限情况下如此).

一维非线性双曲型方程的依赖域是指 x-t 平面上过目标点的左、右特征线所包围的 $t = 0$ 时刻的空间区域 (见 2.3.2 节), 而数值依赖域是指计算当前点的值时, 所牵涉到的所有网格点的集合. 图 3.2 是有限差分法的依赖域示例.

对于线性对流方程 $q_t + a q_x = 0$, 任一点 (X, T) 的依赖域 $\mathcal{D}(X, T)$ 为 x 轴上的一个点 $X - aT$. 而三点显式格式 $Q_j^{n+1} = G(Q_{j-1}^n, Q_j^n, Q_{j+1}^n)$ 的数值依赖域

为 $\left[X - \dfrac{T}{\Delta t}\Delta x,\ X + \dfrac{T}{\Delta t}\Delta x\right]$, 对应的 CFL 条件是

$$X - \frac{T}{\Delta t}\Delta x \leqslant X - aT \leqslant X + \frac{T}{\Delta t}\Delta x,$$

于是得

$$-1 \leqslant \frac{a\Delta t}{\Delta x} \leqslant 1, \quad \text{即 } \nu := \left|\frac{a\Delta t}{\Delta x}\right| \leqslant 1, \tag{3.10}$$

这里 ν 称为 Courant 数, 或 CFL 数. 对于方程组, CFL 数定义为 $\nu = \dfrac{\Delta t}{\Delta x}\max\limits_{p}|\lambda_p|$. 对于用到更宽模板的显式如 $Q_i^{n+1} = G(Q_{i-2}^n, Q_{i-1}^n, Q_i^n, Q_{i+1}^n, Q_{i+2}^n)$, CFL 条件可放宽为 $\nu \leqslant 2$.

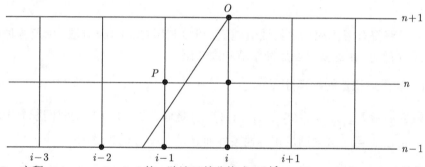

图 3.2　方程 $q_t + aq_x = 0, a \geqslant 0$ 的一阶迎风差分格式 $Q_i^{n+1} = Q_i^n - \nu(Q_i^n - Q_{i-1}^n)$ 的依赖域: O 点的数值依赖域为 x 轴上的所有黑圆点; 微分方程依赖域为过 O 点、斜率为 $\mathrm{d}x/\mathrm{d}t = a$ 的直线和 x 轴的交点

对于抛物型方程, 如扩散方程 $q_t = \alpha q_{xx}$, 存在特征线满足 $\mathrm{d}t/\mathrm{d}x = 0$(对应信息传播速度无穷大, $\mathrm{d}x/\mathrm{d}t = \infty$), 微分方程的依赖域 $\mathcal{D}(X, T)$ 是整个空间区域. CFL 条件要求数值依赖域必须包含整个空间区域, 至少在 $\Delta x, \Delta t \to 0$ 的极限情况下如此. 对于这种方程的隐式格式, CFL 条件自动满足, 因为数值上每个网格点和空间域中的所有网格点都有关, 而所有网格点所在的空间区域包含了微分方程的依赖域. 对于显式, 可以让 Δt 比 Δx 更快地趋于零来满足 CFL 条件, 如取 $\Delta t = \mathcal{O}(\Delta x^2)$.

3.2　守恒律的几个经典格式

本节介绍针对双曲守恒律的几个经典差分格式. 在一维均匀网格上, 这些格式的有限差分公式和有限体积公式是一样的.

3.2.1 中心通量格式

首先考虑在式 (3.4) 中使用中心通量 $F_{i+1/2}^n = \frac{1}{2}(f(Q_i^n) + f(Q_{i+1}^n))$, 这将得到

$$Q_i^{n+1} = Q_i^n - \frac{\Delta t}{2\Delta x}\left[f(Q_{i+1}^n) - f(Q_{i-1}^n)\right]. \tag{3.11}$$

这个格式非常简单, 然而它一般是不稳定的.

3.2.2 Lax-Friedrichs 格式 (1954[14])

将 (3.11) 中的 Q_i^n 换成 $(Q_{i-1}^n + Q_{i+1}^n)/2$, 就得到了经典 Lax-Friedrichs 格式

$$\frac{Q_i^{n+1} - 0.5(Q_{i-1}^n + Q_{i+1}^n)}{\Delta t} + \frac{f(Q_{i+1}^n) - f(Q_{i-1}^n)}{2\Delta x} = 0,$$

亦可写成

$$Q_i^{n+1} = \frac{1}{2}\left(Q_{i-1}^n + Q_{i+1}^n\right) - \frac{\Delta t}{2\Delta x}\left[f(Q_{i+1}^n) - f(Q_{i-1}^n)\right]. \tag{3.12}$$

在右端中加、减 Q_i^n, 在方括号内加、减 $f(Q_i^n)$, (3.12) 可改写成守恒型公式 (3.4):

$$Q_i^{n+1} = Q_i^n - \frac{\Delta t}{\Delta x}\left(F_{i+1/2}^n - F_{i-1/2}^n\right), \quad \text{其中}$$

$$F_{i+1/2}^n = \frac{1}{2}\left[f(Q_i^n) + f(Q_{i+1}^n)\right] - \frac{1}{2}\frac{\Delta x}{\Delta t}\left(Q_{i+1}^n - Q_i^n\right). \tag{3.13}$$

该格式相当于用中心差分格式求解对流-扩散方程 $q_t + f(q)_x = \frac{1}{2}\frac{\Delta x^2}{\Delta t}q_{xx}$, 扩散项来源于数值通量中的第二项. 格式的精度为 $\Delta x^2/\Delta t$, 当比值 $\Delta t/\Delta x$ 固定时为一阶空间精度. 对于线性对流方程 $q_t + aq_x = 0$, 稳定性条件为 CFL 数 $\nu \equiv \frac{|a|\Delta t}{\Delta x} \leqslant 1$.

3.2.3 Lax-Wendroff 格式 (1960[13])

Lax-Wendroff 格式是一种典型的二阶精度格式. 为得到 Lax-Wendroff 格式, 先将 q_i^{n+1} 在 (x_i, t_n) 处做时间泰勒级数展开, 并将时间导数通过原方程 $q_t + f(q)_x = 0$ 替换为空间导数 (此过程称为 Lax-Wendroff 或 Cauchy-Kowalewski 过程):

$$q_i^{n+1} = q_i^n + \Delta t\,(q_t)_i^n + \frac{\Delta t^2}{2}\,(q_{tt})_i^n + \mathcal{O}(\Delta t^3)$$

$$= q_i^n - \Delta t\,(f_x)_i^n + \frac{\Delta t^2}{2}\partial_x\,(Af_x)_i^n + \mathcal{O}(\Delta t^3)$$

$$= q_i^n - \Delta t \left(f_x \right)_i^n + \frac{\Delta t^2}{2} \partial_x \left(A^2 q_x \right)_i^n + \mathcal{O}(\Delta t^3), \tag{3.14}$$

其中 $A = \partial f(q)/\partial q$, 并利用了 $q_{tt} = -f_{xt} = -(f_t)_x = -(Aq_t)_x = (Af_x)_x$. 略去 $\mathcal{O}(\Delta t^3)$ 高阶项, 并将空间导数用中心差商代替, 即得单步 Lax-Wendroff 格式

$$Q_i^{n+1} = Q_i^n - \frac{\Delta t}{2\Delta x} \left[f(Q_{i+1}^n) - f(Q_{i-1}^n) \right] + \frac{1}{2} \left(\frac{\Delta t}{\Delta x} \right)^2 A_{i+1/2}^2 \left(Q_{i+1}^n - Q_i^n \right)$$

$$- \frac{1}{2} \left(\frac{\Delta t}{\Delta x} \right)^2 A_{i-1/2}^2 \left(Q_i^n - Q_{i-1}^n \right), \tag{3.15}$$

其中 $A_{i+1/2} = A(Q_{i+1/2}^n)$, $Q_{i+1/2}^n = \frac{1}{2} \left(Q_i^n + Q_{i+1}^n \right)$, 或当 $Q_{i+1}^n \neq Q_i^n$ 时, $A_{i+1/2} = (f(Q_{i+1}^n) - f(Q_i^n))/(Q_{i+1}^n - Q_i^n)$ (注: 对于 $m > 1$ 的方程组, 后者只是一个形式写法).

将 (3.15) 写成守恒型公式 (3.4), 其中数值通量

$$F_{i+1/2}^n = \frac{1}{2} \left[f(Q_i^n) + f(Q_{i+1}^n) - \frac{\Delta t}{\Delta x} A_{i+1/2}^2 (Q_{i+1}^n - Q_i^n) \right]$$

$$\text{或 } F_{i+1/2}^n = \frac{1}{2} \left[f(Q_i^n) + f(Q_{i+1}^n) - \frac{\Delta t}{\Delta x} A_{i+1/2} \left(f(Q_{i+1}^n) - f(Q_i^n) \right) \right]. \tag{3.16}$$

Lax-Wendroff 格式的精度为 $(\Delta t^2, \Delta x^2)$, 将其用在线性对流方程上的稳定性条件是 $\nu \leqslant 1$. 当用该格式计算间断问题时, 间断波后面有数值振荡 (属于慢型格式, 参见 1.6 节), 需要加人工黏性项来抑制振荡.

3.2.4　Richtmyer 两步 Lax-Wendroff 格式 (1967[7])

Richtmyer 两步 Lax-Wendroff 格式具体为

$$Q_{i+1/2}^{n+1/2} = \frac{1}{2} \left(Q_i^n + Q_{i+1}^n \right) - \frac{\Delta t}{2\Delta x} \left[f(Q_{i+1}^n) - f(Q_i^n) \right],$$
$$Q_i^{n+1} = Q_i^n - \frac{\Delta t}{\Delta x} \left[f(Q_{i+1/2}^{n+1/2}) - f(Q_{i-1/2}^{n+1/2}) \right], \tag{3.17}$$

其中 $Q_{i+1/2}^{n+1/2}$ 是将 Lax-Friedrichs 格式 (3.12) 应用于网格面 $x_{i+1/2}$ 半时间点 $t_{n+1/2} = t_n + 0.5\Delta t$ 处所得 $\left(\text{应用时将 } \Delta t \to \frac{1}{2}\Delta t, \text{ 同时 } \Delta x \to \frac{1}{2}\Delta x \right)$. 格式的精度为 $(\Delta t^2, \Delta x^2)$, 对于线性对流方程的稳定性条件是 $\nu \leqslant 1$. 格式 (3.17) 较单步 Lax-Wendroff 格式 (3.16) 加 (3.4) 的优点是无须计算 Jacobian 矩阵 $A_{i+1/2}$. 但对于常系数线性系统 $f(q) = Aq$, 该格式等价于单步 Lax-Wendroff 格式 (3.16) 加 (3.4), 或 (3.15).

3.2.5 MacCormack 格式 (1969[15])

令 $\bar{q} = q + \Delta t q_t$, 则有 $\bar{q}_t = q_t + \Delta t q_{tt}$. 将 (3.14) 第一式改写成

$$q_i^{n+1} = q_i^n + \Delta t\,(q_t)_i^n + \frac{\Delta t^2}{2}\,(q_{tt})_i^n + \mathcal{O}(\Delta t^3)$$

$$= \frac{1}{2} q_i^n + \frac{1}{2}\,(\bar{q})_i^n + \frac{1}{2}\Delta t\,(\bar{q}_t)_i^n + \mathcal{O}(\Delta t^3), \tag{3.18}$$

其中, $(\bar{q})_i^n = (q - \Delta t f_x)_i^n$, $\bar{q}_t = -f_x - \Delta t (f_x)_t = -f_x - \Delta t (f' q_t)_x \approx -f_x\,(q + \Delta t q_t)$ $+\mathcal{O}(\Delta t^2)$. MacCormack 格式对 (3.18) 分两步计算: 第一步算 $(\bar{q})_i^n$, 第二步算 q_i^{n+1}. 两步中的空间差分分别用向前、向后差分交替进行:

$$\hat{Q}_i^{n+1} = Q_i^n - \frac{\Delta t}{\Delta x}\left[f(Q_{i+1}^n) - f(Q_i^n)\right],$$
$$Q_i^{n+1} = \frac{1}{2}\left(Q_i^n + \hat{Q}_i^{n+1}\right) - \frac{\Delta t}{2\Delta x}\left[f(\hat{Q}_i^{n+1}) - f(\hat{Q}_{i-1}^{n+1})\right]. \tag{3.19}$$

该格式有二阶时空精度. 对于常系数线性系统 $f(q) = Aq$, MacCormack 格式和单步 Lax-Wendroff 格式 (3.15) 是等价的. 但对于非线性守恒律, 二者不同. 相比之下, 前者更为简单, 因为无须计算 Jacobian 矩阵. 该格式于 20 世纪 70—80 年代在流体计算中曾经广泛使用.

3.3 迎 风 格 式

以上格式都是关于当前计算点 i 对称的. 但双曲型方程组的信息是以不同特征速度沿着不同方向传播的. 迎风方法就是根据每个特征变量传播来源方向的值来决定当前计算点的信息. 对于标量线性对流方程 $q_t + aq_x = 0$, 只有一个传播速度 a, 当前计算点的信息基于左侧点或右侧点的信息, 可给出一阶迎风格式

$$Q_j^{n+1} = Q_j^n - \frac{a\Delta t}{\Delta x}\begin{cases} Q_j^n - Q_{j-1}^n, & a \geqslant 0, \\ Q_{j+1}^n - Q_j^n, & a < 0, \end{cases} \tag{3.20}$$

其中空间差分的模板点为当前点 j 和迎风方向的点 $j-1$ 或 $j+1$, 所以称式 (3.20) 为迎风格式. 可写出对应于 $a \geqslant 0$ 的迎风数值通量为 $F_{j+1/2}^n = aQ_{j-1}^n$. 将上式中的对流项统一写成 $\frac{1}{2}(a + |a|)\nabla Q_j^n + \frac{1}{2}(a - |a|)\Delta Q_j^n$, 则 (3.20) 变成中心差分加扩散项的形式

$$Q_j^{n+1} = Q_j^n - \frac{a\Delta t}{2\Delta x}\left(Q_{j+1}^n - Q_{j-1}^n\right) + \frac{|a|\Delta t}{2\Delta x}\left(Q_{j+1}^n - 2Q_j^n + Q_{j-1}^n\right). \tag{3.21}$$

迎风格式是一种重要的格式, 它也可以用其他等价格式的观点去解释.

　　观点 1: 特征线法 (CIR 格式, Courant-Isaacson-Rees, 1946).

　　特征线法不但可以解释迎风格式, 也可以解释一些其他格式.

　　如图 3.3, 沿特征线 OP, O 点的解值等于 P 点的解值:

$$Q_j^{n+1} = q_P = q(x_j - a\Delta t, t_n). \tag{3.22}$$

P 点的值可用不同精度的插值获得, 举例如下.

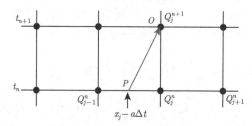

图 3.3　特征线法中, 用插值获得 P 点值的示意图

　　(1) **线性插值**.

　　对于 $a \geqslant 0$, 用 x_{j-1}, x_j 两点线性插值, 可得

$$Q_j^{n+1} = \frac{a\Delta t}{\Delta x} Q_{j-1}^n + \left(1 - \frac{a\Delta t}{\Delta x}\right) Q_j^n, \quad a \geqslant 0. \tag{3.23}$$

以上一阶 CIR 格式等价于迎风格式 (3.20), 其稳定性条件为 CFL 数 $\nu \leqslant 1$.

　　(2) **二次多项式插值**.

　　设多项式拟合式为 $q(x) = a + bx + cx^2$, 原点 $x = 0$ 设在图 3.3 中的 (x_j, t_n) 点处. 对于 $a \geqslant 0$, 用全迎风的 x_{j-2}, x_{j-1}, x_j 三点插值, 可得

$$a = Q_j^n, \quad b = \frac{3Q_j^n - 4Q_{j-1}^n + Q_{j-2}^n}{2\Delta x}, \quad c = \frac{Q_j^n - 2Q_{j-1}^n + Q_{j-2}^n}{2\Delta x^2}. \tag{3.24}$$

将 P 点的坐标 $x = -a\Delta t$ 代入拟合式, 得二阶 CIR 格式 (此时属于 Warming-Beam 格式 (1975[16]), 等价于式 (1.73))

$$Q_j^{n+1} = Q_j^n - \frac{a\Delta t}{2\Delta x}\left(3Q_j^n - 4Q_{j-1}^n + Q_{j-2}^n\right) + \frac{1}{2}\left(\frac{a\Delta t}{\Delta x}\right)^2 \left(Q_j^n - 2Q_{j-1}^n + Q_{j-2}^n\right).$$

$$\tag{3.25}$$

Warming-Beam 格式也是一种重要的经典格式, 其截断误差为 $\mathcal{O}(\Delta t^2 + \Delta x^2)$, 稳定性条件是 CFL 数 $\nu \leqslant 2$.

如果不管 a 的符号如何, 都用中间三点 x_{j-1}, x_j, x_{j+1} 插值, 可得

$$a = Q_j^n, \quad b = \frac{Q_{j+1}^n - Q_{j-1}^n}{2\Delta x}, \quad c = \frac{Q_{j+1}^n - 2Q_j^n + Q_{j-1}^n}{2\Delta x^2}.$$

将 P 点坐标 $x = -a\Delta t$ 代入拟合式, 得另一个二阶 CIR 格式 (此时属于单步 Lax-Wendroff 格式 (3.15))

$$Q_j^{n+1} = Q_j^n - \frac{a\Delta t}{2\Delta x}\left(Q_{j+1}^n - Q_{j-1}^n\right) + \frac{1}{2}\left(\frac{a\Delta t}{\Delta x}\right)^2\left(Q_{j+1}^n - 2Q_j^n + Q_{j-1}^n\right). \quad (3.26)$$

精度为 $(\Delta t^2, \Delta x^2)$, 稳定性条件为CFL 数 $\nu \leqslant 1$.

观点 2: 有限体积法的数值通量 (Godunov 方法).

设线性对流方程 $q_t + (aq)_x = 0$ 的常数 $a \geqslant 0$. 当 $\dfrac{|a\Delta t|}{\Delta x} \leqslant 1$ 时, 界面时均

通量 $F_{i+1/2}^n = \dfrac{1}{\Delta t}\displaystyle\int_{t_n}^{t_{n+1}} f(q(x_{i+1/2}, t))\mathrm{d}t = aQ_i^n$, 这就是将在 3.4 节中介绍的 Godunov 方法的数值通量. 因 Godunov 方法的分片常数初值沿特征线传播到网格界面. 类似地, 当 $a < 0$ 时, $F_{i+1/2}^n = aQ_{i+1}^n$. 设 $a^{\pm} = \dfrac{1}{2}(a \pm |a|)$ (等价于 $a^+ = \max(0, a), a^- = \min(0, a)$). 于是, 有限体积法观点中的数值通量可统一写成

$$F_{i+1/2}^n = a^+ Q_i^n + a^- Q_{i+1}^n. \quad (3.27)$$

代入有限体积法公式 (3.4), 也得到迎风格式 (3.20) 或 (3.21).

观点 3: 波传播法 (wave propagation method[4]).

波传播法如图 3.4 所示, 初始变量为分片常数分布. 在一维标量问题中, 网格界面处的间断被视为波, 波强度 $\mathcal{W}_{i-1/2} = Q_i^n - Q_{i-1}^n$. 假设 $a > 0$. 从 $x_{i-1/2}$ 处出发的波通过网格 $[x_{i-1/2}, x_{i+1/2}]$ 内任一点, 这点左侧的变量值就变成 Q_{i-1}^n, 相当于原来的值 Q_i^n 被改变了 $-\mathcal{W}_{i-1/2}$. 在 Δt 时间内, 波向右通过的距离 $a\Delta t$ 占网格尺度的分数为 $\dfrac{a\Delta t}{\Delta x}$. 因此, 网格平均值被改变了 $-\mathcal{W}_{i-1/2}\dfrac{a\Delta t}{\Delta x}$. 于是, 新的网格平均值为

$$Q_i^{n+1} = Q_i^n - \frac{a\Delta t}{\Delta x}\mathcal{W}_{i-1/2}, \quad (3.28)$$

此即迎风格式 (3.20).

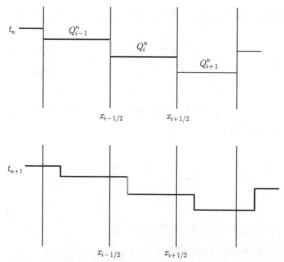

图 3.4　分片常数分布初值的波传播法示意图, 这里假设 $a > 0$

类似地, 当 $a < 0$ 时, 网格 $[x_{i-1/2}, x_{i+1/2}]$ 受右侧波的作用, 波通过网格内任一点处的变量值被改变了 $\mathcal{W}_{i+1/2}$, 波扫过的区间占比为 $-\dfrac{a\Delta t}{\Delta x}$, 因此新的网格平均值为

$$Q_i^{n+1} = Q_i^n - \frac{a\Delta t}{\Delta x}\mathcal{W}_{i+1/2}, \tag{3.29}$$

这仍然是迎风格式 (3.20).

综合 $a \gtrless 0$ 两种情况, 得到统一的波传播格式

$$Q_i^{n+1} = Q_i^n - \frac{\Delta t}{\Delta x}\left(a^+\mathcal{W}_{i-1/2} + a^-\mathcal{W}_{i+1/2}\right). \tag{3.30}$$

波传播格式 (3.30) 表示新的单元平均值受从左界面向右传播的波和右界面向左传播的波的影响.

波传播格式还适用于非守恒双曲型方程, 如 $q_t + A(q, x, t)q_x = 0$. 而基于数值通量的有限体积法在计算这种双曲型方程时, 需要专门处理非守恒项的离散. 但是, 构造波传播格式需知道双曲型方程的波结构, 而实际问题有可能很难得到波结构的解析式, 这成为这种方法的局限性.

本节展示了标量线性对流方程的迎风格式可由 Godunov 有限体积法导出. Godunov 方法在 CFD 中有深远影响. 原始 Godunov 方法只用分片常数逼近并结合理想气体 Euler 方程的 Riemann 问题的精确解, 后来被推广到分片线性和高次逼近结合各种双曲型方程 Riemann 问题的精确或近似解, 形成应用广泛的 Godunov 类方法. 下一节将介绍求解双曲型方程组的 Godunov 方法.

3.4 双曲型方程组的 Godunov 方法

Godunov 方法的核心是下述的 **REA算法** (reconstruct-evolve-average algorithm).

步骤 1: 用网格平均值 $\{Q_i^n\}$, **重构**网格单元 I_i 上分片多项式函数 $\tilde{q}(x, t_n)$, $\forall x \in I_i$;

步骤 2: 精确 (或近似) 地求解 (**演化**) 以函数 $\tilde{q}(x, t_n)$ 为初值的双曲型方程, 得到下一时间层的解 $\tilde{q}(x, t_{n+1})$;

步骤 3: 计算新的网格**平均值**

$$Q_i^{n+1} = \frac{1}{\Delta x} \int_{I_i} \tilde{q}(x, t_{n+1}) \mathrm{d}x.$$

下一时间步重复步骤1—步骤3.

在步骤 2 中, 求解分片常数重构初值的双曲型方程可以使用 2.8 节中的 Riemann 问题解. 但求解分片线性及更高次多项式重构初值的双曲型方程需求解广义 Riemann 问题. 在实际计算中也可以将分片高次重构在单元面两侧的取值看成分片常数分布, 求传统的 Riemann 问题的解.

最初的 REA 算法的缺点是每一步都要计算步骤 3 中的网格平均值, 由于下一时间层的解一般含有几个间断, 步骤 3 的计算就会很繁琐, 且为了防止从单元两端发出的波在 Δt 内相交 (图 3.5), 必须使 $\max_p |\lambda_p| \Delta t \leqslant \frac{1}{2} \Delta x$, 即 CFL 数小于 0.5.

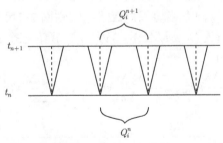

图 3.5   Godunov 方法

对于双曲守恒律方程, 改进的 **REA算法**在步骤 3 不必做网格平均, 而用守恒型格式 (3.4) 算出 Q_i^{n+1}. 对于分片常数分布, 由于在网格界面附近演化的解 $\tilde{q}(x, t > t_n)$ 沿射线 $(x - x_{i+1/2})/(t - t_n) = \mathrm{const}$ 是常数, 格式所需的数值通量可定义为

$$F_{i+1/2}^n = \frac{1}{\Delta t} \int_{t_n}^{t_{n+1}} f\left(\tilde{q}(x_{i+1/2}, t)\right) \mathrm{d}t = \frac{1}{\Delta t} \int_{t_n}^{t_{n+1}} f\left(q^*(Q_i^n, Q_{i+1}^n)\right) \mathrm{d}t$$

$$= f\left(Q_{i+1/2}^*\right), \tag{3.31}$$

这里 $Q_{i+1/2}^* = q^*(Q_i^n, Q_{i+1}^n)$ 是射线 $(x - x_{i+1/2})/(t - t_n) = 0$ 上的 Riemman 问题解. 这种解 Riemman 问题给出的通量称为 Godunov 数值通量. 由此可见 Riemann 问题解在构建有限体积法中的重要意义. 但是对于复杂的方程组, Riemann 问题的精确解很难求出, 所以实际问题中经常使用 Riemann 问题的近似解.

由式 (3.31) 可知, 从单元的两个端点发出的波在 Δt 内可以相交, 但只要不到达另一端点, 则各自的 Riemann 问题解在端点处就互不影响, 于是, CFL 数可允许小于 1 而非 0.5.

3.5   波传播、通量差分分裂和 Roe 方法

3.5.1   一阶 Godunov 方法的波传播方法表示

对于常系数线性双曲型方程组, 波传播方法可以表示一阶 Godunov 有限体积法. 由于波传播方法对于求解非守恒双曲型方程组是有用的, 下面将介绍这种方法在常系数线性双曲型方程组以及一般双曲型方程组中的推广.

2.8.1 节讲到常系数线性双曲型方程组的 Riemann 问题解就是将初始间断分解为一系列特征波 (特征间断):

$$Q_{i+1} - Q_i = \sum_{p=1}^{m} \alpha_{i+1/2}^p \mathbf{r}_p \equiv \sum_{p=1}^{m} \mathcal{W}_{i+1/2}^p. \tag{3.32}$$

对于图 3.6 所示的常系数线性严格双曲型方程组 $(m = 3)$, 设 $\lambda_1 < 0 < \lambda_2 < \lambda_3$. 经过 Δt 时间, 波 $\mathcal{W}_{i-1/2}^2$ 向右移动了 $\lambda_2 \Delta t$ 距离, 占网格 i 尺度的分数为 $\lambda_2 \Delta t / \Delta x$, 对网格平均值的修正量为 $(\lambda_2 \Delta t / \Delta x)(-\mathcal{W}_{i-1/2}^2)$. 所有三个进入网格 i 的波对单元平均值的修正量之和为

$$-\frac{\lambda_2 \Delta t}{\Delta x} \mathcal{W}_{i-1/2}^2 - \frac{\lambda_3 \Delta t}{\Delta x} \mathcal{W}_{i-1/2}^3 - \frac{\lambda_1 \Delta t}{\Delta x} \mathcal{W}_{i+1/2}^1,$$

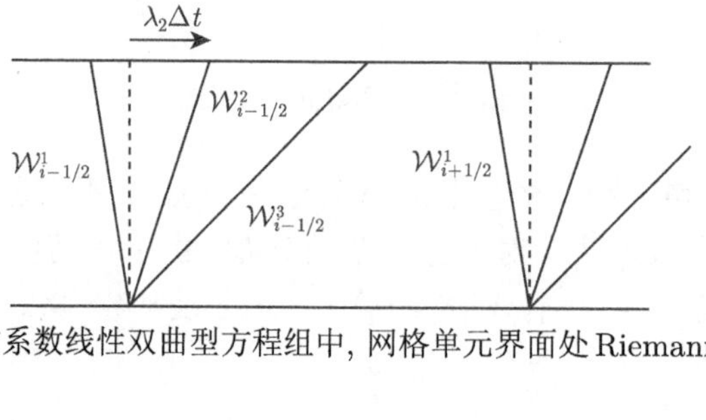

图 3.6   三分量常系数线性双曲型方程组中, 网格单元界面处 Riemann 问题解的波结构

在 t_{n+1} 时刻的网格平均值为

$$Q_i^{n+1} = Q_i^n - \frac{\Delta t}{\Delta x} \left(\lambda_2 \mathcal{W}_{i-1/2}^2 + \lambda_3 \mathcal{W}_{i-1/2}^3 + \lambda_1 \mathcal{W}_{i+1/2}^1 \right). \tag{3.33}$$

前述三个特殊的波速, 可用更一般的 $\lambda^{\pm} = \frac{1}{2}(\lambda \pm |\lambda|)$ (即 $\lambda^+ = \max(\lambda, 0)$, $\lambda^- = \min(\lambda, 0)$) 代替, 以便推广到任意分量个数 m 的双曲型方程组. 假设由 m 个分量组成的双曲型方程组有 m 个特征波, 则新的网格平均值为

$$Q_i^{n+1} = Q_i^n - \frac{\Delta t}{\Delta x} \left[\sum_{p=1}^m \lambda_p^+ \mathcal{W}_{i-1/2}^p + \sum_{p=1}^m \lambda_p^- \mathcal{W}_{i+1/2}^p \right]. \tag{3.34}$$

式 (3.34) 是单个方程格式 (3.30) 的推广, 是基于间断分解的波传播格式. 它表明新的单元平均值受从左、右界面进入网格的特征波的影响. 这种影响可用**波动**概念表示. 用符号 $\mathcal{A}^{\pm} \Delta Q_{i+1/2}$ (当作一个整体) 表示波动:

$$\begin{aligned} \mathcal{A}^+ \Delta Q_{i+1/2} &= \sum_{p=1}^m \lambda_p^+ \mathcal{W}_{i+1/2}^p, \\ \mathcal{A}^- \Delta Q_{i+1/2} &= \sum_{p=1}^m \lambda_p^- \mathcal{W}_{i+1/2}^p. \end{aligned} \tag{3.35}$$

则格式 (3.34) 可写成

$$Q_i^{n+1} = Q_i^n - \frac{\Delta t}{\Delta x} \left(\mathcal{A}^+ \Delta Q_{i-1/2} + \mathcal{A}^- \Delta Q_{i+1/2} \right). \tag{3.36}$$

对于常系数线性双曲型方程组, 可将系数矩阵按特征值正负分裂:

$$\mathbf{A}^{\pm} = \mathbf{R} \mathbf{\Lambda}^{\pm} \mathbf{R}^{-1}, \qquad \mathbf{\Lambda}^{\pm} = \frac{\mathbf{\Lambda} \pm |\mathbf{\Lambda}|}{2}.$$

易知 $\mathcal{A}^{\pm} \Delta Q_{i+1/2} = \sum_{p=1}^m \lambda_p^{\pm} \mathcal{W}_{i+1/2}^p = \mathbf{R} \mathbf{\Lambda}^{\pm} \mathbf{R}^{-1} \Delta Q_{i+1/2} = \mathbf{A}^{\pm} \Delta Q_{i+1/2}$. 对于变系数或非线性双曲型方程组, 波动没有那么简单的表达式. 此时波传播格式形式上仍可用 (3.36) 式表示, 但波动须通过求解相应的 Riemann 问题, 并用解出的特征波和特征值组合表示出来.

由常系数线性双曲型方程组 (2.74) 的 Riemann 初值问题解 (2.81) 可得

$$Q_{i+1/2}^* = q^*(Q_i, Q_{i+1}) = Q_i + \sum_{p:\lambda_p < 0} \mathcal{W}_{i+1/2}^p,$$

相应的 Godunov 数值通量为

$$
\begin{aligned}
\mathbf{f}(Q_{i+1/2}^*) = \mathbf{A}Q_{i+1/2}^* &= \mathbf{A}Q_i + \sum_{p:\lambda_p<0} \mathbf{A}\mathcal{W}_{i+1/2}^p = \mathbf{A}Q_i + \sum_{p=1}^{m} \lambda_p^- \mathcal{W}_{i+1/2}^p \\
&= \mathbf{f}(Q_i) + \mathcal{A}^- \Delta Q_{i+1/2}, \\
\mathbf{f}(Q_{i-1/2}^*) &= \mathbf{f}(Q_i) - \mathcal{A}^+ \Delta Q_{i+1/2}.
\end{aligned}
\tag{3.37}
$$

将其代入守恒律的有限体积法公式, 就得到波传播格式 (3.36), 可见线性常系数双曲型方程组的波传播格式等价于 Godunov 方法.

对于非线性守恒律方程组 $\mathbf{q}_t + \mathbf{f}(\mathbf{q})_x = \mathbf{0}$, 仿照 (3.37) 定义一个数值通量

$$
F_{i+1/2}^n = \mathbf{f}(Q_i) + \mathcal{A}^- \Delta Q_{i+1/2},
\tag{3.38}
$$

$$
F_{i+1/2}^n = \mathbf{f}(Q_{i+1}) - \mathcal{A}^+ \Delta Q_{i+1/2}.
\tag{3.39}
$$

式 (3.39) 减去 (3.38), 可得通量差

$$
\mathbf{f}(Q_{i+1}) - \mathbf{f}(Q_i) = \mathcal{A}^- \Delta Q_{i+1/2} + \mathcal{A}^+ \Delta Q_{i+1/2}.
\tag{3.40}
$$

右端项是网格界面处的左行波动和右行波动之和, 其中左行波动更新网格 i 的平均值, 右行波动更新网格 $i+1$ 的平均值. 这种将网格界面两侧的通量函数之差分裂为向左、右传播的波动的技术, 称为**通量差分分裂** (flux-difference splitting, FDS) 法. 波传播方法就是一种通量差分分裂法. 用通量差分分裂构造的数值通量 (3.38) 或 (3.39) 是相容的, 格式是守恒的. FDS 格式的设计难点是求解 Riemann 问题的解. 对于一维标量守恒律, 我们有办法将 Riemann 问题的解精确写出. 但是对于一般的守恒律方程组, 精确解往往很难得到, 或者即使能得到, 计算量也非常大. 此时怎样构造高效又准确的近似解便是方法设计的核心, 不同的近似方法得到不同的数值格式. 常用的有 Roe 方法[17]、Engquist-Osher 方法[18] 等.

此外, 式 (3.40) 还可以推广到基于单元界面左右侧的高阶重构变量情形:

$$
\mathbf{f}\left(Q_{i+1/2}^R\right) - \mathbf{f}\left(Q_{i+1/2}^L\right) = \mathcal{A}^- \Delta Q_{i+1/2} + \mathcal{A}^+ \Delta Q_{i+1/2},
\tag{3.41}
$$

其中 $\Delta Q_{i+1/2} = Q_{i+1/2}^R - Q_{i+1/2}^L$. 类似于 (3.38) 的高阶数值通量为 $F_{i+1/2}^n = \mathbf{f}(Q_{i+1/2}^L) + \mathcal{A}^- \Delta Q_{i+1/2}$.

3.5.2 通量差分分裂和 Roe 方法

Roe 方法是一种通量差分分裂法. 对于常系数线性双曲型方程组, 由数值通量 (3.38) 和 (3.39), 以及波动 (3.35), 可给出 Godunov 数值通量

$$F_{i+1/2}^n = \mathbf{A}Q_i + \sum_{p=1}^m \lambda_p^- \mathcal{W}_{i+1/2}^p,$$

$$F_{i+1/2}^n = \mathbf{A}Q_{i+1} - \sum_{p=1}^m \lambda_p^+ \mathcal{W}_{i+1/2}^p.$$

两式相加, 利用 $\mathbf{R}(\mathbf{\Lambda}^+ - \mathbf{\Lambda}^-)\mathbf{R}^{-1} = \mathbf{R}|\mathbf{\Lambda}|\mathbf{R}^{-1} \equiv |\mathbf{A}|$, 得

$$
\begin{aligned}
F_{i+1/2}^n &= \frac{1}{2}\left[\mathbf{A}Q_i + \mathbf{A}Q_{i+1} - \sum_{p=1}^m \left[\lambda_p^+ - \lambda_p^-\right]\mathcal{W}_{i+1/2}^p\right] \\
&= \frac{1}{2}\left[\mathbf{A}Q_i + \mathbf{A}Q_{i+1} - |\mathbf{A}|(Q_{i+1} - Q_i)\right] \\
&= \frac{1}{2}\left[\mathbf{f}(Q_i) + \mathbf{f}(Q_{i+1}) - |\mathbf{A}|(Q_{i+1} - Q_i)\right].
\end{aligned}
\tag{3.42}
$$

此结果为用一阶精度重构 (即分片常数重构) 时的 Roe 方法的数值通量公式, 可以看成中心通量加数值耗散的形式.

如果 Q 采用高阶精度重构 (对高阶精度格式而言. 高精度重构常常采用分片多项式重构, 后续章将讲重构), 并考虑非线性双曲守恒律方程组, Roe 方法通量差分分裂具体形式为

$$\mathbf{f}(Q_R) - \mathbf{f}(Q_L) = \tilde{\mathbf{A}}(\tilde{Q})(Q_R - Q_L) \tag{3.43}$$

$$= \underbrace{\tilde{\mathbf{A}}^+(\tilde{Q})(Q_R - Q_L)}_{\mathcal{A}^+\Delta Q_{i+1/2}} + \underbrace{\tilde{\mathbf{A}}^-(\tilde{Q})(Q_R - Q_L)}_{\mathcal{A}^-\Delta Q_{i+1/2}}. \tag{3.44}$$

式 (3.43) 称为 Roe 特性, 矩阵 $\tilde{\mathbf{A}}(\tilde{Q}) = \partial\mathbf{f}(\tilde{Q})/\partial Q = \mathbf{A}(\tilde{Q})$ 称为 Roe 矩阵, $\tilde{Q}$ 是 Q_L 和 Q_R 的 Roe 平均[17], Q_L 和 Q_R 是界面 $i + 1/2$ 处两侧的变量重构值. 按照由波动定义的数值通量 (3.38) 和 (3.39), 有

$$
\begin{aligned}
F_{i+1/2} &= \mathbf{f}(Q_{i+1/2}^L) + \tilde{\mathbf{A}}^-(Q_{i+1/2}^R - Q_{i+1/2}^L), \\
F_{i+1/2} &= \mathbf{f}(Q_{i+1/2}^R) - \tilde{\mathbf{A}}^+(Q_{i+1/2}^R - Q_{i+1/2}^L).
\end{aligned}
\tag{3.45}
$$

两式相加, 写成常用的 Roe 数值通量:

$$F_{i+1/2} = \frac{1}{2}[\mathbf{f}(Q_{i+1/2}^L) + \mathbf{f}(Q_{i+1/2}^R) - |\tilde{\mathbf{A}}|(Q_{i+1/2}^R - Q_{i+1/2}^L)]. \tag{3.46}$$

将 (3.45) 代入有限体积法公式 (3.4), 得到波动 + 修正项的高阶波传播格式

$$Q_i^{n+1} = Q_i^n - \frac{\Delta t}{\Delta x}[\mathcal{A}^+\Delta Q_{i-1/2} + \mathcal{A}^-\Delta Q_{i+1/2} + \mathbf{f}(Q_{i+1/2}^L) - \mathbf{f}(Q_{i-1/2}^R)]. \quad (3.47)$$

3.6　矢通量分裂方法

矢通量分裂 (flux-vector splitting, FVS) 则是另一种分裂技术. 与通量差分裂不同, 它直接将解析的矢通量函数根据一定规则 (比如, Steger-Warming 分裂[19] 针对通量 $\mathbf{f}(\mathbf{q})$ 是守恒变量 $\mathbf{q}$ 的一次齐次函数的情形, 根据通量 Jacobian 矩阵的特征值的正负号进行分裂) 分裂为正负两部分:

$$\mathbf{f}(\mathbf{q}) = \mathbf{f}^+(\mathbf{q}) + \mathbf{f}^-(\mathbf{q}). \quad (3.48)$$

如果一个矢通量可以进行 FVS 分裂, 则可写出对应于左右传播的波动, 从而得到对应的守恒型数值通量. 例如, 给出矢通量分裂 $\mathbf{f}(Q_i) = \mathbf{f}^-(Q_i) + \mathbf{f}^+(Q_i)$, $\mathbf{f}(Q_{i+1}) = \mathbf{f}^-(Q_{i+1}) + \mathbf{f}^+(Q_{i+1})$, 则通量差分分裂为

$$\mathbf{f}(Q_{i+1}) - \mathbf{f}(Q_i) = (\mathbf{f}^+(Q_{i+1}) - \mathbf{f}^+(Q_i)) + (\mathbf{f}^-(Q_{i+1}) - \mathbf{f}^-(Q_i)). \quad (3.49)$$

如果定义通量差分分裂的波动为

$$\mathcal{A}^+\Delta Q_{i+1/2} = \mathbf{f}^+(Q_{i+1}) - \mathbf{f}^+(Q_i), \quad \mathcal{A}^-\Delta Q_{i+1/2} = \mathbf{f}^-(Q_{i+1}) - \mathbf{f}^-(Q_i), \quad (3.50)$$

那么由式 (3.38) 或 (3.39) 确定的数值通量均为 $F_{i+1/2} = \mathbf{f}^+(Q_i) + \mathbf{f}^-(Q_{i+1})$, 这说明矢通量分裂所对应的数值通量可取为界面左侧单元的正通量部分和右侧单元的负通量部分之和.

然而, 数值通量 $F_{i+1/2} = \mathbf{f}^+(Q_i) + \mathbf{f}^-(Q_{i+1})$ 只有一阶精度. 为了获得网格界面处的高阶数值通量, 一种常用的方法是先基于网格点处的正负分裂通量 (如 Steger-Warming 分裂通量) 分别重构网格界面处的分裂数值通量 $\tilde{\mathbf{f}}_{i+1/2}^\pm$, 然后相加得 $F_{i+1/2} = \tilde{\mathbf{f}}_{i+1/2}^+ + \tilde{\mathbf{f}}_{i+1/2}^-$. 相关方法将在 5.3.2 节中介绍.

很多数值格式也可以从矢通量分裂的角度理解. 比如, 对于 Lax-Friedrichs 格式 (3.13), 可以看成如下的分裂

$$F_{i+1/2} = \mathbf{f}^+(Q_i) + \mathbf{f}^-(Q_{i+1}), \quad (3.51)$$

其中

$$\mathbf{f}^+(Q) = \frac{1}{2}\left[\mathbf{f}(Q) + \frac{\Delta x}{\Delta t}Q\right], \qquad \mathbf{f}^-(Q) = \frac{1}{2}\left[\mathbf{f}(Q) - \frac{\Delta x}{\Delta t}Q\right]. \tag{3.52}$$

可以验证当 $\dfrac{\Delta x}{\Delta t} \geqslant \max\limits_{p}\left|\lambda_p\left(\dfrac{\partial \mathbf{f}}{\partial Q}\right)\right|$ 时, $\mathbf{f}^+$ 的 Jacobian 矩阵的特征值全是非负的, 而 $\mathbf{f}^+$ 的 Jacobian 矩阵的特征值全是非正的. 所以 Lax-Friedrichs 格式可以看成是一个通用性好的非常简单的矢通量分裂和迎风离散的结合.

Lax-Friedrichs 格式对应的矢通量分裂引入的数值耗散比较大. 针对不同问题, 可以设计更好一点的矢通量分裂方法, 比如对于理想气体的欧拉方程组可以使用 Steger-Warming 分裂方法. 下面针对一维 Euler 方程组简单介绍两种分裂方法.

3.6.1 van Leer 分裂

下面就以下形式的一维 Euler 方程组介绍 van Leer 分裂[20].

$$\mathbf{U}_t + \mathbf{F}(\mathbf{U})_x = \mathbf{0}, \tag{3.53}$$

其中

$$\mathbf{U} = \begin{bmatrix} \rho \\ \rho u \\ E \end{bmatrix}, \qquad \mathbf{F}(\mathbf{U}) = \begin{bmatrix} \rho u \\ \rho u^2 + p \\ Eu + pu \end{bmatrix}, \quad E = \frac{1}{2}\rho u^2 + \frac{p}{\gamma - 1}. \tag{3.54}$$

van Leer 将矢通量 $\mathbf{F}$ 写成密度、声速 $a = \sqrt{\gamma p/\rho}$ 和马赫数 $M = u/a$ 的函数

$$\mathbf{F} = \mathbf{F}(\rho, a, M) = \begin{bmatrix} \rho a M \\ \rho a^2\left(M^2 + \dfrac{1}{\gamma}\right) \\ \rho a^3 M\left(\dfrac{1}{2}M^2 + \dfrac{1}{\gamma - 1}\right) \end{bmatrix} \equiv \begin{bmatrix} f_{\text{mass}} \\ f_{\text{momt}} \\ f_{\text{engy}} \end{bmatrix}. \tag{3.55}$$

质量通量 f_{mass} 被分裂成两个关于 M 的二次项:

$$f_{\text{mass}}^+ = \frac{1}{4}\rho a(1 + M)^2, \qquad f_{\text{mass}}^- = -\frac{1}{4}\rho a(1 - M)^2. \tag{3.56}$$

动量通量的分裂为

$$f_{\text{momt}}^+ = f_{\text{mass}}^+ \frac{2a}{\gamma}\left[\frac{\gamma - 1}{2}M + 1\right], \qquad f_{\text{momt}}^- = f_{\text{mass}}^- \frac{2a}{\gamma}\left[\frac{\gamma - 1}{2}M - 1\right]. \tag{3.57}$$

能量通量的分裂为

$$f_{\text{engy}}^+ = \frac{\gamma^2}{2(\gamma^2-1)}\frac{[f_{\text{momt}}^+]^2}{f_{\text{mass}}^+}, \qquad f_{\text{engy}}^- = \frac{\gamma^2}{2(\gamma^2-1)}\frac{[f_{\text{momt}}^-]^2}{f_{\text{mass}}^-}. \tag{3.58}$$

van Leer 分裂具有下述两个好的特性:

(1) 分裂后的 Jacobian 矩阵 $\dfrac{\partial \mathbf{F}^+}{\partial \mathbf{U}}$, $\dfrac{\partial \mathbf{F}^-}{\partial \mathbf{U}}$ 是连续的;

(2) 对于亚声速流 (subsonic flow), 分裂后的 Jacobian 矩阵 $\dfrac{\partial \mathbf{F}^+}{\partial \mathbf{U}}$, $\dfrac{\partial \mathbf{F}^-}{\partial \mathbf{U}}$ 有零特征值.

3.6.2　AUSM 分裂

AUSM (advection upstream splitting method) 分裂由 Liou 和 Steffen[21] 提出. 其将 Euler 方程的通量分裂成对流项和压力项:

$$\mathbf{F}(\mathbf{U}) = \begin{bmatrix} \rho u \\ \rho u^2 + p \\ Eu + pu \end{bmatrix} = \begin{bmatrix} \rho u \\ \rho u^2 \\ \rho H u \end{bmatrix} + \begin{bmatrix} 0 \\ p \\ 0 \end{bmatrix} \equiv \mathbf{F}^{(c)} + \mathbf{F}^{(p)}, \tag{3.59}$$

其中 $H = (E+p)/\rho$ 为焓. 同样引入声速 a 和马赫数 $M = u/a$, 则

$$\mathbf{F}^{(c)} = M \begin{bmatrix} \rho a \\ \rho a u \\ \rho a H \end{bmatrix} \equiv M \hat{\mathbf{F}}^{(c)}.$$

界面处的数值通量定义为

$$\mathbf{F}_{i+1/2} = \mathbf{F}_{i+1/2}^{(c)} + \mathbf{F}_{i+1/2}^{(p)}, \tag{3.60}$$

其中对流通量部分为 (以下都以变量一阶精度重构为例)

$$\mathbf{F}_{i+1/2}^{(c)} = \begin{cases} M_{i+1/2}\hat{\mathbf{F}}_i^{(c)}, & M_{i+1/2} \geqslant 0, \\ M_{i+1/2}\hat{\mathbf{F}}_{i+1}^{(c)}, & M_{i+1/2} < 0. \end{cases} \tag{3.61}$$

显然, 上式是按照对流方向采取迎风离散, 这是 AUSM 名字的由来. 上式中界面处的马赫数也采用分裂的形式定义

$$M_{i+1/2} = M_i^+ + M_{i+1}^-, \tag{3.62}$$

其中

$$M^{\pm} = \begin{cases} \pm\dfrac{1}{4}(M \pm 1)^2, & |M| \leqslant 1, \\ \dfrac{1}{2}(M \pm |M|), & |M| > 1. \end{cases} \tag{3.63}$$

压力通量部分 $\mathbf{F}^{(p)}_{i+1/2}$ 由压力自己的分裂给出

$$p_{i+1/2} = p_i^+ + p_{i+1}^-. \tag{3.64}$$

而对于压力分裂, Liou 和 Steffen 建议两种做法:

$$p^{\pm} = \begin{cases} \dfrac{1}{2}p(1 \pm M), & |M| \leqslant 1, \\ \dfrac{1}{2}p\dfrac{M \pm |M|}{M}, & |M| \geqslant 1 \end{cases} \tag{3.65}$$

和

$$p^{\pm} = \begin{cases} \dfrac{1}{4}p(1 \pm M)^2(2 \mp M), & |M| \leqslant 1, \\ \dfrac{1}{2}p\dfrac{M \pm |M|}{M}, & |M| \geqslant 1. \end{cases} \tag{3.66}$$

3.7 方程组 Riemann 问题的其他近似解法

在这一节介绍两种常用的一维双曲守恒律方程组 Riemann 问题的近似解法. 一种是由 Harten, Lax 和 van Leer 于 1983 年提出的 HLL 方法[22], 它使用双波模型近似精确解的结构. 另一种是 Toro 等于 1992 年提出的 HLLC 方法[23], 这是一个三波模型, 对 Euler 方程组 Riemann 问题解结构的中间区域有更好的分辨率.

3.7.1 HLL 近似 Riemann 解和数值通量

HLL 方法的主要思想是使用由两个波分割三片常数区域这样的函数来作为 Riemann 问题的近似解. 我们还是以一维守恒律方程组为例介绍 HLL 方法, 实际上它可以应用到高维方程组上.

考虑下述一维守恒律方程组 Riemann 问题

$$\begin{cases} \mathbf{U}_t + \mathbf{F}(\mathbf{U})_x = \mathbf{0}, \\ \mathbf{U}(x,0) = \begin{cases} \mathbf{U}_L, & x < 0, \\ \mathbf{U}_R, & x > 0. \end{cases} \end{cases} \tag{3.67}$$

如图3.7所示, 给定 $T > 0$, 可取合适的 x_L 和 x_R, 使得精确 Riemann 问题解的波结构包含在控制体 $[x_L, x_R] \times [0, T]$ 内, 具体地,

$$x_L \leqslant T s_L, \qquad x_R \geqslant T s_R, \tag{3.68}$$

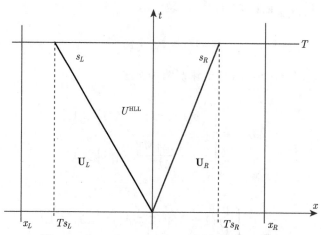

图 3.7 HLL Riemann 问题近似解构造示意图

其中 s_L 和 s_R 分别是状态 $\mathbf{U}_L$ 和 $\mathbf{U}_R$ 对应的左右特征传播速度. 则在控制体上对 Euler 方程积分, 得到

$$\int_{x_L}^{x_R} \mathbf{U}(x, T)\mathrm{d}x = \int_{x_L}^{x_R} \mathbf{U}(x, 0)\mathrm{d}x + \int_0^T \mathbf{F}(\mathbf{U}(x_L, t))\mathrm{d}t - \int_0^T \mathbf{F}(\mathbf{U}(x_R, t))\mathrm{d}t$$

$$= x_R \mathbf{U}_R - x_L \mathbf{U}_L + T(\mathbf{F}_L - \mathbf{F}_R),$$

其中 $\mathbf{F}_L = \mathbf{F}(\mathbf{U}_L)$, $\mathbf{F}_R = \mathbf{F}(\mathbf{U}_R)$. 下面将上式左侧的积分分成三块

$$\int_{x_L}^{x_R} \mathbf{U}(x, T)\mathrm{d}x = \int_{x_L}^{T s_L} \mathbf{U}(x, T)\mathrm{d}x + \int_{T s_L}^{T s_R} \mathbf{U}(x, T)\mathrm{d}x - \int_{T s_R}^{x_R} \mathbf{U}(x, T)\mathrm{d}x$$

$$= \int_{T s_L}^{T s_R} \mathbf{U}(x, T)\mathrm{d}x + (T s_L - x_L)\mathbf{U}_L + (x_R - T s_R)\mathbf{U}_R.$$

对比上面两式得到

$$\int_{T s_L}^{T s_R} \mathbf{U}(x, T)\mathrm{d}x = T(s_R \mathbf{U}_R - s_L \mathbf{U}_L + \mathbf{F}_L - \mathbf{F}_R). \tag{3.69}$$

将上式两边除以积分长度, 可以得到 Riemann 问题精确解在 T 时刻中间区域内的平均值. 而 HLL 方法用此平均值代替中间区域的解. 记

$$\mathbf{U}^{\text{HLL}} = \frac{1}{T(s_R - s_L)} \int_{Ts_L}^{Ts_R} \mathbf{U}(x,T)\mathrm{d}x = \frac{s_R\mathbf{U}_R - s_L\mathbf{U}_L + \mathbf{F}_L - \mathbf{F}_R}{s_R - s_L}. \qquad (3.70)$$

则 HLL 近似 Riemann 解为

$$\tilde{\mathbf{U}}(x,t) = \begin{cases} \mathbf{U}_L, & \dfrac{x}{t} \leqslant s_L, \\ \mathbf{U}^{\text{HLL}}, & s_L \leqslant \dfrac{x}{t} \leqslant s_R, \\ \mathbf{U}_R, & \dfrac{x}{t} \geqslant s_R. \end{cases} \qquad (3.71)$$

由于 $\tilde{\mathbf{U}}(x,t)$ 给出的是 Riemann 问题近似解, 并不采用 $\mathbf{F}(\tilde{\mathbf{U}}(0,t))$ 来计算数值通量. 记中间态对应的数值通量为 $\mathbf{F}^{\text{HLL}}$, 对两个波分别使用 Rankine-Hugoniot 条件可得 (注: 这两个关系也可以考虑在控制体积 $[x_L, 0] \times [0, T]$ 和 $[0, x_R] \times [0, T]$ 内的守恒关系得到)

$$\mathbf{F}^{\text{HLL}} = \mathbf{F}_L + s_L(\mathbf{U}^{\text{HLL}} - \mathbf{U}_L), \qquad (3.72)$$

$$\mathbf{F}^{\text{HLL}} = \mathbf{F}_R + s_R(\mathbf{U}^{\text{HLL}} - \mathbf{U}_R). \qquad (3.73)$$

再将 $\mathbf{U}^{\text{HLL}}$ 的表达式 (3.70) 代入上述两式之一, 得到在中间区域的 HLL 通量

$$\mathbf{F}^{\text{HLL}} = \frac{s_R\mathbf{F}_L - s_L\mathbf{F}_R + s_Ls_R(\mathbf{U}_R - \mathbf{U}_L)}{s_R - s_L}. \qquad (3.74)$$

再结合特征速度全为正和全为负的情况, 得到相应的 HLL 通量为

$$\mathbf{F}^{\text{HLL}} = \begin{cases} \mathbf{F}_L, & 0 \leqslant s_L, \\ \dfrac{s_R\mathbf{F}_L - s_L\mathbf{F}_R + s_Ls_R(\mathbf{U}_R - \mathbf{U}_L)}{s_R - s_L}, & s_L \leqslant 0 \leqslant s_R, \\ \mathbf{F}_R, & 0 \geqslant s_R. \end{cases} \qquad (3.75)$$

在实际应用时只要给出 s_L, s_R, 就能通过上式计算数值通量, 代入 Godunov 型方法中使用. 可以证明所得的格式如果收敛, 会收敛到守恒律满足熵条件的物理解[22]. HLL 方法的一个缺陷是仅用了两个波来近似 Riemann 问题的解, 对于 Euler 方程组等实际问题, 中间区域实际上还有其他波, 而在 HLL 方法中被一个常数近似了. 一个改进办法就是把忽略的中间波找回来, 这就是 HLLC 格式做的改进.

在 HLL 近似中还需要确定 s_L, s_R 的取值. 对于 Euler 方程组, 最直接的取法是

$$s_L = u_L - a_L, \quad s_R = u_R + a_R, \tag{3.76}$$

或者

$$s_L = \min\{u_L - a_L, u_R - a_R\}, \quad s_R = \max\{u_L + a_L, u_R + a_R\}. \tag{3.77}$$

这两种取法非常简单, 但是不建议在实际计算中使用. Einfeldt[24] 建议使用 Roe 近似特征值来设置左右侧的非线性波速, 水鸿寿[11] 建议用如下更稳定的公式:

$$s_L = \min\{\tilde{u} - \tilde{a}, u_L - a_L\}, \quad s_R = \max\{\tilde{u} + \tilde{a}, u_R + a_R\}, \tag{3.78}$$

其中

$$\tilde{u} = \frac{\sqrt{\rho_L} u_L + \sqrt{\rho_R} u_R}{\sqrt{\rho_L} + \sqrt{\rho_R}}, \quad \tilde{a} = \left[(\gamma - 1)\left(\tilde{H} - \frac{1}{2}\tilde{u}^2 \right) \right]^{1/2}, \quad \tilde{H} = \frac{\sqrt{\rho_L} H_L + \sqrt{\rho_R} H_R}{\sqrt{\rho_L} + \sqrt{\rho_R}} \tag{3.79}$$

是 Roe 平均量, $\tilde{H}$ 是总焓 $H = (E + p)/\rho$ 的 Roe 平均.

关于 s_L, s_R 取值的更多讨论, 可以参见 Einfeldt 的论文 [24].

3.7.2 HLLC 近似 Riemann 解和数值通量

HLLC 方法[23] 是对 HLL 方法的一个改进. HLLC 方法在 HLL 方法的中间区域增加了一个接触间断. 这里 C 代表接触 (contact) 间断的意思.

3.7.2.1 HLLC 近似基本框架

如图3.8所示, 假设新增的间断以速度 s_* 传播. 引入两个新的积分平均

$$\mathbf{U}_{*L} = \frac{1}{T(s_* - s_L)} \int_{Ts_L}^{Ts_*} \mathbf{U}(x, T)\mathrm{d}x, \quad \mathbf{U}_{*R} = \frac{1}{T(s_R - s_*)} \int_{Ts_*}^{Ts_R} \mathbf{U}(x, T)\mathrm{d}x.$$

则由守恒性知

$$(s_* - s_L)\mathbf{U}_{*L} + (s_R - s_*)\mathbf{U}_{*R} = (s_R - s_L)\mathbf{U}^{\mathrm{HLL}}, \tag{3.80}$$

其中 $\mathbf{U}^{\mathrm{HLL}}$ 由 (3.70) 给出. 在 HLLC 方法中, 近似 Riemann 解采用如下形式

$$\tilde{\mathbf{U}}(x, t) = \begin{cases} \mathbf{U}_L, & \dfrac{x}{t} \leqslant s_L, \\[2mm] \mathbf{U}_{*L}, & s_L \leqslant \dfrac{x}{t} \leqslant s_*, \\[2mm] \mathbf{U}_{*R}, & s_* \leqslant \dfrac{x}{t} \leqslant s_R, \\[2mm] \mathbf{U}_R, & \dfrac{x}{t} \geqslant s_R, \end{cases} \tag{3.81}$$

其中 s_*, $\mathbf{U}_{*L}$, $\mathbf{U}_{*R}$ 是待确定的量. 而对应的数值通量写成如下形式

$$\mathbf{F}^{\mathrm{HLLC}}_{i+1/2} = \begin{cases} \mathbf{F}_L, & 0 \leqslant s_L, \\ \mathbf{F}_{*L}, & s_L \leqslant 0 \leqslant s_*, \\ \mathbf{F}_{*R}, & s_* \leqslant 0 \leqslant s_R, \\ \mathbf{F}_R, & 0 \geqslant s_R, \end{cases} \tag{3.82}$$

其中 $\mathbf{F}_{*L}$, $\mathbf{F}_{*R}$ 也是待确定的量.

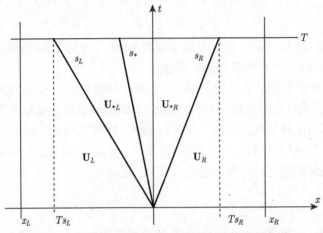

图 3.8 HLLC Riemann 问题近似解构造示意图

为了将表达式 (3.81) 和 (3.82) 中的待定量确定, 仅用守恒关系 (3.80) 是不够的. 我们需要寻找更多的关系式. HLLC 近似解 (3.81) 中包含了三个间断, 对应这三个间断的 Rankine-Hugoniot 条件提供了如下三个方程:

$$\mathbf{F}_{*L} = \mathbf{F}_L + s_L(\mathbf{U}_{*L} - \mathbf{U}_L), \tag{3.83}$$

$$\mathbf{F}_{*R} = \mathbf{F}_{*L} + s_*(\mathbf{U}_{*R} - \mathbf{U}_{*L}), \tag{3.84}$$

$$\mathbf{F}_{*R} = \mathbf{F}_R + s_R(\mathbf{U}_{*R} - \mathbf{U}_R). \tag{3.85}$$

于是, 关于四个向量未知量 $\mathbf{U}_{*L}$, $\mathbf{U}_{*R}$, $\mathbf{F}_{*L}$, $\mathbf{F}_{*R}$ 和一个标量未知量 s_*, 我们有四个向量关联方程 (3.80)和(3.83)—(3.85). 然而这四个条件不是独立的, 由 (3.83)—(3.85) 可以推导出 (3.80). 所以我们只有三个独立向量方程. 待定量多出一个标量和一个向量, 因此格式还不完备. 额外的方程一般要根据具体问题来添加.

3.7.2.2　针对一维 Euler 方程组的 HLLC 通量

现在考虑一维 Euler 方程组, 也就是在方程 (3.67) 中, $\mathbf{U}$, $\mathbf{F}$ 由方程 (3.54) 给出. 尽管守恒格式要求使用守恒变量书写方程组, 但是在 HLLC 数值通量的构造过程中使用原始变量会更方便. 这是因为在原始变量 (ρ, u, p) 的方程中, 对应的 Jacobian 矩阵的特征值和特征向量是 (推导作为练习)

$$\lambda_1 = u - a, \quad \lambda_2 = u, \quad \lambda_3 = u + a, \tag{3.86}$$

$$\mathbf{r}_1 = \begin{bmatrix} 1 \\ -a/\rho \\ a^2 \end{bmatrix}, \quad \mathbf{r}_2 = \begin{bmatrix} 1 \\ 0 \\ 0 \end{bmatrix}, \quad \mathbf{r}_3 = \begin{bmatrix} 1 \\ a/\rho \\ a^2 \end{bmatrix}, \tag{3.87}$$

其中 a 是声速, 特征向量可差一个伸缩常数不唯一. 特征值和特征向量在原始变量表示下更为简洁, 也更容易体现物理性质.

Euler 方程组虽然是非线性的, 但有个好的特性: $\lambda_2 = u$ 对应的特征场是线性退化的, 穿过此特征波两侧, 密度有变化 (间断), 但是速度场和压力场没有变化. 而且在间断两侧的特征线是平行于间断传播的 (这种间断称为接触间断).

根据以上精确解的特性, 在 HLLC 近似中, 假定 Riemann 近似解位于中间的第二族特征场两侧的速度和压力场没有变化, 也就是

$$p_{*L} = p_{*R} = p_*, \qquad u_{*L} = u_{*R} = u_*. \tag{3.88}$$

另外, 同精确解一样, 假设内部接触间断的传播速度同流体流动速度一样:

$$s_* = u_*. \tag{3.89}$$

加上这两个条件后, 待定变量个数就只比方程个数多一个 (标量). 进一步, 一维 Euler 方程组中通量可写成如下表达式

$$\mathbf{F}(\mathbf{U}) = u\mathbf{U} + p\mathbf{D}, \qquad \mathbf{D} = [0, 1, u]^{\mathrm{T}}. \tag{3.90}$$

在 (3.83) 和 (3.85) 中利用上述关系, 可以得到中心区域的压力场

$$\begin{aligned} p_{*L} &= p_L + \rho_L(s_L - u_L)(s_* - u_L), \\ p_{*R} &= p_R + \rho_R(s_R - u_R)(s_* - u_R). \end{aligned} \tag{3.91}$$

然后利用 (3.88) 中 $p_{*L} = p_{*R}$ 得到

$$s_* = \frac{p_R - p_L + \rho_L u_L(s_L - u_L) - \rho_R u_R(s_R - u_R)}{\rho_L(s_L - u_L) - \rho_R(s_R - u_R)}. \tag{3.92}$$

结合 (3.91) 中得到的 p_{*L} 和 p_{*R}, 对 (3.83), (3.85) 进行一些代数运算, 可以得到

$$\mathbf{F}_{*K} = \mathbf{F}_K + s_K(\mathbf{U}_{*K} - \mathbf{U}_K), \quad K = L, R, \tag{3.93}$$

$$\mathbf{U}_{*K} = \rho_K \frac{s_K - u_K}{s_K - s_*} \left[\begin{array}{c} 1 \\ s_* \\ \dfrac{E_K}{\rho_K} + (s_* - u_K)\left[s_* + \dfrac{p_k}{\rho_k(s_k - u_k)} \right] \end{array} \right]. \tag{3.94}$$

将表达式 (3.92)—(3.94) 代入 (3.81) 和 (3.82) 中就得到了针对一维 Euler 方程组的 HLLC 近似 Riemann 解和相应的数值通量.

$\mathbf{U}_{*K}$ 和 $\mathbf{F}_{*K}$ 的计算还有一些其他的方法可选, 在这里就不再详细介绍.

3.8 边 界 条 件

在前面的章节, 我们只考虑了双曲守恒律的初值问题. 但是在实际数值计算一个守恒律问题时, 必须限定计算区域. 因此必须给定边界条件. 这些边界和边界条件有时是物理的, 有时是因为受计算能力的限制将区域截断了的, 但也必须给予合适的人工边界条件. 本节介绍守恒律计算时常用的边界条件, 并介绍一种称作 ghost cell 的技巧在数值格式中离散边界条件.

所谓的 ghost cell 方法就是在计算区域的边界外侧再添加一些额外的网格, 将待求解函数在这些网格上根据边界条件和内部网格值进行赋值, 使得所有内部网格点的计算尽量用统一的格式进行, 而且尽量保持比较好的逼近精度和稳定性.

我们主要针对一维问题讨论边界条件处理. 使用结构网格, 一维的处理方法可以自然地推广到多维问题上.

如图 3.9 所示, 假设 x 的计算区间是 $[a, b]$. 在此计算区域内设置 N 个等距网格: $I_1, I_2, \cdots, I_N$, 其中 $I_i = [x_{i-1/2}, x_{i+1/2}]$, $x_{i+1/2} = a + i(b-a)/N$. Q_i 是在网格 I_i 上对精确解 $q(x, t)$ 的数值离散. 根据格式的阶数和模板大小, 在计算区域两侧可以加入一定个数的额外网格. 这些网格称为 ghost cell. 图 3.9 中左侧有两个 ghost cell: I_{-1}, I_0, 右侧有两个 I_{N+1}, I_{N+2}, 对应的解变量 q 离散值分别是 $Q_{-1}, Q_0, Q_{N+1}, Q_{N+2}$.

图 3.9　处理边界条件的 ghost cell 示意图

3.8.1　周期边界条件

周期边界条件 $q(a,t) = q(b,t)$ 在所有的数值格式中都比较容易处理. 比如对一个三点格式 $Q_i^{n+1} = G(Q_{i-1}^n, Q_i^n, Q_{i+1}^n)$, 在更新 Q_1^{n+1} 的时候需要 Q_0^n 的值, 而由于周期性 $Q_0^n = Q_N^n$, 所以 Q_1 的计算格式可以写成 $Q_1^{n+1} = G(Q_N^n, Q_1^n, Q_2^n)$. 同样 Q_N^{n+1} 的计算格式可以写成 $Q_N^{n+1} = G(Q_{N-1}^n, Q_N^n, Q_1^n)$.

上述做法对边界处的两个点需要使用不同的格式. ghost cell 方法提供了一个更便捷的做法. 通过在计算区域之外左右两侧再各额外添加一个单元用来记录 Q_0, Q_{N+1} 的值, 并在每次格式更新前设置这些 ghost cell 上的值

$$Q_0^n = Q_N^n, \qquad Q_{N+1}^n = Q_1^n, \tag{3.95}$$

后续所有内部网格点上的计算可以使用统一的格式

$$Q_i^{n+1} = G\left(Q_{i-1}^n, Q_i^n, Q_{i+1}^n\right), \quad i = 1, \cdots, N. \tag{3.96}$$

这个做法具有一般性, 比如对于一个中心五点格式, 可以使用如下的过程书写代码.

步骤 1: 根据方程初值设置数值格式初值 $Q_i^0, i = 1, \cdots, N$.

步骤 2: 对 $n = 0, \cdots, T/\Delta t - 1$ 循环.

步骤 2.1: 设置 ghost cell 上的值

$$Q_0^n = Q_N^n, \quad Q_{-1}^n = Q_{N-1}^n, \quad Q_{N+1}^n = Q_1^n, \quad Q_{N+2}^n = Q_2^n. \tag{3.97}$$

步骤 2.2: 计算每个内部网格上 $(n+1)\Delta t$ 时刻的值

$$Q_i^{n+1} = G\left(Q_{i-2}^n, Q_{i-1}^n, Q_i^n, Q_{i+1}^n, Q_{i+2}^n\right), \quad i = 1, \cdots, N. \tag{3.98}$$

3.8.2　对流问题

考虑对流方程 $q_t + \bar{u}q_x = 0$, $x \in [a,b]$, $\bar{u} > 0$. 因为特征速度恒为正, 只需要在计算区域的左侧给一个边界条件

$$q(a,t) = g_0(t). \tag{3.99}$$

区域的右侧不需要物理边界条件. 但是在数值离散的时候, 如果格式用到了右侧边界外的值, 则需要给定数值边界条件.

3.8.2.1　出流边界

先考虑在 $x = b$ 处的出流边界处理. 如果使用单边格式, 比如一阶迎风或者 Warming-Beam 格式, 那么不需要任何边界条件.

如果使用的格式是中心三点格式, 比如 Lax-Friedrichs 或者 Lax-Wendroff 格式, 那么必须指定数值边界条件. 一个可行办法是在最右边的节点使用迎风格式,

其他内部节点使用 Lax-Wendroff 格式. 这个做法实际上工作得很好, 这种结合是稳定的. 但一般来说初边值问题的稳定性分析比纯初值问题的稳定性分析更难. 如果边界处理得不好, 即使是对初值问题稳定的数值格式, 也可能在初边值问题中表现出不稳定.

我们也可以使用 ghost cell 技巧来达到同样的效果而不需要对最右边的点切换格式. 在出流边界, 一般采用外插的办法产生计算区域外部网格点上的值, 最常用的有 0-阶插值, 也就是将解常值外推到边界外部, 即

$$Q_{N+1}^n = Q_N^n, \quad Q_{N+2}^n = Q_N^n, \quad \cdots. \tag{3.100}$$

具体取多少个 ghost cell 根据格式的需要决定. 边界使用 0-阶插值处理后, (对于一阶格式) 右边界的数值通量变成了 $F_{N+1/2}^n = \bar{u}Q_N^n$, 也就是退化为迎风通量. 除了 0-阶外插, 也可以考虑一阶外插

$$Q_{N+1}^n = Q_N^n + (Q_N^n - Q_{N-1}^n) = 2Q_N^n - Q_{N-1}^n. \tag{3.101}$$

一阶外插看起来更好, 但是在很多问题上会出现稳定性问题, 所以在很多实际问题中 0-阶插值用得更多.

3.8.2.2 入流边界

现在考虑 $x = a$ 处的入流边界. 在此处有物理边界条件 (3.99). 一个可行做法是在边界处的数值通量中使用精确的通量

$$F_{1/2}^n = \frac{1}{\Delta t} \int_{t_n}^{t_{n+1}} \bar{u}q(a,t)\mathrm{d}t, \tag{3.102}$$

或者使用上述精确通量的二阶近似 (在不影响整体格式阶数的前提下)

$$F_{1/2}^n = \bar{u}g_0(t_n + \Delta t/2). \tag{3.103}$$

类似前面的做法, 也可以采用 ghost cell 技巧达到同样的效果, 而避免在不同网格点使用不同的格式. 比如可以采用精确边界条件根据特征线方法外推计算虚单元 I_0 上的均值 Q_0^n 如下

$$
\begin{aligned}
Q_0^n &= \frac{1}{\Delta x} \int_{a-\Delta x}^a q(x,t_n)\mathrm{d}x = \frac{1}{\Delta x} \int_{a-\Delta x}^a q\left(a, t_n + \frac{a-x}{\bar{u}}\right)\mathrm{d}x \\
&= \frac{1}{\Delta x} \int_{a-\Delta x}^a g_0\left(t_n + \frac{a-x}{\bar{u}}\right)\mathrm{d}x \\
&= \frac{\bar{u}}{\Delta x} \int_{t_n}^{t_n+\Delta x/\bar{u}} g_0(\tau)\mathrm{d}\tau.
\end{aligned} \tag{3.104}
$$

类似地, 也可以采用上述精确积分的一个二阶逼近

$$Q_0^n = g_0\left(t_n + \frac{\Delta x}{2\bar{u}}\right). \tag{3.105}$$

如果格式需要用到 Q_{-1}^n 点的值, 也可以用类似的办法处理.

3.8.3　波动问题

上述的方法也可以用到波动方程组上. 但方程组中波可以往两个不同方向传播. 所以, 每个边界都可能既有进入区域的特征又有离开区域的特征. 其他的物理边界条件, 比如固壁边界会反射波, 也需要考虑.

3.8.3.1　无反射边界

考虑一个 $m = 2$ 的线性波传播方程的 Riemann 问题 (2.74). Riemann 问题的解会有两个波, 一个往左传播, 另一个往右传播. 给定一个包含原点 $x = 0$ 为内点的有限计算区域, 在非常短的时间内, Riemann 问题的两个波会在计算区域内部. 但是总存在一个时间, 波会传播到计算区域的边界. 如果要对内部区域计算较长的时间, 我们必须给边界一个合适的边界条件, 使得波传播出去之后不会有任何 "反弹". 这样的边界是人工的, 在这种边界上要设定无反射边界条件. 合适的边界条件在数值求解中起关键作用. 许多非常复杂的技巧被用来对此类问题设计好的边界条件, 具体可参考文献 [4] 中的 21.8.5 节.

但如果使用 Godunov 型格式求解上述问题, 那么可以使用 3.8.2 节提到的 0-阶外插的方法处理边界, 这样会得到一组既比较容易实现又相对合理的吸收边界条件.

3.8.3.2　进入计算区域的波

在一些物理问题中, 有入射波从物理的边界进入. 比如假定前述 $m = 2$ 方程组的特征变量为 w^1 和 w^2, 分别代表往左和往右传播的波. 如果要在左边界 $x = a$ 指定一个入射波 $\sin(\omega t)$, 那么对应的边界条件是

$$w^2(a, t) = \sin(\omega t). \tag{3.106}$$

而对应出射的特征 w^1, 应该使用前述的吸收边界条件. 为了施加边界条件, 必须使用特征分解. 设 $\mathbf{r}_1$, $\mathbf{r}_2$ 分别是第一族和第二族特征的单位特征向量, 则 $\mathbf{Q}_1$ 有特征分解 $\mathbf{Q}_1 = w_1^1 \mathbf{r}_1 + w_1^2 \mathbf{r}_2$, 对应的 ghost cell 取值 $\mathbf{Q}_0$ 应该被设定为

$$\mathbf{Q}_0 = w_1^1 \mathbf{r}_1 + \sin\left(\omega\left(t_n + \frac{\Delta x}{2c_0}\right)\right)\mathbf{r}_2, \tag{3.107}$$

其中 c_0 是入射波速度, 可类比对流问题中的 $\bar{u}$.

等价地, 我们也可以先 0-阶外插整个向量 $\mathbf{Q}$, 然后调整 w^2 分量

$$\mathbf{Q}_0 = \mathbf{Q}_1 + \left(\sin\left(\omega\left(t_n + \frac{\Delta x}{2c_0}\right)\right) - w_1^2\right)\mathbf{r}_2. \tag{3.108}$$

这种做法在 $m > 2$ 且仅设定一个特征入射波时有一定好处.

3.8.3.3 固壁

假设有一个真实的物理固壁, 那么波打到固壁会反射. 比如考虑 $\mathbf{Q} = (p, u)$, 其中 p 是密度或者压力等标量, u 为速度. 假定 $x = a$ 是固壁, 那么在固壁处速度的法向分量为零, 在一维情况就是

$$u(a, t) = 0. \tag{3.109}$$

假定在 $x > a$ 的内部区域有 $\mathbf{Q} = (p^0(x), u^0(x))$, 那么对于固壁 $x = a$ 的左侧区域, 可以设定

$$p^0(a - \xi) = p^0(a + \xi), \quad u^0(a - \xi) = -u^0(a + \xi), \quad \text{对于}\, \xi > 0. \tag{3.110}$$

使用上述关系来设定 ghost cell 上的值, 就得到

$$
\begin{aligned}
\text{对于}\, \mathbf{Q}_0: \quad & p_0 = p_1, \quad u_0 = -u_1, \\
\text{对于}\, \mathbf{Q}_{-1}: \quad & p_{-1} = p_2, \quad u_{-1} = -u_2.
\end{aligned}
\tag{3.111}
$$

3.9 一维标量守恒律单调格式的数学理论

对于一维标量守恒律问题, 前述经典格式有比较简洁漂亮的理论. 这些理论可以同第 2 章中阐述的相关方程的数学理论作类比.

3.9.1 守恒型格式的重要性

首先通过一个例子说明守恒型数值格式对于获得弱解的重要性.

考虑如下的初值问题

$$
\begin{cases}
u_t + \left(\dfrac{u^2}{2}\right)_x = 0, \\
u(x, 0) = \begin{cases} 1, & x < 0, \\ 0, & x \geqslant 0. \end{cases}
\end{cases}
$$

其熵解为

$$u(x,t) = \begin{cases} 1, & x < \dfrac{1}{2}t, \\ 0, & x \geqslant \dfrac{1}{2}t. \end{cases}$$

回顾在计算线性双曲型方程 $u_t + au_x = 0$ 时, 我们有如下迎风格式:

$$u_j^{n+1} = u_j^n - a\frac{\Delta t}{\Delta x}\left(u_j^n - u_{j-1}^n\right).$$

考虑将上述格式直接扩展到非守恒形式 Burgers 方程 $u_t + uu_x = 0$ 上的一个有限差分格式:

$$u_j^{n+1} = u_j^n - \frac{\Delta t}{\Delta x}u_j^n\left(u_j^n - u_{j-1}^n\right).$$

假设网格点 $x_j = j\Delta x$. 对于 $j \neq 0$, $u_j^0 - u_{j-1}^0 = 0$, 对于 $j = 0$, $u_j^0 = 0$, 合起来有

$$u_j^1 = u_j^0 \Rightarrow u_j^n = u_j^0, \quad \forall n > 0.$$

当 $\Delta x, \Delta t \to 0$ 时, 此数值解收敛到 $u(x,t) = u(x,0)$. 显然, 这不是一个弱解.

定义 3.1　称一个求解守恒律的格式是守恒型格式, 如果它可以写成如下形式

$$u_j^{n+1} = u_j^n - \frac{\Delta t}{\Delta x}(\hat{f}_{j+1/2} - \hat{f}_{j-1/2}), \tag{3.112}$$

其中数值通量 $\hat{f}_{j+1/2} = \hat{f}(u_{j-p}^n, \cdots, u_{j+q}^n)$, 并且数值通量函数 $\hat{f}$ 满足下述条件.

(1) 相容性条件: 对任意 u, 有

$$\hat{f}(u, \cdots, u) = f(u). \tag{3.113}$$

(2) Lipschitz 连续条件: 存在常数 L, 对任意 $u_{j-p}^n, \cdots, u_{j+q}^n$ 和 u, 有

$$\left|\hat{f}(u_{j-p}^n, \cdots, u_{j+q}^n) - \hat{f}(u, \cdots, u)\right| \leqslant L \max\left(|u_{j-p}^n - u|, \cdots, |u_{j+q}^n - u|\right). \tag{3.114}$$

定理 3.1 (Lax-Wendroff 定理[13])　如果一个守恒型格式在 $\Delta t, \Delta x \to 0$ 的过程中, 其数值解 $\{u_j^n\}$ 的函数值和总变差是一致有界的, 且几乎处处收敛到一个函数 $u(x,t)$, 则 $u(x,t)$ 必是守恒律的一个弱解.

证明　对于 $\varphi \in C_0^1(\mathbb{R} \times \mathbb{R}^+)$, 令 $\varphi_j^n = \varphi(x_j, t^n)$, 则

$$0 = \sum_n \sum_j \left(\frac{u_j^{n+1} - u_j^n}{\Delta t} + \frac{\hat{f}_{j+1/2} - \hat{f}_{j-1/2}}{\Delta x}\right)\varphi_j^n \Delta x \Delta t$$

$$= -\sum_{n}\sum_{j}\left(\frac{\varphi_j^n - \varphi_j^{n-1}}{\Delta t}u_j^n + \frac{\varphi_{j+1}^n - \varphi_j^n}{\Delta x}\hat{f}_{j+1/2}\right)\Delta x\Delta t. \tag{3.115}$$

上述推导利用了分部求和公式

$$\sum_{j=1}^{n} a_j\left(b_j - b_{j-1}\right) = -\sum_{j=1}^{n}\left(a_{j+1} - a_j\right)b_j - a_1 b_0 + a_{n+1}b_n.$$

在方程 (3.115) 中令 $\Delta x, \Delta t \to 0$, 利用 Lebesgue 控制收敛定理和守恒格式的性质, 可以得到

$$\int_0^\infty \int_{-\infty}^\infty (\varphi_t u + \varphi_x f(u))\,\mathrm{d}x\mathrm{d}t = 0.$$

由弱解的定义, 定理得证.　　　　　　　　　　　　　　　　　　　□

3.9.2 一些常见的守恒型格式

下面专门针对一维标量双曲守恒律问题

$$\begin{cases} u_t + f(u)_x = 0, \\ u(x,0) = u_0(x) \end{cases}$$

给出一些经典的守恒型格式. 这些守恒型格式原则上可以被推广到方程组情形.

1) Godunov 方法

Godunov 格式构造基于 Riemann 问题的精确解. 3.4 节给出了 Godunov 格式的一般框架. 这里用一维标量问题更详细地介绍 Godunov 方法. 假定使用分片常数在一个等距网格剖分下逼近守恒律的解. 记空间第 j 个网格为 $I_j := \left[x_{j-1/2}, x_{j+1/2}\right]$. 选择 Δx 和 Δt, 使得

$$\max_u |f'(u)|\,\Delta t < \Delta x.$$

因为守恒律具有有限的传播速度 (不大于 $\max\limits_u |f'(u)|$), 所以下一时间步的解在单元 I_j 中的值不会受远处两个单元 I_{j-2}, I_{j+2} 在上一时间步的解的影响. 因此每一步只要求解一系列在单元界面处的局部 Riemann 问题. 在时空区域 $I_j \times [t^n, t^{n+1}]$ 对原方程积分可得

$$\int_{t^n}^{t^{n+1}}\int_{I_j}(u_t + f(u)_x)\,\mathrm{d}x\mathrm{d}t = 0,$$

$$\int_{I_j}u^{n+1}\mathrm{d}x - \int_{I_j}u^n\mathrm{d}x + \int_{t^n}^{t^{n+1}}f\left(u\left(x_{j+1/2}, t\right)\right)\mathrm{d}t - \int_{t^n}^{t^{n+1}}f\left(u\left(x_{j-1/2}, t\right)\right)\mathrm{d}t = 0.$$

由于关于 $(x_{j+1/2}, t^n)$ 点的 Riemann 问题的解 $u(x, t)$ 是一个只依赖于 $(x - x_{j+1/2})/$ $(t - t^n)$ 的函数, 因此在一个时间步 $t \in [t^n, t^{n+1}]$ 内, u 在界面 $x_{j\pm1/2}$ 上的值不变. 于是就得到了下面的 Godunov 格式

$$\bar{u}_j^{n+1} = \bar{u}_j^n - \frac{\Delta t}{\Delta x} \left(f(u_{j+1/2}) - f(u_{j-1/2}) \right), \tag{3.116}$$

其中 $\bar{u}_j^n \approx \frac{1}{\Delta x} \int_{I_j} u^n \mathrm{d}x$, $u_{j+1/2}$ 是 $\bar{u}_j^n, \bar{u}_{j+1}^n$ 的函数, $u_{j-1/2}$ 是 $\bar{u}_{j-1}^n, \bar{u}_j^n$ 的函数. 这是一个守恒型格式. 具体地, $u_{j+1/2} = u_*(\bar{u}_j^n, \bar{u}_{j+1}^n)$ 表示以 $\bar{u}_j^n, \bar{u}_{j+1}^n$ 两个常数拼接做初值的 Riemann 问题在界面处的解. 对于标量守恒律问题, 经过仔细推导可得 Godunov 格式的通量为 (注: 此处和今后, 在不引起混乱的情况下, 为了符号简洁, 把代表网络平均的水平线去掉. 表示时间步数的上标 n 在不引起歧义的时候也经常省略)

$$\hat{f}_{j+1/2} = f\left(u_*(u_j, u_{j+1})\right) = \begin{cases} \min\limits_{u_j \leqslant u \leqslant u_{j+1}} f(u), & u_j < u_{j+1}, \\ \max\limits_{u_{j+1} \leqslant u \leqslant u_j} f(u), & u_j \geqslant u_{j+1}. \end{cases} \tag{3.117}$$

上述数值通量形式具体推导步骤是: 先用凸包法 (参见 2.7.2 节) 做局部 Riemann 问题的精确解, 然后再根据精确解在界面处的函数值计算相应的数值通量.

Godunov 格式虽然结构漂亮, 但是很多复杂方程的 Riemann 问题的精确解往往并不容易获得. 很多在数值实现上更高效的格式都是 Godunov 格式的某种近似, 即所谓的 Godunov 型格式.

2) Lax-Friedrichs (L-F) 格式

将 3.2.2 节中介绍过的 Lax-Friedrichs 格式直接应用到非线性标量守恒律上, 得到

$$\begin{aligned} u_j^{n+1} &= \frac{1}{2} \left(u_{j+1}^n + u_{j-1}^n \right) - \frac{\Delta t}{2\Delta x} \left[f(u_{j+1}^n) - f(u_{j-1}^n) \right] \\ &= u_j^n + \frac{1}{2} \left(u_{j+1}^n - 2u_j^n + u_{j-1}^n \right) - \frac{\Delta t}{2\Delta x} \left[f(u_{j+1}^n) - f(u_{j-1}^n) \right]. \end{aligned}$$

从上式可以看出, Lax-Friedrichs 格式等效于对加了数值黏性的守恒律方程在空间上用中心差分、时间上用显式差分进行离散. 将此格式写成守恒形式 (3.112), 得到对应的数值通量为

$$\hat{f}_{j+1/2} = \frac{1}{2} \left[f(u_j) + f(u_{j+1}) - \alpha(u_{j+1} - u_j) \right], \tag{3.118}$$

其中 $\alpha = \dfrac{\Delta x}{\Delta t}$. 从格式可以看出, α 项对应的是数值耗散. α 取值越大数值耗散越大. 耗散大会导致实际计算出的数值结果对精确解中的间断磨光比较厉害. 为了提高逼近精度, 我们希望 α 比较小. 由于在 Lax-Friedrichs 格式中稳定性要求: $\Delta t \max\limits_{u} |f'(u)| \leqslant \Delta x$, 因此在实际使用时一般取

$$\alpha = \max_{u} |f'(u)|. \tag{3.119}$$

这种取法的合理性的严格数学证明会在 3.9.3 节单调格式理论分析中给出.

3) 局部 Lax-Friedrichs (LLF) 格式

L-F 格式的数值耗散比较大. 为了尽可能减少耗散, 可以在每个点取不同的 α. 相应的格式称为局部 Lax-Friedrichs 格式 (也叫 Rusanov 格式[25]). 其对应的数值通量为

$$\hat{f}_{j+1/2} = \frac{1}{2} \left[f(u_j) + f(u_{j+1}) - \alpha_{j+1/2}(u_{j+1} - u_j) \right], \tag{3.120}$$

其中

$$\alpha_{j+1/2} = \max_{\min(u_j, u_{j+1}) \leqslant u \leqslant \max(u_j, u_{j+1})} |f'(u)|.$$

4) Roe 格式

Roe 格式的本质是对局部线性化的双曲型方程使用 Godunov 格式. 其应用到一维标量双曲守恒律上对应的数值通量为

$$\hat{f}_{j+1/2} = \begin{cases} f(u_j), & a_{j+1/2} \geqslant 0, \\ f(u_{j+1}), & a_{j+1/2} < 0, \end{cases} \quad \text{其中} \quad a_{j+1/2} = \frac{f(u_{j+1}) - f(u_j)}{u_{j+1} - u_j}.$$

可以看出在 Roe 格式中总是用间断解来近似 Riemann 问题的解.

5) Engquist-Osher (E-O) 格式[18]

对标量双曲守恒律, E-O 格式的数值通量取为

$$\hat{f}_{j+1/2} = f^+(u_j) + f^-(u_{j+1}),$$

其中

$$f^+(u) = \int_0^u \max\left(f'(u), 0\right) \mathrm{d}u + f(0),$$

$$f^-(u) = \int_0^u \min\left(f'(u), 0\right) \mathrm{d}u.$$

容易证明:

(1) E-O 格式的通量还可以写成如下形式

$$\hat{f}_{j+1/2} = \frac{1}{2} \left[f(u_j) + f(u_{j+1}) \right] - \frac{1}{2} \int_{u_j}^{u_{j+1}} |f'(u)| \, \mathrm{d}u.$$

将上式同 L-F 通量和局部 L-F 通量比较, 可以看出 E-O 格式具有相对较小的数值耗散.

(2) 当 $f(u)$ 单调时, E-O 格式即是迎风格式.

守恒型格式还包括 Lax-Wendroff, Richtmyer, MacCormack, Warming-Beam 等二阶格式, 前面3.2节已有较好的介绍, 这里就不再重复.

3.9.3 单调格式的数学理论

在守恒型格式中有一类格式具有更好的数学性质, 称为单调格式. 这里对单调格式的基本性质做简单介绍.

定义 3.2　记 $\lambda = \Delta t / \Delta x$. 一个格式

$$u_j^{n+1} = u_j^n - \lambda \left(\hat{f}(u_{j-p}, \cdots, u_{j+q}) - \hat{f}(u_{j-p-1}, \cdots, u_{j+q-1}) \right)$$

$$\equiv G(u_{j-p-1}, \cdots, u_{j+q})$$

称作单调格式, 如果 G 对每一个变量都是一个单调不减函数, 简记为 $G(\uparrow, \uparrow, \cdots, \uparrow)$.

以三点格式为例:

$$\hat{f}_{j+1/2} = \hat{f}(u_j, u_{j+1}),$$

$$G(u_{j-1}, u_j, u_{j+1}) = u_j - \lambda[\hat{f}(u_j, u_{j+1}) - \hat{f}(u_{j-1}, u_j)].$$

容易证明格式是单调的, 如果 $\hat{f}(\uparrow, \downarrow)$ 且下述条件成立:

$$\lambda(\partial_1 \hat{f}(u_j, u_{j+1}) - \partial_2 \hat{f}(u_{j-1}, u_j)) \leqslant 1. \tag{3.121}$$

例 3.1　Lax-Friedrichs 格式是单调格式.

$$\hat{f}^{\mathrm{LF}}(u_j, u_{j+1}) = \frac{1}{2} \left[f(u_{j+1}) + f(u_j) - \alpha(u_{j+1} - u_j) \right], \quad \alpha = \max_u |f'(u)|,$$

$$\partial_1 \hat{f}^{\mathrm{LF}}(u_j, u_{j+1}) = \frac{1}{2} \left[f'(u_j) + \alpha \right] \geqslant 0,$$

$$\partial_2 \hat{f}^{\mathrm{LF}}(u_{j-1}, u_j) = \frac{1}{2} \left[f'(u_j) - \alpha \right] \leqslant 0,$$

因此只要 λ 满足条件 (3.121), 即 $\lambda\alpha \leqslant 1$, Lax-Friedrichs 格式就是单调的.

定理 3.2　单调格式具有以下好的性质 (在下面的公式中把 $G(u_{j-p-1}, \cdots, u_{j+q})$ 简记为 $G(u)_j$, 把 $\{j-p-1, \cdots, j+q\}$ 称为 j 的模板):

(1) 如果对任意 j 有 $u_j \leqslant v_j$, 则对任意 j 有 $G(u)_j \leqslant G(v)_j$.

(2) 局部极大值原理:

$$\min_{i \in j \text{ 的模板}} u_i \leqslant G(u)_j \leqslant \max_{i \in j \text{ 的模板}} u_i.$$

(3) L^1 压缩性:

$$\sum_j |G(u)_j - G(v)_j| \leqslant \sum_j |u_j - v_j|.$$

(4) TVD 性质:

$$\mathrm{TV}(G(u)) \equiv \sum_j |G(u)_{j+1} - G(u)_j| \leqslant \sum_j |u_{j+1} - u_j| \equiv \mathrm{TV}(u).$$

证明　(1) 可将 $G(u)_j$ 中的 $u_{j-p-1}, u_{j-p}, \cdots, u_{j+q}$ 逐项换成 $v_{j-p-1}, v_{j-p}, \cdots, v_{j+q}$ 中的相应值, 根据单调性的定义可得结论.

(2) 对固定的 j, 取

$$v_i = \begin{cases} \max\limits_{k \in j \text{ 的模板}} u_k, & \text{如果 } i \in j \text{ 的模板}, \\ u_i, & \text{否则}. \end{cases}$$

这明显对任意 i 有 $u_i \leqslant v_i$. 于是

$$G(u)_j \leqslant G(v)_j = v_j = \max_{i \in j \text{ 的模板}} u_i.$$

下界同理可证.

(3) 定义

$$a \vee b := \max(a, b), \quad a \wedge b := \min(a, b), \quad a^+ := a \vee 0, \quad a^- := a \wedge 0.$$

令

$$w_j := u_j \vee v_j = v_j + (u_j - v_j)^+. \tag{3.122}$$

由性质 (1), 我们有

$$G(w)_j - G(v)_j \geqslant \begin{cases} 0, & \forall j, \\ G(u)_j - G(v)_j, & \forall j. \end{cases}$$

因此

$$G(w)_j - G(v)_j \geqslant (G(u)_j - G(v)_j)^+ .$$

所以有

$$\sum_j (G(u)_j - G(v)_j)^+ \leqslant \sum_j (G(w)_j - G(v)_j) = \sum_j w_j - v_j = \sum_j (u_j - v_j)^+ ,$$

其中最后一个等式由 (3.122) 得到, 而倒数第二个等号成立是由于守恒性

$$\sum_j u_j^{n+1} = \sum_j u_j^n. \tag{3.123}$$

于是有

$$\sum_j |G(u)_j - G(v)_j| = \sum_j (G(u)_j - G(v)_j)^+ + \sum_j (G(v)_j - G(u)_j)^+$$

$$\leqslant \sum_j (u_j - v_j)^+ + \sum_j (v_j - u_j)^+$$

$$\leqslant \sum_j |u_j - v_j| .$$

(4) 在性质 (3) 中取 $v_j = u_{j+1}$ 即可.　　　　　　　　　　　　　　□

定理 3.3　单调格式的解满足所有熵条件.

证明　文献 [26] 中给出了一种基于弱形式熵不等式的证明. 这里只证明对所有如下形式的熵函数 (Kruzkov 熵函数)

$$U(u) = |u - c| ,$$

熵条件成立, 其中 $c \in \mathbb{R}$ 是一个任给的数, 有

$$U'(u) = \begin{cases} -1, & u < c, \\ 1, & u > c, \end{cases} \qquad U''(u) = 2\delta(x - c) \geqslant 0.$$

U 对应的熵通量函数为

$$F(u) = \int_c^u U'(u) f'(u) \mathrm{d}u = \mathrm{sgn}(u - c)\,(f(u) - f(c)) .$$

式中 sgn(x) 是符号函数. 我们要证明在每个单元上的熵不等式成立, 即 (注: 对比第 2 章中的连续熵条件)

$$\frac{U(u_j^{n+1}) - U(u_j^n)}{\Delta t} + \frac{\hat{F}_{j+1/2} - \hat{F}_{j-1/2}}{\Delta x} \leqslant 0, \tag{3.124}$$

其中

$$\hat{F} = \hat{f}(c \vee u) - \hat{f}(c \wedge u).$$

注意这里没有区分标量和向量. 实际上 $\hat{f}(\alpha) := \hat{f}(\alpha, \cdots, \alpha)$.

注意到 $|u_j - c| = c \vee u_j - c \wedge u_j$. 将 G 分别作用到上式右端两项可得 $\left(\lambda = \dfrac{\Delta t}{\Delta x}\right)$:

I: $\quad G(c \vee u)_j = (c \vee u_j) - \lambda(\hat{f}(c \vee u)_{j+1/2} - \hat{f}(c \vee u)_{j-1/2})$,

II: $\quad G(c \wedge u)_j = (c \wedge u_j) - \lambda(\hat{f}(c \wedge u)_{j+1/2} - \hat{f}(c \wedge u)_{j-1/2})$,

I–II 得到: $\quad 0 \leqslant G(c \vee u)_j - G(c \wedge u)_j = |u_j - c| - \lambda(\hat{F}_{j+1/2} - \hat{F}_{j-1/2})$.

$$(3.125)$$

进一步, 注意到

$$\left.\begin{aligned} c &= G(c, \cdots, c) \leqslant G(c \vee u)_j \\ u_j^{n+1} &= G(u^n)_j \leqslant G(c \vee u)_j \end{aligned}\right\} \Rightarrow c \vee u_j^{n+1} \leqslant G(c \vee u^n)_j.$$

同理可得

$$- c \wedge u_j^{n+1} \leqslant -G(c \wedge u^n)_j.$$

因此

$$\begin{aligned} U(u_j^{n+1}) = \left|u_j^{n+1} - c\right| &\leqslant G(c \vee u^n)_j - G(c \wedge u^n)_j \\ &= |u_j^n - c| - \lambda\left(\hat{F}_{j+1/2} - \hat{F}_{j-1/2}\right). \qquad (\text{根据 } (3.125)) \end{aligned}$$

式 (3.124) 得证. $\qquad\qquad\square$

定理 3.4 (Godunov 定理) 单调格式至多具有一阶精度.

此定理的详细证明可参考 [26]. 我们会在后面给出一个线性格式的相应证明.

由于 Godunov 定理的存在, 为了寻找高精度格式必须研究弱一点的稳定性. 比如考虑下述列表中靠后的稳定性 (强度递减):

- 单调格式.
- TVD 格式. 一个格式称为 TVD 的, 如果

$$\mathrm{TV}(u^{n+1}) \leqslant \mathrm{TV}(u^n).$$

- 保单调格式. 一个格式称为保单调的, 如果

$$\left\{ u_{j+1}^n \geqslant u_j^n, \ \forall j \right\} \Rightarrow \left\{ u_{j+1}^{n+1} \geqslant u_j^{n+1}, \ \forall j \right\}.$$

定理 3.5　TVD 格式是保单调的.

证明　假设对所有的 j 有 $u_{j+1}^n \geqslant u_j^n$. 如果存在某个 j_0 使得 $u_{j_0+1}^{n+1} < u_{j_0}^{n+1}$. 修改 u 使得在计算 $u_{j_0}^{n+1}, u_{j_0+1}^{n+1}$ 的模板之外是常数. 但是此两点的值反序意味着 TVD 性质被破坏.　　　　　　　　　　　　　　　　　　　　　　　□

后面会给出另一个 Godunov 证明的定理, 说明上述几种稳定性在线性格式中是等价的.

定义 3.3　一个格式称为线性格式, 如果应用到线性方程 (对于标量守恒律, 线性方程是 $u_t + au_x = 0$) 中, 得到的方程是线性的.

方程

$$u_t + au_x = 0 \tag{3.126}$$

的线性格式可以表示为

$$u_j^{n+1} = \sum_{l=-q}^{p+1} c_l(\lambda) u_{j-l}^n,$$

其中 $c_l(\lambda)$ 是仅依赖于 $\lambda = a\Delta t/\Delta x$ 的常数. 方程 (3.126) 的线性格式是单调的当且仅当

$$c_l(\lambda) \geqslant 0, \quad \forall l.$$

因此单调格式也称为正格式.

定理 3.6　对于线性格式, 保单调格式是单调的.

证明　考虑如下的单调函数

$$u_i = \begin{cases} 0, & i \leqslant -\alpha, \\ 1, & i > -\alpha. \end{cases}$$

对于线性格式, 有

$$(\mathrm{I}) \quad u_{j+1}^{n+1} = \sum_{l=-q}^{p+1} c_l(\lambda) u_{j+1-l}^n,$$

$$(\mathrm{II}) \quad u_j^{n+1} = \sum_{l=-q}^{p+1} c_l(\lambda) u_{j-l}^n,$$

$$(\mathrm{I})-(\mathrm{II}) \quad \delta_x^+ u_j^{n+1} = \sum_{l=-q}^{p+1} c_l(\lambda) \delta_x^+ u_{j-l}^n.$$

注意到当 $j - l = -\alpha$ 时, $\delta_x^+ u_{j-l}^n = 1$, 其他时候为 0.

$$\delta_x^+ u_0^{n+1} = \sum_{l=-q}^{p+1} c_l(\lambda) \delta_x^+ u_{-l}^n = c_\alpha(\lambda).$$

由格式的保单调性: $\delta_x^+ u_0^{n+1} \geqslant 0$, 于是 $c_\alpha(\lambda) \geqslant 0$. 取 α 为不同的值可得格式是单调的. □

综合前面的分析, 得到

$$单调格式 \Rightarrow \text{TVD 格式} \Rightarrow 保单调格式 \overset{*}{\Rightarrow} 单调格式,$$

其中 "$*$" 表示只有在线性格式时成立.

定理 3.7 (Godunov 定理) 线性单调格式至多是一阶的.

证明 若一个格式是相容的, 则当解为常数的时候, 局部截断误差 $\tau_j^n \equiv 0$. 相应地对于一个一阶格式, 当解是线性函数的时候, 局部截断误差 $\tau_j^n \equiv 0$. 下面针对方程 $u_t + u_x = 0$ 考察线性格式

$$u_j^{n+1} = \sum_l c_l u_{j-l}^n. \tag{3.127}$$

将常数解代入 (3.127), 可以得到

$$1 = \sum_l c_l.$$

将线性函数解 $u(x,t) = x - t$ 代入 (3.127), 得到

$$j\Delta x - (n+1)\Delta t = \sum_l c_l \left((j-l)\Delta x - n\Delta t \right)$$

$$\Rightarrow \sum_l l c_l = \lambda,$$

这里, $\lambda = \Delta t / \Delta x$. 将二次函数解 $u(x,t) = (x-t)^2$ 代入格式 (3.127), 可以得到

$$\sum_l l^2 c_l = \lambda^2.$$

下面尝试对 c_l 满足的上述三个等式推出矛盾来说明格式不可能达到二阶. 为此定义向量

$$\mathbf{a} = (l\sqrt{c_l})_{l=-k}^k, \quad \mathbf{b} = (\sqrt{c_l})_{l=-k}^k,$$

使用 Cauchy-Schwarz 不等式可得

$$\lambda^2 = |\mathbf{a} \cdot \mathbf{b}|^2 \leqslant \Big(\sum_l l^2 c_l \Big)\Big(\sum_l c_l \Big) = \lambda^2,$$

其中第二个等号成立当且仅当 $\mathbf{a}, \mathbf{b}$ 是线性相关的, 也就是

$$l\sqrt{c_l} = \alpha\sqrt{c_l},$$

其中 α 是一个与 l 无关的常数. 当 $\{c_l\}$ 有不止一个非零值时, 显然矛盾. 注: 当 $\{c_l\}$ 中只有一个非零值时, 此时只有 l 取特定的值, 并且只对特殊的步长 $\Big($magic 步长 $\dfrac{\Delta t}{\Delta x} = l\Big)$ 才有精度, 格式对一般的步长 $\dfrac{\Delta t}{\Delta x} = \lambda < |l|$ 没有精度. □

通过上面的分析知道, 对于线性的格式, 不管其是单调的、TVD 的, 还是保单调的, 都只有一阶精度. 因此为了寻找高阶格式, 必须考虑非线性格式. 而由 Godunov 定理, 非线性的单调格式也至多是一阶的. 因此只能从稳定性要求更弱一点的 TVD 或者保单调格式中寻找高阶格式. 下一章将介绍高阶 TVD 格式.

习　题　3

1. 考虑使用如下定义的迎风格式通量:

$$\hat{f}(v, w) = \begin{cases} f(v), & \dfrac{f(v) - f(w)}{v - w} \geqslant 0, \\ f(w), & \dfrac{f(v) - f(w)}{v - w} < 0. \end{cases}$$

取 $\Delta t = \dfrac{1}{2}\Delta x = \lambda$, 把它应用到带如下初值的 Burgers 方程初值问题

$$u_0(x) = \begin{cases} -1, & x < 1, \\ +1, & x > 1. \end{cases}$$

在离散的时候取初值 $U_j^0 = \bar{u}_j^0$ (单元平均). 基于此方法的特点, 验证以下论述:

(1) 序列 $U_l(x, t)$, $\lambda_l = 1/(2l)$, 在 $l \to \infty$ 时收敛到正确的稀疏波解, 其中 $U_l(x, t)$ 是由定义在网格上的数值解 U_j^n 构造的分片常数函数.

(2) 序列 $U_l(x, t)$, $\lambda_l = 1/(2l+1)$, 在 $l \to \infty$ 时收敛到不满足熵条件的激波解.

(3) 序列 $U_l(x, t)$, $\lambda_l = 1/l$ 在 $l \to \infty$ 时不收敛.

2. 验证 Godunov 格式的数值通量由下述公式给出 (为记号简单, 省略了 u^n 的上标 n):

$$\hat{f}_{j+1/2} := f(u_{j+1/2}) = \begin{cases} \min\limits_{u_j \leqslant u \leqslant u_{j+1}} f(u), & u_j < u_{j+1}, \\ \max\limits_{u_j \geqslant u \geqslant u_{j+1}} f(u), & u_j \geqslant u_{j+1}, \end{cases} \tag{3.128}$$

其中 $u_{j+1/2}$ 是下述 Riemann 问题在 $x_{j+1/2}$ 处的精确解,

$$\begin{cases} u_t + f(u)_x = 0, \\ u_0(x) = \begin{cases} u_j, & x < x_{j+1/2}, \\ u_{j+1}, & x \geqslant x_{j+1/2}. \end{cases} \end{cases} \tag{3.129}$$

3. 验证一维标量守恒律常用的 Godunov, Roe, Engquist-Osher, Law-Wendroff 等守恒型数值格式是否是单调格式.

4. 上机作业: 用 Lax-Friedrichs 格式、Lax-Wendroff 格式、Warming-Beam 格式, 以及一阶迎风格式计算方程 $q_t + q_x = 0$ 在计算域 $0 \leqslant x \leqslant 1$ 内的解. 取空间网格单元数 100, CFL 数 $\nu = 0.9$. 使用周期性边界条件, 初始条件为

$$q(x,0) = \begin{cases} \exp\left(-200(x - 0.3)^2\right), & 0 \leqslant x \leqslant 0.6, \\ 1, & 0.6 < x \leqslant 0.8, \\ 0, & \text{其他.} \end{cases}$$

(1) 绘制 $t = 1.8$ 和 18 时的精确解和数值解的图像.

(2) 通过加密网格计算数值格式的 L^1 误差收敛阶.

第 4 章　一维双曲守恒律的高分辨率方法

第 3 章介绍了守恒律的经典格式. 数值结果表明, 对于一阶的格式, 解在间断处的数学性质保持较好, 但是数值耗散比较大, 而二阶格式在光滑处的精度比较高, 但是在间断处会出现非物理的振荡. 这启发我们通过将一阶格式和二阶甚至更高阶格式进行某种非线性组合来结合两者的优点获得新的格式.

TVD 格式是 20 世纪 80 年代提出和发展起来的一类计算双曲守恒律的数值格式. 这类格式直接对离散解的总变差的性质提出了明确要求. 在计算激波间断时有过间断网格点少、无数值振荡的高分辨率优点, 得到了广泛深入的研究发展, 形成了大量研究成果 (参见 [11, 27-29]). 限于篇幅, 本章只详细介绍两种 TVD 格式, 一种是通过限制通量的修正量, 另一种是通过限制解变量的方式来获得格式的 TVD 性质.

4.1　通量限制器方法

在这一节, 我们考虑将一阶格式和高阶格式的数值通量进行非线性组合来得到具有高分辨率且总变差不增 (TVD) 格式. 这种格式在解光滑时的表现类似二阶格式, 在解不光滑时的表现类似一阶单调格式, 总体满足 TVD 性质.

首先记

$$\hat{f}_H\left(\bar{u}^n; j+1/2\right): \text{高阶数值通量 (比如 Lax-Wendroff 通量)},$$

$$\hat{f}_L\left(\bar{u}^n; j+1/2\right): \text{低阶数值通量 (比如某个单调格式通量)}.$$

这里, 无下标的 $\bar{u}^n$ 表示和网格界面 $x_{j+1/2}$ 相关的若干网格平均值 (注: 本章中均匀网格和低于二阶精度 (含) 情况下 $\bar{u}_j$ 也可以看作有限差分法中的网格点值 U_j). 高阶数值通量可视为低阶数值通量再加一个修正:

$$\hat{f}_H\left(\bar{u}^n; j+1/2\right) = \hat{f}_L\left(\bar{u}^n; j+1/2\right) + \left[\hat{f}_H\left(\bar{u}^n; j+1/2\right) - \hat{f}_L\left(\bar{u}^n; j+1/2\right)\right].$$

在通量限制器方法中, 修正的幅度依赖于解本身

$$\hat{f}\left(\bar{u}^n; j+1/2\right) = \hat{f}_L\left(\bar{u}^n; j+1/2\right) + \phi\left(\bar{u}^n; j+1/2\right)$$

$$\cdot \left[\hat{f}_H\left(\bar{u}^n; j+1/2\right) - \hat{f}_L\left(\bar{u}^n; j+1/2\right)\right], \tag{4.1}$$

其中 $\phi(\bar{u}^n; j+1/2)$ 称为通量限制器函数. 它依赖于解的光滑性. 为了简化论述, 以 $f'(u) \geqslant 0$ 情况举例. 对于 $f'(u) < 0$ 情况, 论述过程类似.

对光滑性的刻画有很多种方法, 其中一个可行的方法是看相邻梯度之比:

$$\theta_{j+1/2} = \frac{\bar{u}_j^n - \bar{u}_{j-1}^n}{\bar{u}_{j+1}^n - \bar{u}_j^n} \text{ 如果 } f'(u) \geqslant 0, \quad \text{或 } \theta_{j+1/2} = \frac{\bar{u}_{j+2}^n - \bar{u}_{j+1}^n}{\bar{u}_{j+1}^n - \bar{u}_j^n} \text{ 如果 } f'(u) < 0.$$

如果 $\theta_{j+1/2}$ 靠近 1, 则数据在 $x_{j+1/2}$ 附近可能是光滑的; 如果 $\theta_{j+1/2}$ 远离 1, 则数据不是很光滑, 那么定义 $\phi_{j+1/2}$ 是 $\theta_{j+1/2}$ 的函数:

$$\phi_{j+1/2} \equiv \phi(\bar{u}^n; j+1/2) = \phi(\theta_{j+1/2}),$$

其中 $\phi(\theta)$ 是某个给定的函数. 对通量限制器 (flux limiter) 的要求:

(1) $\phi(\theta)$ 是有界函数 (相容性要求);

(2) $\phi(1) = 1$, 在 $\theta = 1$ 附近是 Lipschitz 连续的 (对光滑解的精度要求, 参见本章第一道习题).

在推导具体的格式之前, 首先介绍下述引理.

引理 4.1 (Harten 引理[27]) 如果一个格式可以写成如下的形式

$$\bar{u}_j^{n+1} = \bar{u}_j^n + \lambda\left(C_{j+1/2}\delta^+\bar{u}_j^n - D_{j-1/2}\delta^-\bar{u}_j^n\right), \tag{4.2}$$

其中 $\delta^+\bar{u}_j^n \equiv \bar{u}_{j+1}^n - \bar{u}_j^n$, $\delta^-\bar{u}_j^n \equiv \bar{u}_j^n - \bar{u}_{j-1}^n$, $\lambda = \dfrac{\Delta t}{\Delta x}$, 而且有

$$C_{j+1/2} \geqslant 0, \quad D_{j+1/2} \geqslant 0, \quad 1 - \lambda(C_{j+1/2} + D_{j+1/2}) \geqslant 0, \tag{4.3}$$

那么它就是一个 TVD 格式.

证明 由格式定义可知

$$\delta^+\bar{u}_j^{n+1} = \delta^+\bar{u}_j^n + \lambda\left(C_{j+3/2}\delta^+\bar{u}_{j+1}^n - D_{j+1/2}\delta^-\bar{u}_{j+1}^n\right)$$
$$- \lambda\left(C_{j+1/2}\delta^+\bar{u}_j^n - D_{j-1/2}\delta^-\bar{u}_j^n\right)$$
$$= [1 - \lambda(C_{j+1/2} + D_{j+1/2})]\delta^+\bar{u}_j^n + \lambda C_{j+3/2}\delta^+\bar{u}_{j+1}^n + \lambda D_{j-1/2}\delta^-\bar{u}_j^n,$$

其中第二个等式用到了 $\delta^+\bar{u}_j^n = \delta^-\bar{u}_{j+1}^n$. 对上式两侧取绝对值并对 j 求和, 然后利用 (4.3) 可得

$$\sum_j |\delta^+\bar{u}_j^{n+1}|$$

$$\leqslant \sum_j \left\{[1 - \lambda(C_{j+1/2} + D_{j+1/2})]\left|\delta^+\bar{u}_j^n\right| + \lambda C_{j+3/2}\left|\delta^+\bar{u}_{j+1}^n\right| + \lambda D_{j-1/2}\left|\delta^-\bar{u}_j^n\right|\right\}$$

$$\leqslant \sum_j \left[1 - \lambda\left(C_{j+1/2} + D_{j+1/2}\right) + \lambda C_{j+1/2} + \lambda D_{j+1/2}\right]\left|\delta^+ \bar{u}_j^n\right|$$

$$= \sum_j \left|\delta^+ \bar{u}_j^n\right|.$$

也就是 $\mathrm{TV}(\bar{u}^{n+1}) \leqslant \mathrm{TV}(\bar{u}^n)$. $\qquad\qquad\qquad\qquad\qquad\qquad\qquad\qquad$ □

下面将二阶 Lax-Wendroff 格式和一阶迎风格式用通量限制器进行组合, 来为线性方程 $u_t + au_x = 0, \ a \geqslant 0$ 设计一个高精度 TVD 格式, 并推导通量限制器需要满足的条件. 在 $a \geqslant 0$ 假设下, 迎风格式为

$$U_j^{n+1} = U_j^n - \gamma(U_j^n - U_{j-1}^n), \quad \gamma = a\frac{\Delta t}{\Delta x}.$$

Lax-Wendroff 格式为

$$U_j^{n+1} = U_j^n - \frac{\gamma}{2}(U_{j+1}^n - U_{j-1}^n) + \frac{\gamma^2}{2}(U_{j+1}^n - 2U_j^n + U_{j-1}^n)$$

$$= U_j^n - \gamma(U_j^n - U_{j-1}^n) + \frac{\gamma}{2}(\gamma - 1)(U_{j+1}^n - 2U_j^n + U_{j-1}^n).$$

相应的高阶、低阶以及非线性组合后的通量分别为

$$\hat{f}_H\left(U; j + 1/2\right) = aU_j + \frac{1}{2}a(1 - \gamma)(U_{j+1} - U_j),$$

$$\hat{f}_L\left(U; j + 1/2\right) = aU_j,$$

$$\hat{f}\left(U; j + 1/2\right) = aU_j + \frac{1}{2}a(1 - \gamma)(U_{j+1} - U_j)\phi_{j+1/2},$$

其中

$$\phi_{j+1/2} = \phi\left(\theta_{j+1/2}\right), \qquad \theta_{j+1/2} = \frac{U_j - U_{j-1}}{U_{j+1} - U_j}. \tag{4.4}$$

使用了通量限制器后得到的格式为

$$U_j^{n+1}$$

$$= U_j^n - \frac{\Delta t}{\Delta x}\left\{a(U_j^n - U_{j-1}^n) + \frac{1}{2}a(1-\gamma)\left[(U_{j+1}^n - U_j^n)\phi_{j+1/2} - (U_j^n - U_{j-1}^n)\phi_{j-1/2}\right]\right\}$$

$$= U_j^n - \left(\gamma - \frac{1}{2}\gamma(1-\gamma)\phi_{j-1/2}\right)(U_j^n - U_{j-1}^n) - \frac{1}{2}\gamma(1-\gamma)\phi_{j+1/2}\left(U_{j+1}^n - U_j^n\right).$$

$$\tag{4.5}$$

将上式写成引理 4.1 的形式

$$U_{j+1}^n = U_j^n + \gamma \left[C_{j+1/2} \left(U_{j+1}^n - U_j^n \right) - D_{j-1/2} \left(U_j^n - U_{j-1}^n \right) \right].$$

此时 $C_{j+1/2}$, $D_{j-1/2}$ 有一种自然的取法

$$C_{j+1/2} = -\frac{1}{2}(1-\gamma)\phi_{j+1/2}, \qquad D_{j-1/2} = 1 - \frac{1}{2}(1-\gamma)\phi_{j-1/2}.$$

但是这样选取, 我们无法利用 Harten 引理证明格式的 TVD 性质. 原因是当 ϕ_j 接近于 1 时, $C_{j+1/2} < 0$.

下面考虑一种不同的取法:

$$C_{j+1/2} = 0,$$

$$D_{j-1/2} = 1 + \frac{1}{2}(1-\gamma)\frac{\phi_{j+1/2}(U_{j+1}^n - U_j^n) - \phi_{j-1/2}(U_j^n - U_{j-1}^n)}{U_j^n - U_{j-1}^n}.$$

由引理 4.1, 要保证格式的 TVD 性质, 只需满足

$$0 \leqslant \gamma D_{j-1/2} \leqslant 1. \tag{4.6}$$

利用 (4.4) 式, 有

$$D_{j-1/2} = 1 + \frac{1}{2}(1-\gamma)\left[\frac{\phi\left(\theta_{j+1/2}\right)}{\theta_{j+1/2}} - \phi\left(\theta_{j-1/2}\right) \right].$$

如果 CFL 条件 $|\gamma| \leqslant 1$ 成立, 那么 (4.6) 成立, 只需要

$$\left| \frac{\phi\left(\theta_{j+1/2}\right)}{\theta_{j+1/2}} - \phi\left(\theta_{j-1/2}\right) \right| \leqslant 2. \tag{4.7}$$

再假定 $\phi(\theta) = 0$, $\forall \theta \leqslant 0$. 由于 $\theta_{j+1/2}$ 和 $\theta_{j-1/2}$ 是独立的, 那么 (4.7) 给出的 TVD 条件可转化为

$$\begin{cases} 0 \leqslant \dfrac{\phi(\theta)}{\theta} \leqslant 2, \\ 0 \leqslant \phi(\theta) \leqslant 2. \end{cases} \tag{4.8}$$

上述条件所对应的 θ-ϕ 平面的区域在图 4.1(a) 中的阴影部分给出. 要使格式有二阶精度, Sweby [28] 发现, 格式最好是 Lax-Wendroff 和 Warming-Beam 格式的凸组合 (所对应区域在图 4.1 (b) 的阴影部分给出), 否则会有正弦波被压成方波的反物理现象.

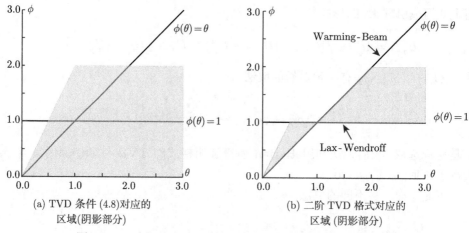

(a) TVD 条件 (4.8)对应的
区域(阴影部分)

(b) 二阶 TVD 格式对应的
区域 (阴影部分)

图 4.1　一阶和二阶 TVD 格式中限制器函数 $\phi(\theta)$ 的图像范围

图 4.2 中给出了两个常用的限制器函数 ϕ 的取法. 第一个是 Roe 提出的 Superbee 限制器, 其表达式为

$$\phi(\theta) = \max\left(0, \min(1, 2\theta), \min(\theta, 2)\right). \tag{4.9}$$

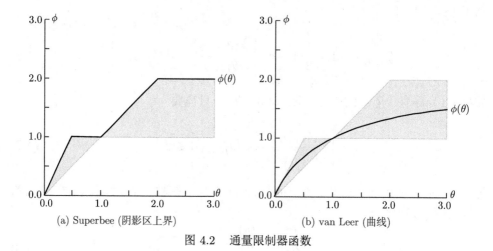

(a) Superbee (阴影区上界)

(b) van Leer (曲线)

图 4.2　通量限制器函数

另一个是 van Leer 提出的限制器, 其表达式为

$$\phi(\theta) = \frac{|\theta| + \theta}{1 + |\theta|}. \tag{4.10}$$

这个函数在 $\theta > 0$ 区域内是光滑的.

本节介绍了使用一阶迎风格式和二阶 Lax-Wendroff 格式进行非线性组合对单向传播的线性对流方程设计高精度 TVD 格式的策略. 对于一般的方程, 可以类似地处理, 采用高阶格式和一阶单调格式进行非线性组合的形式得到高精度 TVD 格式. 更多细节, 请参考 [28].

4.2 基于斜率限制器的 MUSCL 格式

下面介绍一种基于斜率限制的格式. 考虑标量方程

$$u_t + f(u)_x = 0.$$

先考虑对 x 方向离散, 然后再考虑对 t 方向离散. 对空间 x 方向的离散, 使用一种高阶有限体积方法. 记 $I_j = \left[x_{j-1/2}, x_{j+1/2}\right]$, $\Delta x_j = x_{j+1/2} - x_{j-1/2}$. 对上述方程在 I_j 上积分可得

$$\frac{\mathrm{d}}{\mathrm{d}t} \int_{I_j} u \mathrm{d}x + f\big(u\left(x_{j+1/2}\right)\big) - f\big(u\left(x_{j-1/2}\right)\big) = 0.$$

记 $\bar{u}_j = \dfrac{1}{\Delta x_j} \displaystyle\int_{I_j} u \mathrm{d}x$, 则得到

$$\frac{\mathrm{d}}{\mathrm{d}t}\bar{u}_j + \frac{1}{\Delta x_j} \left[f\big(u\left(x_{j+1/2}\right)\big) - f\big(u\left(x_{j-1/2}\right)\big) \right] = 0.$$

通常一个有限体积格式的半离散可以写成如下的形式

$$\frac{\mathrm{d}}{\mathrm{d}t}\bar{u}_j + \frac{1}{\Delta x_j}(\hat{f}_{j+1/2} - \hat{f}_{j-1/2}) = 0, \tag{4.11}$$

其中 $\hat{f}_{j+1/2}$ 是数值通量, 其为对 $x_{j+1/2}$ 点处 t 时刻精确通量的逼近,

$$\hat{f}_{j+1/2} \approx f\left(u\left(x_{j+1/2}, t\right)\right).$$

如果暂且假定 $f'(u) \geqslant 0, \forall u$, 那么 3.9.2 节中的 Godunov, Roe, Engquist-Osher 格式在这种情况下都退化成一阶迎风格式. 一阶迎风格式使用迎风侧单个网格的平均值 $\bar{u}_j$ 来近似 $u_{j+1/2}$, 即 $\hat{f}_{j+1/2} = \hat{f}(\bar{u}_j, \bar{u}_{j+1}) = f(\bar{u}_j)$. 下面考虑二阶格式. 我们尝试使用两个网格的平均值来估计单元边界处的值 $u(x_{j+1/2}, t)$. 此时可以有两种选择: 使用模板 $\{\bar{u}_j, \bar{u}_{j+1}\}$ 或者 $\{\bar{u}_{j-1}, \bar{u}_j\}$, 其对应的逼近分别为 (以下假定空间网格是均匀的, 使用重构逼近 (参见4.3节) 或插值逼近都给出下面结果)

$$u_{j+1/2}^{(1)} = \frac{1}{2}\left(\bar{u}_j + \bar{u}_{j+1}\right), \qquad u_{j+1/2}^{(2)} = \frac{3}{2}\bar{u}_j - \frac{1}{2}\bar{u}_{j-1}.$$

其分别对应数值通量为

$$\hat{f}_{j+1/2}^{(1)} = f\left(\bar{u}_j + \frac{1}{2}(\bar{u}_{j+1} - \bar{u}_j)\right), \qquad \hat{f}_{j+1/2}^{(2)} = f\left(\bar{u}_j + \frac{1}{2}(\bar{u}_j - \bar{u}_{j-1})\right).$$

这里 $f(\cdot)$ 是解析通量函数 (将 f 替换为单调数值通量 $\hat{f}(\uparrow,\downarrow)$ 可以处理风向不定, 即 f' 符号不定的情况, 相应技巧在下一节介绍). 上述两种数值通量对应了两个二阶守恒格式 (二阶中心和二阶迎风格式). 但是它们会在解间断的地方产生振荡. 下面基于这两个格式构造一种不产生振荡的格式. 记

$$\tilde{u}_j^{(1)} = \frac{1}{2}(\bar{u}_{j+1} - \bar{u}_j), \qquad \tilde{u}_j^{(2)} = \frac{1}{2}(\bar{u}_j - \bar{u}_{j-1}). \tag{4.12}$$

其表示为使用向前和向后差分估计 u 在单元 j 内的半坡度 $\left(\frac{1}{2}\Delta x (u_x)_j\right)$ 的两种方法. 振荡产生是因为当插值的两个点所在区间内真解有间断时, 用这两点计算坡度的误差是很大的. 下面重新定义一个半坡度估计来减少这种误差. 定义

$$\tilde{u}_j := \mathrm{minmod}(\tilde{u}_j^{(1)}, \tilde{u}_j^{(2)}), \tag{4.13}$$

其中 minmod 函数表示取极小模, 其定义如下

$$\mathrm{minmod}(a,b) := \begin{cases} a, & |a| \leqslant |b|, \ ab > 0, \\ b, & |b| < |a|, \ ab > 0, \\ 0, & ab \leqslant 0. \end{cases} \tag{4.14}$$

定义新的数值通量如下

$$\hat{f}_{j+1/2} = f(\bar{u}_j + \tilde{u}_j), \tag{4.15}$$

则得到一个新的格式. 此格式称为 MUSCL 格式 (monotone upstream scheme for conservation laws)[30,31]. 下面来研究 MUSCL 格式的稳定性. 利用 Harten 引理证明前面设计的 MUSCL 格式是 TVD 的. 首先对半离散方程 (4.11) 在时间方向采用显式 Euler 格式, 并将 MUSCL 通量 (4.15) 代入得到格式:

$$\begin{aligned} \bar{u}_j^{n+1} &= \bar{u}_j^n - \lambda[f(\bar{u}_j^n + \tilde{u}_j^n) - f(\bar{u}_{j-1}^n + \tilde{u}_{j-1}^n)] \\ &= \bar{u}_j + \lambda[-D_{j-1/2}\delta^-\bar{u}_j], \qquad (\text{注: 这里省略了上标 } n) \end{aligned} \tag{4.16}$$

其中

$$D_{j-1/2} = \frac{f(\bar{u}_j + \tilde{u}_j) - f(\bar{u}_{j-1} + \tilde{u}_{j-1})}{\bar{u}_j - \bar{u}_{j-1}}$$

$$= f'(\xi) \frac{\bar{u}_j - \bar{u}_{j-1} + \tilde{u}_j - \tilde{u}_{j-1}}{\bar{u}_j - \bar{u}_{j-1}}$$

$$= f'(\xi) \left[1 + \underbrace{\frac{\tilde{u}_j}{\bar{u}_j - \bar{u}_{j-1}}}_{0 \leqslant \cdots \leqslant 1/2} - \underbrace{\frac{\tilde{u}_{j-1}}{\bar{u}_j - \bar{u}_{j-1}}}_{0 \leqslant \cdots \leqslant 1/2} \right].$$

利用假设 $f'(\xi) > 0$ 和 $\tilde{u}_j, \tilde{u}_{j-1}$ 的定义有

$$0 \leqslant D_{j-1/2} \leqslant \frac{3}{2} f'(\xi).$$

根据 Harten 引理 (引理 4.1), 格式只要再满足

$$1 - \lambda D_{j-1/2} \geqslant 0$$

即是 TVD 的. 结合以上两式可知: 只要

$$\lambda \max f'(\xi) \leqslant \frac{2}{3}, \tag{4.17}$$

格式即是 TVD 的.

注意到上述格式在空间大部分解比较光滑的地方具有二阶精度, 但是时间离散却只有一阶精度. 把时间精度提高到二阶而同时保持 TVD 性质的办法是使用如下形式的二阶 Runge-Kutta (RK) 方法:

$$\begin{aligned} \bar{u}^{(1)} &= G(\bar{u}^n), \\ \bar{u}^{n+1} &= \frac{1}{2} \left(\bar{u}^n + G(\bar{u}^{(1)}) \right), \end{aligned} \tag{4.18}$$

其中 G 代表 MUSCL 格式时间使用显式 Euler 格式离散时形成的算子, 即

$$G_j(\bar{u}^n) = \bar{u}_j^n - \lambda \left[f\left(\bar{u}_j^n + \tilde{u}_j^n \right) - f\left(\bar{u}_{j-1}^n + \tilde{u}_{j-1}^n \right) \right]. \tag{4.19}$$

定理4.2 针对二阶 Runge-Kutta MUSCL格式 (4.18)-(4.19) 与 (4.12)-(4.13), 如果条件 (4.17) 成立, 则有

$$\mathrm{TV}(\bar{u}^{n+1}) \leqslant \mathrm{TV}(\bar{u}^n).$$

证明　在前面的推导中, 我们已经利用 Harten 引理证明了时间使用显式 Euler 离散的 MUSCL 格式是 TVD 的, 即在条件 (4.17) 满足的前提下, $\mathrm{TV}(G(\bar{u})) \leqslant \mathrm{TV}(\bar{u})$. 因此, 在此条件下, 对二阶 RK 方法 (4.18), 有

$$\mathrm{TV}(\bar{u}^{n+1}) \leqslant \frac{1}{2}\mathrm{TV}(\bar{u}^n) + \frac{1}{2}\mathrm{TV}(G(\bar{u}^{(1)}))$$

$$\leqslant \frac{1}{2}\mathrm{TV}(\bar{u}^n) + \frac{1}{2}\mathrm{TV}(\bar{u}^{(1)})$$

$$\leqslant \frac{1}{2}\mathrm{TV}(\bar{u}^n) + \frac{1}{2}\mathrm{TV}(\bar{u}^n)$$

$$= \mathrm{TV}(\bar{u}^n).$$

定理得证.　　　　　　　　　　　　　　　　　　　　　　　　　　　　　□

本节针对 $f'(u) \geqslant 0$ 的情况, 介绍了将二阶中心和二阶迎风格式进行非线性组合得到高阶 TVD 格式的办法. 对 $f'(u) \leqslant 0$ 的情况也可以类似处理 (将模板 $\{\bar{u}_j, \bar{u}_{j+1}\}$ 和 $\{\bar{u}_{j+1}, \bar{u}_{j+2}\}$ 上的重构进行非线性组合). 但是在两个方向传播的特征都可能出现的情况下, 可以使用通量分裂技术, 分别使用上述两种办法计算正负数值通量然后求和. 下一节介绍如何使用单调格式中的数值通量函数来统一地处理 $f'(u)$ 变号的情况. 采用数值通量函数, 可以很容易地将 MUSCL 格式推广到方程组情况.

4.3　推广的 MUSCL 格式

考虑对于方程

$$u_t + f(u)_x = 0$$

的有限体积守恒格式

$$\bar{u}_j^{n+1} = \bar{u}_j^n - \lambda[\hat{f}(u_{j+1/2}^-, u_{j+1/2}^+) - \hat{f}(u_{j-1/2}^-, u_{j-1/2}^+)], \tag{4.20}$$

其中 $\hat{f}(\uparrow, \downarrow)$ 是单调数值通量函数. 单调通量的引入可以很好地处理风向 ($f'(u)$ 的符号) 不固定的情况. 这里 $u_{j+1/2}^-, u_{j+1/2}^+$(这里省略了上标 n) 分别表示 u 在网格界面左右两侧单元上的重构多项式在 $x_{j+1/2}$ 点处的取值. 当取 $u_{j+1/2}^- = \bar{u}_j$, $u_{j+1/2}^+ = \bar{u}_{j+1}$ 时, 格式变回经典一阶单调格式.

在进行细致的研究之前, 首先要给出重构过程:

$$\{\bar{u}_l\}_{l是\,j\,附近的一组下标} \longrightarrow \{u_{j+1/2}^{\pm}\}.$$

重构的大致过程如下: 给定 $\{\bar{u}_l\}$, 首先构造在各个区间 $I_j = [x_{j-1/2}, x_{j+1/2}]$ 上的重构函数 $P_j(x)$, 然后令

$$u_{j+1/2}^{-} = P_j(x_{j+1/2}), \qquad u_{j+1/2}^{+} = P_{j+1}(x_{j+1/2}).$$

设重构函数 $P_j(x) = a_0 + a_1(x - x_j) + a_2(x - x_j)^2 + \cdots$ 是满足下述条件的最低阶多项式:

$$(1) \quad \frac{1}{\Delta x} \int_{I_j} P_j(x)\mathrm{d}x = \bar{u}_j,$$

$$(2) \quad \frac{1}{\Delta x} \int_{I_{j+l}} P_j(x)\mathrm{d}x = \bar{u}_{j+l}, \quad l \neq 0,$$

其中 $j + l$ 是单元 j 的模板中的单元下标. 使用待定系数法可求得 $P_j(x)$.

下面给出一个三阶重构. 根据使用模板的不同, $u_{j+1/2}$ 有三种重构公式:

$$u_{j+1/2}^{(1)} = \frac{1}{3}\bar{u}_{j-2} - \frac{7}{6}\bar{u}_{j-1} + \frac{11}{6}\bar{u}_j, \qquad \text{使用模板 } \{\bar{u}_{j-2}, \bar{u}_{j-1}, \bar{u}_j\}, \qquad (4.21)$$

$$u_{j+1/2}^{(2)} = -\frac{1}{6}\bar{u}_{j-1} + \frac{5}{6}\bar{u}_j + \frac{1}{3}\bar{u}_{j+1}, \qquad \text{使用模板 } \{\bar{u}_{j-1}, \bar{u}_j, \bar{u}_{j+1}\}, \qquad (4.22)$$

$$u_{j+1/2}^{(3)} = \frac{1}{3}\bar{u}_j + \frac{5}{6}\bar{u}_{j+1} - \frac{1}{6}\bar{u}_{j+2}, \qquad \text{使用模板 } \{\bar{u}_j, \bar{u}_{j+1}, \bar{u}_{j+2}\}. \qquad (4.23)$$

如果令

$$u_{j+1/2}^{-} = u_{j+1/2}^{(2)}, \qquad u_{j+1/2}^{+} = u_{j+1/2}^{(3)}, \qquad (4.24)$$

并将其代入式 (4.20), 得到空间三阶精度的方法. 但是由 Godunov 定理 (见定理 3.4 或者定理 3.7), 它不可能是保单调的, 解在不光滑处会产生振荡.

下面类似上一节的方法做限制器 (斜率限制器). 首先定义:

$$\tilde{u}_{j+1/2}^{-} = u_{j+1/2}^{-} - \bar{u}_j, \qquad \tilde{u}_{j+1/2}^{+} = \bar{u}_{j+1} - u_{j+1/2}^{+}. \qquad (4.25)$$

然后做斜率限制器:

$$\tilde{u}_{j+1/2}^{-,\mathrm{mod}} = \mathrm{minmod}(\tilde{u}_{j+1/2}^{-}, \bar{u}_{j+1} - \bar{u}_j, \bar{u}_j - \bar{u}_{j-1}),$$

$$\tilde{u}_{j+1/2}^{+,\mathrm{mod}} = \mathrm{minmod}(\tilde{u}_{j+1/2}^{+}, \bar{u}_{j+2} - \bar{u}_{j+1}, \bar{u}_{j+1} - \bar{u}_j). \qquad (4.26)$$

斜率限制器之后的界面处左右极限值为

$$u_{j+1/2}^{-,\mathrm{mod}} = \bar{u}_j + \tilde{u}_{j+1/2}^{-,\mathrm{mod}}, \qquad u_{j+1/2}^{+,\mathrm{mod}} = \bar{u}_{j+1} - \tilde{u}_{j+1/2}^{-,\mathrm{mod}}. \qquad (4.27)$$

相应格式为

$$\bar{u}_j^{n+1} = \bar{u}_j^n - \lambda[\hat{f}(u_{j+1/2}^{-,\text{mod}}, u_{j+1/2}^{+,\text{mod}}) - \hat{f}(u_{j-1/2}^{-,\text{mod}}, u_{j-1/2}^{+,\text{mod}})]. \tag{4.28}$$

由 (4.22)—(4.28) 定义的格式称为推广的 MUSCL 格式. 这里使用的是一阶 Euler 时间离散, 类似于上一节中 MUSCL 格式的做法, 很容易将其时间离散推广到二阶 Runge-Kutta 方法. 下面证明推广的 MUSCL 格式的两个重要性质.

(1) 格式 (4.22)—(4.28) 是 TVD 的. 为了证明这个性质, 将格式写成 Harten 引理 (引理 4.1) 中的形式:

$$\begin{aligned}
\bar{u}_j^{n+1} &= \bar{u}_j^n - \lambda\big[\hat{f}(u_{j+1/2}^{-,\text{mod}}, u_{j+1/2}^{+,\text{mod}}) - \hat{f}(u_{j+1/2}^{-,\text{mod}}, u_{j-1/2}^{+,\text{mod}}) \\
&\quad + \hat{f}(u_{j+1/2}^{-,\text{mod}}, u_{j-1/2}^{+,\text{mod}}) - \hat{f}(u_{j-1/2}^{-,\text{mod}}, u_{j-1/2}^{+,\text{mod}})\big] \\
&= \bar{u}_j^n + \lambda\left[C_{j+1/2}\delta^+ \bar{u}_j^n - D_{j-1/2}\delta^- \bar{u}_j^n\right],
\end{aligned}$$

其中

$$\begin{aligned}
D_{j-1/2} &= \frac{\hat{f}(u_{j+1/2}^{-,\text{mod}}, u_{j-1/2}^{+,\text{mod}}) - \hat{f}(u_{j-1/2}^{-,\text{mod}}, u_{j-1/2}^{+,\text{mod}})}{\bar{u}_j - \bar{u}_{j-1}} \\
&= \partial_1\hat{f}(\xi, u_{j-1/2}^{+,\text{mod}}) \frac{\bar{u}_j + \tilde{u}_{j+1/2}^{-,\text{mod}} - \bar{u}_{j-1} - \tilde{u}_{j-1/2}^{-,\text{mod}}}{\bar{u}_j - \bar{u}_{j-1}} \\
&= \underbrace{\partial_1\hat{f}(\xi, u_{j-1/2}^{+,\text{mod}})}_{\geqslant 0}\left[1 + \underbrace{\frac{\tilde{u}_{j+1/2}^{-,\text{mod}}}{\bar{u}_j - \bar{u}_{j-1}}}_{0\leqslant\cdots\leqslant 1} - \underbrace{\frac{\tilde{u}_{j-1/2}^{-,\text{mod}}}{\bar{u}_j - \bar{u}_{j-1}}}_{0\leqslant\cdots\leqslant 1}\right] \\
&\geqslant 0.
\end{aligned}$$

因此

$$0 \leqslant D_{j-1/2} \leqslant 2\partial_1\hat{f}\left(\xi, u_{j-1/2}^{+,\text{mod}}\right).$$

$C_{j+1/2}$ 部分可得类似结论

$$0 \leqslant C_{j+1/2} \leqslant -2\partial_2\hat{f}\left(u_{j+1/2}^{-,\text{mod}}, \xi'\right).$$

因此只要 Δt 比较小, 使得

$$1 - \lambda\left(C_{j+1/2} + D_{j+1/2}\right) \geqslant 0 \tag{4.29}$$

成立, 则格式即是 TVD 的.

(2) 在单调和光滑的区域上, 格式 (4.22)— (4.28) 保持其高阶精度.

考虑 Taylor 级数展开

$$u_{j+1/2}^- = u(x_{j+1/2}) + \mathcal{O}(\Delta x^r)$$

$$= u(x_j) + u_x(x_j)\frac{\Delta x}{2} + \mathcal{O}(\Delta x^2), \quad r \geqslant 2$$

$$\bar{u}_j = \frac{1}{\Delta x}\int_{I_j} u(x)\mathrm{d}x$$

$$= \frac{1}{\Delta x}\int_{I_j}\left[u(x_j) + u_x(x - x_j) + u_{xx}\frac{(x - x_j)^2}{2} + \mathcal{O}(\Delta x^3)\right]\mathrm{d}x$$

$$= u(x_j) + \mathcal{O}(\Delta x^2),$$

$$\tilde{u}_{j+1/2}^- = u_{j+1/2}^- - \bar{u}_j = u_x(x_j)\frac{\Delta x}{2} + \mathcal{O}(\Delta x^2),$$

$$\bar{u}_{j+1} - \bar{u}_j = u(x_{j+1}) - u(x_j) + \mathcal{O}(\Delta x^2) = u_x(x_j)\Delta x + \mathcal{O}(\Delta x^2),$$

$$\bar{u}_j - \bar{u}_{j-1} = u_x(x_j)\Delta x + \mathcal{O}(\Delta x^2).$$

解单调光滑的区域: $u_x(x_j) \neq 0$, 当 Δx 比较小时, 二阶项可以忽略. 因此 minmod $(\tilde{u}_{j+1/2}^-, \bar{u}_{j+1} - \bar{u}_j, \bar{u}_j - \bar{u}_{j-1})$ 的返回值就是第一个变元, 所以重构的高阶精度得以保持. 界面右侧重构的情况类似.

定理 4.3 (Osher[32]) TVD 格式在光滑极值处最多是一阶的.

证明略. 极值点附近降阶的原因是: 对初值中极值点的数值逼近 (取平均值或格点值) 误差, 由于格式 TVD 性质原因, 在后续计算中变为 $\mathcal{O}(\Delta x)$, 参考示意图图4.3.

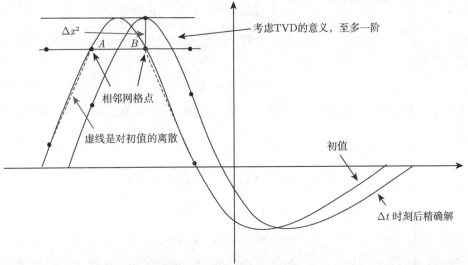

图 4.3 TVD 格式在光滑极值处降阶示意图. 初始数值极值 $\bar{u}_{AB}^{\mathrm{num},0} = u_{\max}^{\mathrm{exact},0} - |\mathcal{O}(\Delta x^2)|$, 每推进 Δt, 解的误差可增加 $\mathcal{O}(\Delta x^2)$. 经过 $T/\Delta t$ 步后 (设 $\mathcal{O}(\Delta t) = \mathcal{O}(\Delta x)$), 其误差为 $\mathcal{O}(\Delta x)$

4.4　TVB 格式

由上一节的 Osher 定理, TVD 格式在光滑极值处至多有一阶精度, 因此要构造全局一致二阶或更高阶精度的数值格式就要放弃 TVD 的要求. 但实际上只要对 TVD 格式做一个小小的修改就可以了, 尽管这涉及一个问题相关的常数[33].

定义 4.1　一个数值格式是总变差有界 (total variation bounded, TVB) 格式, 如果

$$\mathrm{TV}(\bar{u}^{n+1}) \leqslant (1 + C\Delta t)\mathrm{TV}(\bar{u}^n), \tag{4.30}$$

其中 C 是一个不依赖于 Δt 的常数.

利用条件 (4.30), 很易证明

$$\mathrm{TV}(\bar{u}^n) \leqslant (1 + C\Delta t)^n \mathrm{TV}(\bar{u}^0)$$

$$\leqslant e^{Cn\Delta t}\mathrm{TV}(\bar{u}^0)$$

$$= e^{CT}\mathrm{TV}(\bar{u}^0),$$

即对固定的时间 $T = n\Delta t$, 总变差是有界的.

下面通过对 minmod 函数作简单修改来得到 TVB 的高阶格式. 将 minmod 函数 (4.26) 用 $\overline{\mathrm{minmod}}$ 函数代替, 具体为

$$\overline{\mathrm{minmod}}(a,b,c) = \begin{cases} a, & |a| \leqslant M\Delta x^2, \\ \mathrm{minmod}(a,b,c), & \text{其他情况}, \end{cases} \tag{4.31}$$

其中 M 是一个依赖于问题的人工常数, 它的具体取值需要考虑精度和数值振荡之间的平衡. 一个可行的取法

$$M = \frac{2}{3}|u_{xx}|,$$

这里 u_{xx} 是对解二阶导数的一个估计. 可以证明, 做了此修改后格式有如下好的性质.

(1) 格式是 TVB 的:

$$\mathrm{TV}(\bar{u}^{n+1}) \leqslant \mathrm{TV}(\bar{u}'^{n+1}) + C_1 M\Delta x^2 N$$

$$\leqslant \mathrm{TV}(\bar{u}^n) + C\Delta t,$$

$$C = C_1 MN\Delta x = C_1 ML_x,$$

其中 C_1 跟 $f(u)$ 的导数相关, N 是总网格数, M 是上述人工常数, $\bar{u}'^{n+1}$ 是 TVD 格式推进一步出来的解. 这里假定 TVD 格式的稳定性条件成立, 并且 Δt 和 Δx 同量级. 对上述过程进行迭代, 即可得格式的 TVB 性质.

(2) 格式在光滑区域包含极值点处都有高精度: 在光滑非极值点处, 分析同 TVD 格式类似. 在光滑极值点处有 $|\bar{u}_{j+1} - \bar{u}_j| \sim |\bar{u}_j - \bar{u}_{j-1}| \sim \frac{1}{2}|u_{xx}|(\Delta x)^2$ 在 TVB 格式中取 $M > \frac{1}{2}|u_{xx}|$, 即可保证高阶重构 (或插值) 结果在 $\overline{\text{minmod}}$ 限制器中作为第一个变量被取到, 因此保持原有高精度.

习 题 4

1. 给定 $\phi(\theta)$ 是一个有界函数. 考虑守恒型差分方法

$$U_j^{n+1} = U_j^n - \gamma \left[F\left(U^n; j+1/2\right) - F\left(U^n; j-1/2\right) \right], \tag{4.32}$$

其中

$$F\left(U; j+1/2\right) = aU_j + \frac{1}{2}a(1-\gamma)(U_{j+1} - U_j)\phi_{j+1/2},$$

$$\phi_{j+1/2} = \phi\left(\theta_{j+1/2}\right), \quad \theta_{j+1/2} = \frac{U_j - U_{j-1}}{U_{j+1} - U_j}, \quad \gamma = a\frac{\Delta t}{\Delta x}.$$

求证:

(1) 上述格式与精确方程 $u_t + au_x = 0$, $a > 0$ 相容;

(2) 如果 $\phi(1) = 1$ 并且 ϕ 在 $\theta = 1$ 点附近是 Lipschitz 连续的, 则使用上述差分方法在解的单调光滑区域具有二阶精度.

2. 上机作业: 对于无黏的 Burgers 方程

$$u_t + \left(\frac{u^2}{2}\right)_x = 0,$$

考虑下面两种初值:

$$u_1(x) = \sin(\pi x), \quad x \in [0, 2],$$

$$u_2(x) = \begin{cases} 1, & x \leqslant 0, \\ -0.5, & x > 0 \end{cases}$$

对应的初值问题. 分别使用

(a) Lax-Friedrichs 格式,

(b) Godunov 格式,

(c) Superbee 通量限制器格式,

(d) van Leer 通量限制器格式,

(e) 推广的 MUSCL 格式

求解.

(1) 计算对光滑解各个格式的 L^1, L^2 收敛阶数和间断解各个格式的 L^1 收敛阶数.

(2) 选一个合适的网格大小和迭代终止时刻, 将精确解和数值解画在同一个图中进行直观比较.

注 1. 数值实现时, 对第一个初值使用周期边界条件. 对第二个初值取合适的计算区间, 使得激波一直在计算区域内. 可使用 Riemann 问题的精确解确定边界条件.

注 2. 通量限制器方法可以用到非线性方程上, 请自行推导格式或查阅相关文献, 如 [28].

注 3. MUSCL 格式中的单调通量可以使用 Lax-Friedrichs 通量, 也可以使用其他单调通量, 比如 Godunov 通量.

注 4. 对于空间有高阶精度的格式, 时间方向也要使用高阶格式, 比如这一章中讲过的二阶 Runge-Kutta 方法. 对于空间三阶的 MUSCL 格式或 TVB MUSCL 格式, 本章尚未介绍三阶的 TVD Runge-Kutta 方法. 可以使用二阶 Runge-Kutta 方法, 但是测试收敛性的时候要保证 $\Delta t^2 \leqslant C\Delta x^3$, 这样数值结果才能得到关于 Δx 的高阶收敛 (限于光滑解情况).

第 5 章 一维双曲守恒律的 ENO 和 WENO 方法

TVD 格式在计算激波间断问题中取得了良好效果, 但是它在解的极值点处只有一阶精度[32], 且二维 TVD 格式只有一阶精度[34]. 为发展能计算复杂流动的高精度激波捕捉格式, Harten 等[35] 提出了基本无振荡 (essentially non-oscillatory, ENO) 格式. 理论上, ENO 格式可以到达任意阶精度, 同时保持间断附近基本无振荡特性. 这种格式的构造思想是从一系列可选模板中选取一个最光滑的模板, 并用该模板上信息构造高精度数值格式.

1994 年, Liu 等[36] 提出了加权基本无振荡 (weighted ENO, WENO) 有限体积法. 其构造策略是使用 ENO 格式的所有候选模板上的重构的加权平均, 使结果在函数的光滑区域达到更高阶精度, 而在函数的间断区域, 又趋于 ENO 重构结果. 1996 年, Jiang 和 Shu[37] 发展了能够在解的单调光滑区域达到最优阶精度的有限差分 WENO 格式并给出了光滑指示子和加权方式等的系统性改进. 之后 WENO 格式在双曲守恒律尤其是可压缩流体力学方程组的数值计算中得到广泛应用和发展[38-41].

本章介绍基本的 ENO 和 WENO 方法, 首先从高阶重构开始.

5.1 基于原函数的重构

ENO 格式的一种构造方式是使用有限体积法框架下的重构方法. 高阶重构的问题为: 已知函数 $u(x)$ 的网格平均值 $\{\bar{u}_i\}$, 如何利用它们在网格单元上构造 $u(x)$ 的一个高阶精度的多项式近似? 一个优雅的方案是用 $u(x)$ 的原函数. 基于原函数的重构方法最早由 Colella 和 Woodward[42] 引入到他们的分片抛物线方法 (piece parabolic method, PPM) 中, 现已被广泛应用于 ENO 格式等其他方法. 简单介绍如下.

设有网格 $a = x_{1/2} < x_{3/2} < \cdots < x_{N-1/2} < x_{N+1/2} = b$, $\Delta x_i = x_{i+1/2} - x_{i-1/2}$, $\Delta x = \max\limits_{1 \leqslant i \leqslant N} \Delta x_i$. 函数 $u(x)$ 的原函数 $V(x)$ 定义为

$$V(x) := \int_{x_{1/2}}^{x} u(\xi)\mathrm{d}\xi, \tag{5.1}$$

其中下限 $x_{1/2}$ 的选取并不重要, 可用任何固定点. 因为最终用到的是原函数 V 的导数 $u(x) = V'(x)$, 这不受原函数平移一个常数的影响.

关键的观察是, 给定 u 的网格平均值 $\{\bar{u}_i\}$, 可以得到 V 在网格界面处的点值:

$$V_{i+1/2} := V(x_{i+1/2}) = \int_{x_{1/2}}^{x_{i+1/2}} u(\xi)\mathrm{d}\xi = \left(\int_{x_{1/2}}^{x_{3/2}} + \cdots + \int_{x_{i-1/2}}^{x_{i+1/2}}\right) u(\xi)\mathrm{d}\xi$$

$$= \sum_{j=1}^{i} \Delta x_j \bar{u}_j. \tag{5.2}$$

如果 $V(x) \in C^{k+1}$ (这要求 $u(x) \in C^k$), 则使用过 $k+1$ 个连续的界面点处的原函数点值, $V_{i-1/2-r}, V_{i-1/2-r+1}, \cdots, V_{i-1/2-r+k}$ (相对于界面 $x_{i-1/2}$ 的某一个确定的左偏移量 $r \in \{0, \cdots, k-1\}$) 就能构造在网格单元 $I_i = [x_{i-1/2}, x_{i+1/2}]$ 内逼近于 $V(x)$ 的唯一的 k 次插值多项式 $P_i(x)$,

$$P_i(x) = V(x) + \mathcal{O}(\Delta x^{k+1}), \quad x \in I_i. \tag{5.3}$$

求导并考虑到 $u(x) = V'(x)$, 可得到以 k 阶精度逼近于 $u(x)$ 的重构多项式 $\tilde{u}_i(x)$,

$$\tilde{u}_i(x) := P_i'(x) = u(x) + \mathcal{O}(\Delta x^k), \quad x \in I_i. \tag{5.4}$$

可以用重构 $\tilde{u}_i(x)$ 求得 $u(x)$ 在网格单元 I_i 的左右界面处的近似值:

$$u_{i-1/2}^R = \tilde{u}_i(x_{i-1/2}), \quad u_{i+1/2}^L = \tilde{u}_i(x_{i+1/2}). \tag{5.5}$$

类似地, 对其他网格单元进行重构, 进而求出 $u(x)$ 在所有网格单元界面处两侧的近似值. 网格单元界面处两侧的解变量重构值 $u_{i+1/2}^{L/R}$ 可用于计算数值通量:

$$\hat{f}_{i+1/2} = \hat{f}\left(u_{i+1/2}^L, u_{i+1/2}^R\right), \tag{5.6}$$

由于数值通量函数 $\hat{f}$ 相容于精确通量 f 且是 Lipschitz 连续的, 易知 $\hat{f}_{i+1/2} - f(u_{i+1/2}) = \mathcal{O}(\Delta x^k)$. 于是当 $\mathcal{O}(\Delta x^k)$ 项光滑时可得 k 阶空间精度的有限体积格式 (详见 5.3.1 节).

5.2　ENO 重构

Goodman 和 LeVeque [34] 证明了标量守恒律的二维 TVD 格式最多只有一阶精度. 尽管 TVD 格式在计算多维问题时常采用维数分裂方式来实施, 并且这样做也能得到满意的高分辨率结果, 但数值耗散总是较大. 因此, 后来的研究者考虑用别的准则获得高精度高分辨率格式. ENO 方法就是其中一种保证只出现小振荡但可达到高精度的方法.

当原函数 $V(x) \in C^{k+1}$ (或 $u(x) \in C^k$) 光滑时, 包含网格 $I_i = [x_{i-1/2}, x_{i+1/2}]$ 的由 $k+1$ 个插值点 $V_{i-1/2-r}, V_{i-1/2-r+1}, \cdots, V_{i-1/2-r+k}$ 组成的插值模板, 一共有

k 个: $r = 0, \cdots, k-1$. 其中任一个 r 值 (即相对于目标单元左界面 $x_{i-1/2}$ 的左偏移量) 对应的插值多项式 $P_i(x)$ 在单元 I_i 中都将以 $k+1$ 阶精度逼近于原函数 $V(x)$ (相应的重构 $\tilde{u}_i(x) = \mathrm{d}P_i(x)/\mathrm{d}x$ 以 k 阶精度逼近 $u(x)$). 但高阶插值即使对光滑数据也容易产生振荡, 更何况非光滑的数据. 所以必须选择最光滑的那个模板.

前面章节中的分片线性重构是通过斜率限制器来避免振荡的, 如 minmod 限制器是选择目标网格与左、右邻居网格平均值差商斜率中的绝对值较小者. 这样一个整体分片线性近似, 在总变差不大于离散数据的总变差意义下是无振荡的.

和斜率限制器类似的思想可推广到高次多项式. 对每个网格单元 I_i, 只选择 $0 \leqslant r \leqslant k-1$ 中一个特定的 r 值, 使得过 $k+1$ 个插值点 $V_{i-1/2-r}, V_{i-1/2-r+1}, \cdots, V_{i-1/2-r+k}$ 的插值有最小的振荡. 这就是 Harten 等[35] 发展的 ENO 方法的思想.

ENO 方法利用函数的差商 (也称均差) 来度量函数在模板中的光滑性.

定义任一函数 $w(x)$ 的零阶差商及 $j \geqslant 1$ 阶差商分别为

$$w^{[0]}\big[x_i\big] := w(x_i), \tag{5.7}$$

$$w^{[j]}\big[x_i, \cdots, x_{i+j}\big] := \frac{w^{[j-1]}\big[x_{i+1}, \cdots, x_{i+j}\big] - w^{[j-1]}\big[x_i, \cdots, x_{i+j-1}\big]}{x_{i+j} - x_i}. \tag{5.8}$$

注意, 由 (5.2) 可得原函数 V 的一阶差商和函数 u 的网格平均值 $\bar{u}_i$ 满足如下关系式:

$$V^{[1]}\big[x_{i-1/2}, x_{i+1/2}\big] = \frac{V^{[0]}\big[x_{i+1/2}\big] - V^{[0]}\big[x_{i-1/2}\big]}{x_{i+1/2} - x_{i-1/2}} = \frac{V\big(x_{i+1/2}\big) - V\big(x_{i-1/2}\big)}{x_{i+1/2} - x_{i-1/2}} = \bar{u}_i. \tag{5.9}$$

于是, V 的一阶及以上差商可用 $\bar{u}$ 的零阶及以上差商写出, 而 V 的零阶差商实际上无须计算, 因为它将作为常数出现在插值多项式 $P_i(x)$ 中, 在计算 $P_i'(x)$ 时消失.

差商可以作为模板光滑性的度量. 当 $V(x)$ 在模板 $x_{i-1/2} \leqslant x \leqslant x_{i-1/2+j}$ 上足够光滑时, 有

$$V^{[j]}\big[x_{i-1/2}, \cdots, x_{i-1/2+j}\big] = \frac{V^{(j)}(\xi)}{j!}, \quad x_{i-1/2} \leqslant \xi \leqslant x_{i-1/2+j}.$$

当 $V(x)$ 在此模板上含间断时 (或 p 阶导数 $V^{(p)}$, $0 \leqslant p \leqslant j$ 有间断时), 有

$$V^{[j]}\big[x_{i-1/2}, \cdots, x_{i-1/2+j}\big] = \mathcal{O}\left(\frac{1}{\Delta x^{j-p}}\right),$$

因此, 差商可以表示函数在模板上的光滑性.

下面结合牛顿插值公式叙述 ENO 思想. 假设我们的任务是找到某 $k+1$ 个连续的界面点组成的原函数插值模板 $\tilde{S}_{k+1}(i) = \{x_{i-1/2-r}, \cdots, x_{i-1/2-r+k}\}$ (对应的 $\bar{u}$ 的重构模板 $S_k(i) = \{I_{i-r}, \cdots, I_{i-r+k-1}\}$), 它必须包含点 $x_{i-1/2}$ 和 $x_{i+1/2}$ 且

使得用此模板的插值和用其他可能模板的插值相比是 "最光滑" 的. 从两点插值模板 $\tilde{S}_2(i) = \{x_{i-1/2}, x_{i+1/2}\}$ 开始, 每步在上一步模板的左边或右边增加一个邻居点. 通过比较这两个加点模板上的原函数差商绝对值大小, 选择绝对值较小的模板作为下一步的插值模板. 此过程不断重复, 一直到插值模板扩大到 $k+1$ 个点为止.

给定区间 $(x_{i-1/2}, x_{i+1/2})$ 和 $\bar{u}$ 的重构精度阶 k. 为方便编程, 用数组 $DV(i_{\mathrm{s}}, j)$ 存储原函数 V 的差商表: $DV(i_{\mathrm{s}}, j) = V^{[j]}[x_{i_{\mathrm{s}}}, \cdots, x_{i_{\mathrm{s}}+j}]$, 其中 $x_{i_{\mathrm{s}}}$ 表示差商的变元中的最左点, $j \geqslant 1$ 表示差商的阶. 用 N_{cell} 表示计算区域中的网格单元数.

基于原函数的 ENO 重构算法如下.

(1) for $j = 2, \cdots, k$ do

    for $i = 1, \cdots, N_{\mathrm{cell}}$ do

        用 (5.9) 和 (5.8) 计算差商表的元素 $V^{[j]}[x_{i-1/2}, \cdots, x_{i-1/2+j}]$

    end for

  end for

(2) 选择 V 的两点插值模板 $\tilde{S}_2(i) = \{x_{i-1/2}, x_{i+1/2}\}$ 为初始模板. 这等价于选择 $\bar{u}$ 的一点重构模板 $S_1(i) = \{I_i\}$. 置插值模板最左点 $i_{\mathrm{s}} = i - \dfrac{1}{2}$.

(3) for $j = 2, \cdots, k$ do

    if $|DV(i_{\mathrm{s}} - 1, j)| < |DV(i_{\mathrm{s}}, j)|$ then

        $i_{\mathrm{s}} = i_{\mathrm{s}} - 1$

        $\tilde{S}_{j+1}(i) = \{x_{i_{\mathrm{s}}}\} \bigcup \tilde{S}_j(i)$

    else

        $\tilde{S}_{j+1}(i) = \tilde{S}_j(i) \bigcup \{x_{i_{\mathrm{s}}+j}\}$

    end if

  end for

(4) 最终插值模板的左端点相对于界面点 $i - \dfrac{1}{2}$ 的偏移为 $r = i - \dfrac{1}{2} - i_{\mathrm{s}}$. 插值模板 $\tilde{S}_{k+1}(i) = \{x_{i-1/2-r}, \cdots, x_{i-1/2-r+k}\}$ 上 V 的 k 次牛顿插值多项式为

$$P_i^{(k)}(x) = V_{i-1/2-r} + \sum_{j=1}^{k} V^j[x_{i-1/2-r}, \cdots, x_{i-1/2-r+j}] \prod_{m=0}^{j-1} (x - x_{i-1/2-r+m}).$$

$$(5.10)$$

对应的 $\bar{u}$ 重构模板为 $S_k(i) = \{x_{i-r}, \cdots, x_{i-r+k-1}\}$, 有 k 个网格平均值. 而 $\bar{u}$ 的重构则为 $k-1$ 次多项式:

$$\frac{\mathrm{d} P_i^{(k)}(x)}{\mathrm{d}x} = \sum_{j=1}^{k} V^j[x_{i-1/2-r}, \cdots, x_{i-1/2-r+j}] \sum_{m=0}^{j-1} \prod_{\substack{l=0, \\ l \neq m}}^{j-1} (x - x_{i-1/2-r+l}).$$

$$(5.11)$$

上述过程 (2), (3), (4) 中只对一个 i 进行了计算. 如果要进行所有 i 的计算, 应该类似 (1) 中, 对每一个 $i = 1, \cdots, N_{\text{cell}}$ 进行操作.

注意, 对于均匀网格 $\Delta x_i = h$, 没有必要用差商, 而应该使用 undivided (无除数的) "差商":

$$\hat{V}^{[1]}[x_{i-1/2}, x_{i+1/2}] := \bar{u}_i, \tag{5.12}$$

$$\hat{V}^{[j]}[x_{i-1/2}, \cdots, x_{i-1/2+j}] := \hat{V}^{[j-1]}[x_{i+1/2}, \cdots, x_{i-1/2+j}]$$
$$- \hat{V}^{[j-1]}[x_{i-1/2}, \cdots, x_{i-3/2+j}], \quad j \geqslant 2, \tag{5.13}$$

并相应地修改牛顿插值公式 (5.10). 这能节省计算时间和减小舍入误差[43].

以下假设均匀网格步长, $h = x_{i+1/2} - x_{i-1/2}$, 举几个基于原函数的重构实例.

例 5.1 插值模板 $\{V_{i-3/2}, V_{i-1/2}, V_{i+1/2}\}$ (重构模板 $\{\bar{u}_{i-1}, \bar{u}_i\}$): 以 $k = 2$, $r = 1$ 代入牛顿插值公式 (5.10), 给出

$$P(x) = V_{i-3/2} + (x - x_{i-3/2}) \bar{u}_{i-1} + (x - x_{i-3/2})(x - x_{i-1/2}) \frac{\bar{u}_i - \bar{u}_{i-1}}{x_{i+1/2} - x_{i-3/2}}$$

$$= V_{i-3/2} + (x - x_{i-3/2}) \bar{u}_{i-1} + (x - x_{i-3/2})(x - x_{i-1/2}) \frac{\bar{u}_i - \bar{u}_{i-1}}{2h}. \tag{5.14}$$

于是重构多项式为

$$\frac{\mathrm{d}P(x)}{\mathrm{d}x} = \bar{u}_{i-1} + (2x - x_{i-3/2} - x_{i-1/2}) \frac{\bar{u}_i - \bar{u}_{i-1}}{2h}$$

$$= \bar{u}_{i-1} + (x - x_{i-1}) \frac{\bar{u}_i - \bar{u}_{i-1}}{h}, \tag{5.15}$$

其中 $x_{i-1} = \dfrac{1}{2}(x_{i-3/2} + x_{i-1/2})$.

例 5.2 插值模板 $\{V_{i-1/2}, V_{i+1/2}, V_{i+3/2}\}$ (重构模板 $\{\bar{u}_i, \bar{u}_{i+1}\}$): 这是例 5.1 的模板右移一点的情况. 将结果 (5.15) 中的 i 加 1, 得重构

$$\frac{\mathrm{d}P(x)}{\mathrm{d}x} = \bar{u}_i + (x - x_i) \frac{\bar{u}_{i+1} - \bar{u}_i}{h}. \tag{5.16}$$

例 5.3 插值模板 $\{V_{i-3/2}, V_{i-1/2}, V_{i+1/2}, V_{i+3/2}\}$ (重构模板 $\{\bar{u}_{i-1}, \bar{u}_i, \bar{u}_{i+1}\}$): 以 $k = 3, r = 1$, 代入插值公式 (5.10), 给出

$$P(x) = V_{i-3/2} + (x - x_{i-3/2}) \bar{u}_{i-1} + (x - x_{i-3/2})(x - x_{i-1/2}) \frac{\bar{u}_i - \bar{u}_{i-1}}{x_{i+1/2} - x_{i-3/2}}$$

$$+\left(x-x_{i-3/2}\right)\left(x-x_{i-1/2}\right)\left(x-x_{i+1/2}\right)\frac{\dfrac{\bar{u}_{i+1}-\bar{u}_{i}}{2h}-\dfrac{\bar{u}_{i}-\bar{u}_{i-1}}{2h}}{x_{i+3/2}-x_{i-3/2}}$$

$$=V_{i-3/2}+\left(x-x_{i-3/2}\right)\bar{u}_{i-1}+\left(x-x_{i-3/2}\right)\left(x-x_{i-1/2}\right)\frac{\bar{u}_{i}-\bar{u}_{i-1}}{2h}$$

$$+\left(x-x_{i-3/2}\right)\left(x-x_{i-1/2}\right)\left(x-x_{i+1/2}\right)\frac{\bar{u}_{i+1}-2\bar{u}_{i}+\bar{u}_{i-1}}{6h^2}. \tag{5.17}$$

令相对坐标 $y=x-x_i$，这里 $x_i=\dfrac{1}{2}\left(x_{i-1/2}+x_{i+1/2}\right)$，于是得重构

$$\begin{aligned}
\frac{\mathrm{d}P(x)}{\mathrm{d}x} &= \bar{u}_{i-1}+(y+h)\frac{\bar{u}_{i}-\bar{u}_{i-1}}{h}+\left[\left(y+\frac{1}{2}h\right)\left(y-\frac{1}{2}h\right)\right.\\
&\quad\left.+\left(y+\frac{3}{2}h\right)\left(y-\frac{1}{2}h\right)+\left(y+\frac{3}{2}h\right)\left(y+\frac{1}{2}h\right)\right]\frac{\bar{u}_{i+1}-2\bar{u}_{i}+\bar{u}_{i-1}}{6h^2}\\
&= \bar{u}_{i}+\frac{y}{h}(\bar{u}_{i}-\bar{u}_{i-1})+\left[3y^2+3hy-\frac{1}{4}h^2\right]\frac{\bar{u}_{i+1}-2\bar{u}_{i}+\bar{u}_{i-1}}{6h^2}\\
&= \bar{u}_{i}+y\frac{\bar{u}_{i+1}-\bar{u}_{i-1}}{2h}+\left(y^2-\frac{1}{12}h^2\right)\frac{\bar{u}_{i+1}-2\bar{u}_{i}+\bar{u}_{i-1}}{2h^2}. \tag{5.18}
\end{aligned}$$

例 5.4　插值模板 $\left\{V_{i-5/2},V_{i-3/2},V_{i-1/2},V_{i+1/2}\right\}$（重构模板 $\left\{\bar{u}_{i-2},\bar{u}_{i-1},\bar{u}_i\right\}$）：这是例 5.3 左移一点的情况. 设 $y=x-x_{i-1}$，利用 (5.18) 式, 得

$$\frac{\mathrm{d}P(x)}{\mathrm{d}x}=\bar{u}_{i-1}+y\frac{\bar{u}_{i}-\bar{u}_{i-2}}{2h}+\left(y^2-\frac{1}{12}h^2\right)\frac{\bar{u}_{i}-2\bar{u}_{i-1}+\bar{u}_{i-2}}{2h^2}. \tag{5.19}$$

例 5.5　插值模板 $\left\{V_{i-1/2},V_{i+1/2},V_{i+3/2},V_{i+5/2}\right\}$（重构模板 $\left\{\bar{u}_{i},\bar{u}_{i+1},\bar{u}_{i+2}\right\}$）：这是例 5.3 右移一点的情况. 设 $y=x-x_{i+1}$，利用 (5.18) 式, 得

$$\frac{\mathrm{d}P(x)}{\mathrm{d}x}=\bar{u}_{i+1}+y\frac{\bar{u}_{i+2}-\bar{u}_{i}}{2h}+\left(y^2-\frac{1}{12}h^2\right)\frac{\bar{u}_{i+2}-2\bar{u}_{i+1}+\bar{u}_{i}}{2h^2}. \tag{5.20}$$

如果分别将式 (5.20), (5.18) 和 (5.19) 在 $x=x_{i+1/2}$ 点取值, 可得到以三阶精度逼近于 $u(x_{i+1/2})$ 的三个候选重构值 (上标 "－" 表示界面 $x_{i+1/2}$ 左侧, 编号 0, 1, 2 表示模板的左偏移 r 值, 值越大越靠左, 同 Shu[43] 中的约定):

$$\begin{cases}
u_{i+1/2}^{-,0}=\dfrac{1}{3}\bar{u}_{i}+\dfrac{5}{6}\bar{u}_{i+1}-\dfrac{1}{6}\bar{u}_{i+2},\\[2mm]
u_{i+1/2}^{-,1}=-\dfrac{1}{6}\bar{u}_{i-1}+\dfrac{5}{6}\bar{u}_{i}+\dfrac{1}{3}\bar{u}_{i+1},\\[2mm]
u_{i+1/2}^{-,2}=\dfrac{1}{3}\bar{u}_{i-2}-\dfrac{7}{6}\bar{u}_{i-1}+\dfrac{11}{6}\bar{u}_{i}.
\end{cases} \tag{5.21}$$

5.3 标量双曲守恒律的 ENO 格式

下面介绍双曲守恒律的两类 ENO 格式: 第一类为有限体积 ENO 格式, 它用解 u 的网格平均值来重构网格界面两侧的解值, 并用其计算数值通量; 第二类为有限差分 ENO 格式, 它用通量 f 和解 u 的网格点值来插值构造数值通量. 在均匀网格上, (守恒型) 有限差分 ENO 格式的一种有效的实施方法[44] 是将通量 f 的网格点值看成是一个隐式定义的数值通量函数 $h(x)$ 的网格平均值, 通过 f 的 ENO 重构得到 $h(x_{i+1/2})$ 的一个高精度近似 $\hat{f}_{i+1/2}$, 其差分可高精度地逼近通量导数函数. 用这种方式也可以构造有限差分 WENO 格式[37].

5.3.1 有限体积 ENO 格式

考虑一维标量守恒律方程

$$\frac{\partial u}{\partial t} + \frac{\partial f(u)}{\partial x} = 0. \tag{5.22}$$

将 (5.22) 在网格单元 $I_i = [x_{i-1/2}, x_{i+1/2}]$ 上做积分平均, 可得半离散形式

$$\frac{\mathrm{d}\bar{u}_i(t)}{\mathrm{d}t} + \frac{f(u_{i+1/2}) - f(u_{i-1/2})}{\Delta x_i} = 0, \tag{5.23}$$

其中

$$\bar{u}_i(t) = \int_{x_{i-1/2}}^{x_{i+1/2}} u(x,t)\mathrm{d}x.$$

用数值通量 $\hat{f}(u_{i+1/2}^-, u_{i+1/2}^+)$ 近似 (5.23) 中的真实通量 $f(u_{i+1/2})$, 便得到如下半离散的方程

$$\frac{\mathrm{d}\bar{u}_i}{\mathrm{d}t} + \frac{1}{\Delta x_i}\left[\hat{f}(u_{i+1/2}^-, u_{i+1/2}^+) - \hat{f}(u_{i-1/2}^-, u_{i-1/2}^+)\right] = 0. \tag{5.24}$$

这里的 $u_{i+1/2}^\pm$ 为变量 u 的分片连续重构在网格交界点 $x_{i+1/2}$ 两侧的极限值, 其中 "$-/+$" 表示从左/右侧趋向于网格交界点的极限值.

两变量数值通量函数 $\hat{f}(u_{i+1/2}^-, u_{i+1/2}^+)$ 必须是 Lipschitz 连续的, 且满足相容性条件 $\hat{f}(u, u) = f(u)$. 这样对于解变量的 k 阶精度重构值 $\{u_{i+1/2}^\pm\}$, 有

$$
\begin{aligned}
\left|\hat{f}(u_{i+1/2}^-, u_{i+1/2}^+) - f(u_{i+1/2})\right| &= \left|\hat{f}(u_{i+1/2}^-, u_{i+1/2}^+) - \hat{f}(u_{i+1/2}, u_{i+1/2})\right. \\
&\quad \left. + \hat{f}(u_{i+1/2}, u_{i+1/2}) - \hat{f}(u_{i+1/2}^-, u_{i+1/2})\right| \\
&\leqslant L_1\left|u_{i+1/2}^- - u_{i+1/2}\right| + L_2\left|u_{i+1/2}^+ - u_{i+1/2}\right| = \mathcal{O}(\Delta x^k).
\end{aligned}
$$

于是

$$\hat{f}\big(u^-_{i+1/2}, u^+_{i+1/2}\big) - f\big(u_{i+1/2}\big) = \mathcal{O}(\Delta x^k).$$

因此有

$$\frac{\hat{f}\big(u^-_{i+1/2}, u^+_{i+1/2}\big) - \hat{f}\big(u^-_{i-1/2}, u^+_{i-1/2}\big)}{\Delta x} = \frac{f\big(u_{i+1/2}\big) - f\big(u_{i-1/2}\big)}{\Delta x} + \frac{\mathcal{O}(\Delta x^k) - \mathcal{O}(\Delta x^k)}{\Delta x}.$$

假设首项 $\mathcal{O}(\Delta x^k)$ 光滑, 则右端第二项中的分子将给出一个额外的 $\mathcal{O}(\Delta x)$, 于是 (5.24) 为 (5.23) 的 k 阶空间精度近似[45]. 进一步, 要求 $\hat{f}$ 是第一个变量的增函数和第二个变量的减函数 (表示为 $\hat{f}(\uparrow, \downarrow)$), 即 $\hat{f}$ 是单调通量. 此时如果取重构值 $u^\pm_{i+1/2}$ 为

$$u^-_{i+1/2} = \bar{u}_i,$$
$$u^+_{i+1/2} = \bar{u}_{i+1}, \tag{5.25}$$

则 (5.24) 为一阶单调格式. 相应的高阶格式在一定限制下是稳定和收敛的[46]. 单调数值通量对格式分析是重要的, 如在 4.3 节中证明推广的二阶 MUSCL 格式具有 TVD 性质时就用到了单调通量 $\hat{f}(\uparrow, \downarrow)$.

　　下面的任务就是如何从网格平均值集合 $\{\bar{u}_i\}$ 通过重构方法获得网格交界面处的左右侧重构值 $u^\pm_{i+1/2}$. 从 5.2 节知, 以 $\mathcal{O}(\Delta x^k)$ 逼近 $u(x_{i+1/2})$ 的 $u^\pm_{i+1/2}$ 是 k 个网格平均值的线性组合. 针对单元 $I_i = [x_{i-1/2}, x_{i+1/2}]$ 的 $k-1$ 次多项式重构的候选模板 $\{I_{i-r}, \cdots, I_{i-r+k-1}\}$ 共有 k 个: $r = 0, \cdots, k-1$. 先以二阶精度 $k = 2$ 为例. 由于 $x^-_{i+1/2} \in I_i$, $x^+_{i+1/2} \in I_{i+1}$, 故涉及单元 I_i 和 I_{i+1} 上的重构. 总共有如下三组候选模板可供选择 (图 5.1):

$$\text{模板 1}: \{I_{i-1}, I_i\}; \qquad \text{模板 2}: \{I_i, I_{i+1}\}; \qquad \text{模板 3}: \{I_{i+1}, I_{i+2}\}.$$

图 5.1　$u^\pm_{i+1/2}$ 的二阶精度 ENO 重构的候选模板示意图

　　在重构左极限值 $u^-_{i+1/2}$ 时, 模板 1 和模板 2 是候选模板, 而在重构右极限值 $u^+_{i+1/2}$ 时, 模板 2 和模板 3 是候选模板. 可用 5.2 节中的 ENO 重构算法选择重构模板并计算 $u^\pm_{i+1/2}$.

　　例如, 假设图 5.1 中的网格平均值 $\{\bar{u}_{i-1}, \bar{u}_i, \bar{u}_{i+1}, \bar{u}_{i+2}\} = \{1.0, 4.0, 2.0, 1.0\}$, 且网格是均匀的. 为重构 $u^-_{i+1/2}$, 比较原函数在模板 1 上的 "差商" $\hat{V}^{[2]}[x_{i-3/2}, x_{i-1/2}, x_{i+1/2}] = \bar{u}_i - \bar{u}_{i-1} = 3.0$ 和模板 2 上的 "差商" $\hat{V}^{[2]}[x_{i-1/2}, x_{i+1/2}, x_{i+3/2}] = \bar{u}_{i+1} -$

$\bar{u}_i = -2.0$, 可见应选择模板 2 为 $\bar{u}$ 重构模板. 为重构 $u^+_{i+1/2}$, 比较 $\hat{V}^{[2]}[x_{i-1/2}, x_{i+1/2},$ $x_{i+3/2}] = \bar{u}_{i+1} - \bar{u}_i = -2.0$ 和 $\hat{V}^{[2]}[x_{i+1/2}, x_{i+3/2}, x_{i+5/2}] = \bar{u}_{i+2} - \bar{u}_{i+1} = -1.0$, 可见应选择模板 3 为 $\bar{u}$ 重构模板. 模板 2 和模板 3 上的重构多项式都是类似于式 (5.16) 的一次多项式, 将其取值于 $x = x_{i+1/2}$, 得重构值

$$u^-_{i+1/2} = \frac{1}{2}\bar{u}_i + \frac{1}{2}\bar{u}_{i+1}, \quad u^+_{i+1/2} = \frac{3}{2}\bar{u}_{i+1} - \frac{1}{2}\bar{u}_{i+2}. \tag{5.26}$$

又以 $k = 3$ 阶精度重构为例. 单元 I_i 上 $\bar{u}$ 的重构的候选模板为 $\{I_{i-r}, I_{i+1-r},$ $I_{i+2-r}\}$, $r = 0, 1, 2$. 单元 I_i 和 I_{i+1} 上重构涉及的候选模板如图 5.2 所示, 为

$$\text{模板 } 1: \{I_{i-2}, I_{i-1}, I_i\}; \qquad \text{模板 } 2: \{I_{i-1}, I_i, I_{i+1}\};$$

$$\text{模板 } 3: \{I_i, I_{i+1}, I_{i+2}\}; \qquad \text{模板 } 4: \{I_{i+1}, I_{i+2}, I_{i+3}\}.$$

注意, 计算网格交界处左右极限值的候选模板不同: 左极限值 $u^-_{i+1/2}$ 来自 I_i 上的重构多项式, 其候选模板是模板 1—模板 3, 右极限值 $u^+_{i+1/2}$ 的候选模板是模板 2—模板 4.

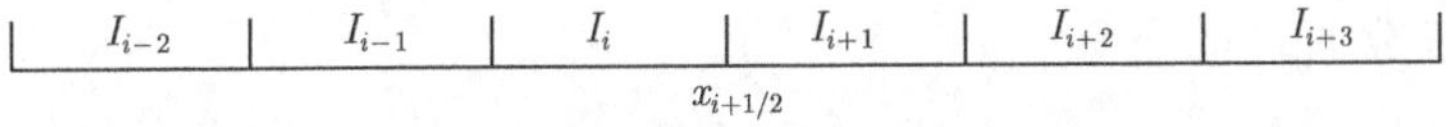

$$| \quad I_{i-2} \quad | \quad I_{i-1} \quad | \quad I_i \quad | \quad I_{i+1} \quad | \quad I_{i+2} \quad | \quad I_{i+3} \quad |$$
$$x_{i+1/2}$$

图 5.2 $u^{\pm}_{i+1/2}$ 的三阶精度 ENO 重构的候选模板示意图

实际计算时, 可用 5.2 节介绍的 ENO 重构算法, 找到模板 1, 2, 3 中 "最光滑的" 一个来重构单元 I_i 的二次多项式 $\tilde{u}_i(x)$, 进而计算 $u^-_{i+1/2} = \tilde{u}_i(x_{i+1/2})$; 类似地, 找到模板 2, 3, 4 中 "最光滑的" 一个来重构单元 I_{i+1} 上的二次多项式 $\tilde{u}_{i+1}(x)$ 并计算 $u^+_{i+1/2} = \tilde{u}_{i+1}(x_{i+1/2})$. 对于等距网格, $u^-_{i+1/2}$ 和 $u^+_{i+1/2}$ 分别是下述两组候选重构值中的一个 (候选值的上标编号随模板左偏移 r 增加而增加, 按 Shu[43] 的习惯),

$$\begin{cases} u^{-,0}_{i+1/2} = \dfrac{1}{3}\bar{u}_i + \dfrac{5}{6}\bar{u}_{i+1} - \dfrac{1}{6}\bar{u}_{i+2}, \\[2mm] u^{-,1}_{i+1/2} = -\dfrac{1}{6}\bar{u}_{i-1} + \dfrac{5}{6}\bar{u}_i + \dfrac{1}{3}\bar{u}_{i+1}, \\[2mm] u^{-,2}_{i+1/2} = \dfrac{1}{3}\bar{u}_{i-2} - \dfrac{7}{6}\bar{u}_{i-1} + \dfrac{11}{6}\bar{u}_i, \end{cases} \quad \begin{cases} u^{+,0}_{i+1/2} = \dfrac{11}{6}\bar{u}_{i+1} - \dfrac{7}{6}\bar{u}_{i+2} + \dfrac{1}{3}\bar{u}_{i+3}, \\[2mm] u^{+,1}_{i+1/2} = \dfrac{1}{3}\bar{u}_i + \dfrac{5}{6}\bar{u}_{i+1} - \dfrac{1}{6}\bar{u}_{i+2}, \\[2mm] u^{+,2}_{i+1/2} = -\dfrac{1}{6}\bar{u}_{i-1} + \dfrac{5}{6}\bar{u}_i + \dfrac{1}{3}\bar{u}_{i+1}. \end{cases} \tag{5.27}$$

注意同一位置 $x_{i+1/2}$ 处带上标 $-/+$ 的量的差别是因为针对单元 I_i/I_{i+1} 使用了不同重构模板. 假如将模板左偏移 r 和网格界面 $x_{i+1/2}$ 关联, 那么可以抛弃上标 $\pm$. 可以直接用预先算好的系数 $c_{r,j}$ 将 k 个网格平均值 $\{\bar{u}_{i-r}, \cdots, \bar{u}_{i-r+k-1}\}$ 进行线性组合, 得到界面 $x_{i+1/2}$ 的重构值 (式 (5.28) 中 $r = 0, \cdots, k-1$ 对应于式 (5.27) 中的 $u^{-,r}_{i+1/2}$, $r = -1, \cdots, k-2$ 对应于 $u^{+,r+1}_{i+1/2}$):

$$u_{i+1/2} = \sum_{j=0}^{k-1} c_{r,j} \bar{u}_{i-r+j}, \quad r = -1, 0, \cdots, k-1. \tag{5.28}$$

Shu[43] 给出了均匀网格上 1—7 阶重构的系数 $c_{r,j}$. 前三阶的系数如表 5.1 所示.

表 5.1　等距网格上公式 (5.28) 中的系数 $c_{r,j}$

k	r	$j=0$	$j=1$	$j=2$
1	-1	1		
	0	1		
2	-1	3/2	$-1/2$	
	0	1/2	1/2	
	1	$-1/2$	3/2	
3	-1	11/6	$-7/6$	1/3
	0	1/3	5/6	$-1/6$
	1	$-1/6$	5/6	1/3
	2	1/3	$-7/6$	11/6

5.3.2　有限差分 ENO 格式

用有限差分法计算守恒律时常采用守恒型格式[10]. 构造这种格式的问题是, 给定通量函数 $f(x)$ 的点值,

$$f_i \equiv f(x_i), \tag{5.29}$$

找到数值通量 $\hat{f}_{i+1/2}$ 的具体表达式, 使得通量差分高精度地逼近 $f(x)$ 的点导数

$$\frac{1}{\Delta x_i} \left(\hat{f}_{i+1/2} - \hat{f}_{i-1/2} \right) = f'(x_i) + \mathcal{O}(\Delta x^k). \tag{5.30}$$

在等距网格上, Shu 和 Osher 在 1988 年 [46] 通过 $\hat{f}_{i+1/2} - \hat{f}_{i-1/2}$ 的 Taylor 级数展开发现, 存在常数 $a_2, a_4, \cdots, a_{2(m-1)}, \cdots$, 符合关系式

$$\sum_{l=0}^{k} \frac{a_{2l}}{2^{2k-2l}(2k-2l+1)!} = 0, \quad a_0 = 1, \quad k = 1, 2, \cdots, m-1 \tag{5.31}$$

$\left(a_2 = -\dfrac{1}{24}, a_4 = \dfrac{7}{5760}, a_6 = -\dfrac{31}{967680}, \cdots \right)$, 使得如果

$$\hat{f}_{i+1/2} = f_{i+1/2} + \sum_{l=1}^{m-1} a_{2l} \Delta x^{2l} \left(\frac{\partial^{2l} f}{\partial x^{2l}} \right)_{i+1/2} + \mathcal{O}(\Delta x^{2m+1}) \tag{5.32}$$

成立, 那么 $(\hat{f}_{i+1/2} - \hat{f}_{i-1/2})/\Delta x$ 以 $2m$ 阶精度逼近 $f'(x_i)$.

注意本小节只给出偶数阶精度守恒型有限差分格式. 包括奇数偶数阶精度在内的守恒型有限差分格式的构造方法, 可参见 5.5.2 节中的方法 2.

剩下的任务就是根据 ENO 思想选择 $x_{i+1/2}$ 点附近 "最光滑的" $2m+1$ 个通量点值 f_i 作为插值模板, 构造 $2m$ 次插值多项式 $p_{i+1/2}(x)$, 在 $x_{i+1/2}$ 点附近满足

$$p_{i+1/2}(x) = f(x) + \mathcal{O}(\Delta x^{2m+1}). \tag{5.33}$$

然后定义数值通量为

$$\hat{f}_{i+1/2} = p_{i+1/2}(x_{i+1/2}) + \sum_{l=0}^{m-1} a_{2l} \Delta x^{2l} \left(\frac{\partial^{2l}}{\partial x^{2l}} p_{i+1/2}(x) \right)_{x=x_{i+1/2}}. \tag{5.34}$$

由于 (5.33) 成立, 容易看出, 用 (5.34) 式给出的数值通量满足 (5.32), 因此差分格式 (5.30) 有 $2m$ 阶精度.

在守恒律计算中, 为了正确地考虑迎风方向, 可将通量分裂为正负两部分,

$$f(u) = f^+(u) + f^-(u), \tag{5.35}$$

其中 $\mathrm{d}f^+(u)/\mathrm{d}u \geqslant 0, \mathrm{d}f^-(u)/\mathrm{d}u \leqslant 0$. 最简单而广泛使用的通量分裂方法是 Lax-Friedrichs 通量分裂,

$$f^\pm(u) = \frac{1}{2}\left(f(u) \pm \alpha u\right), \tag{5.36}$$

其中常数 $\alpha = \max\limits_{u} |f'(u)|$ 取极值于 u 的相关区间上. 相应地, 数值通量 $\hat{f}_{i+1/2}$ 也是正负两部分之和,

$$\hat{f}_{i+1/2} = \hat{f}_{i+1/2}^+ + \hat{f}_{i+1/2}^-, \tag{5.37}$$

且要求 $\hat{f}_{i+1/2}^+$ 和 $\hat{f}_{i+1/2}^-$ 均满足 (5.32) 以到达预定精度. 相应地, 定义形如式 (5.34) 的正负数值通量 $\hat{f}_{i+1/2}^\pm$, 其中 $2m$ 次插值多项式 $p_{i+1/2}^\pm(x)$ 在 $x_{i+1/2}$ 附近分别是 $f^\pm(x)$ 的 $2m+1$ 阶精度近似.

构造通量插值多项式 $p_{i+1/2}^\pm(x)$ 的过程类似于 5.2 节中 ENO 重构算法中的原函数插值部分, 仅初始模板不同. 正通量插值多项式 $p_{i+1/2}^+(x)$ 的 ENO 构造过程如下.

(1) 建立 f^+ 的 0—$2m$ 阶差商表, 其中零阶差商 $f^{+[0]}[x_i] = f_i^+, \forall i \in [1, N]$.

(2) 选择 f^+ 的初始插值模板 $S_1 = \{x_i\}$. 置模板最左点 $i_\mathrm{s} = i$.

(3) for $j = 1, \cdots, 2m$ do
$\quad$ if $|f^{+[j]}[x_{i_\mathrm{s}-1}, \cdots, x_{i_\mathrm{s}-1+j}]| < |f^{+[j]}[x_{i_\mathrm{s}}, \cdots, x_{i_\mathrm{s}+j}]|$ then
$\qquad i_\mathrm{s} = i_\mathrm{s} - 1$
$\qquad S_{j+1} = \{x_{i_\mathrm{s}}\} \bigcup S_j$
$\quad$ else
$\qquad S_{j+1} = S_j \bigcup \{x_{i_\mathrm{s}+j}\}$

end if

　　end for

(4) 最终的 ENO 插值模板为 $S_{2m+1} = \{x_{i_s}, \cdots, x_{i_s+2m}\}$，其上的 Lagrange 插值多项式为

$$p_{i+1/2}^+(x) = \sum_{k=0}^{2m} f_{i_s+k}^+ \prod_{l=0, l\neq k}^{2m} \frac{(x - x_{i_s+l})}{(x_{i_s+k} - x_{i_s+l})}. \tag{5.38}$$

构造负通量插值多项式 $p_{i+1/2}^-(x)$ 时，应选择初始插值模板为 $S_1 = \{x_{i+1}\}$，其余同上.

Shu 和 Osher 于 1989 年发展了一种更为有效的构造守恒型有限差分 ENO 格式的方法[44]. 为获得三阶及以上精度，这种构造方法必须假设网格均匀，$\Delta x_i = \Delta x, \forall i$. 此方法的思想是，如果能找到一个隐式存在的数值通量函数 $h(x)$，使得

$$f(x) = \frac{1}{\Delta x} \int_{x-\frac{\Delta x}{2}}^{x+\frac{\Delta x}{2}} h(\xi)\mathrm{d}\xi, \tag{5.39}$$

则有

$$f'(x) = \frac{1}{\Delta x} \left[h\left(x + \frac{\Delta x}{2}\right) - h\left(x - \frac{\Delta x}{2}\right) \right]. \tag{5.40}$$

这样 $h(x_{i+1/2})$ 和 $h(x_{i-1/2})$ 的差商就精确地等于导数 $f'(x_i)$. 实际上只需找到 $h(x_{i+1/2})$ 的高阶近似就足够了.

从 (5.39) 可见，f_i 是未知函数 $h(x)$ 的网格平均值. 因此可以用 ENO 重构算法从重构值 (5.28) 中选择一个 "最光滑的" 以 k 阶精度逼近 $h(x_{i+1/2})$ 的数值通量:

$$\hat{f}_{i+1/2} = \sum_{j=0}^{k-1} c_{r,j} f_{i-r+j} = h(x_{i+1/2}) + \mathcal{O}(\Delta x^k). \tag{5.41}$$

当 $\mathcal{O}(\Delta x^k)$ 项光滑时，有 $\hat{f}_{i+1/2} - \hat{f}_{i-1/2} = h(x_{i+1/2}) - h(x_{i-1/2}) + \mathcal{O}(\Delta x^{k+1})$. 由 (5.40) 可知 (5.30) 成立.

以上重构方法也适用于分裂通量 $f^\pm$.

5.4　WENO 重构

ENO 重构还有可以改进的地方:

(1) 因为舍入误差量级的随机扰动可影响差商大小的判断，从而改变模板的选择，这在解的光滑区是不必要的.

(2) 因为第 1 点, 数值通量 $\hat{f}_{i+1/2}$ 会很不光滑.

(3) k 阶精度 ENO 重构的所有候选模板一共包含 $2k-1$ 个网格单元, 但只使用了 k 个. 如果这 $2k-1$ 个单元全用上的话, 可以构造在光滑区域达到 $(2k-1)$ 阶精度的多项式.

(4) 有太多的 "if" 语句, 对实际计算效率有不利影响.

WENO 重构为弥补以上 ENO 重构的四点不足而产生, 其主要思想是使用所有候选模板上重构的加权平均, 而不是仅仅使用一个. WENO 重构在光滑区域达到更高精度, 而在间断区域, 又趋于 ENO 重构结果. 下面介绍经典的 Jiang-Shu WENO 重构[37], 它在无极值点的光滑区域能达到最优的 $2k-1$ 阶精度.

给定候选模板重构精度 k 和目标单元 I_i, WENO 重构是将所有 k 个候选模板

$$S_r(i) = \big\{ I_{i-r}, \cdots, I_{i-r+k-1} \big\}, \quad r = 0, \cdots, k-1 \tag{5.42}$$

上对函数 $v(x)$ 的重构值 $v_{i+1/2}^{(r)}, r = 0, \cdots, k-1$ 做一个凸组合, 从而更高精度地逼近 $v(x_{i+1/2})$:

$$v_{i+1/2}^{-} = \sum_{r=0}^{k-1} \omega_r v_{i+1/2}^{(r)}. \tag{5.43}$$

对权重 ω_r 的要求是:

(1) 满足稳定性和相容性,

$$\omega_r \geqslant 0, \quad \sum_{r=0}^{k-1} \omega_r = 1. \tag{5.44}$$

(2) 满足精度要求. 如果 $v(x)$ 在所有候选模板的并集 $S_{2k-1} = \{I_{i-k+1}, \cdots, I_{i+k-1}\}$ 上光滑, 则存在正的优化权 d_r, 使得 (以下左端项以 $k=3$ 对应的全局模板重构值为例)

$$\frac{1}{30}\bar{v}_{i-2} - \frac{13}{60}\bar{v}_{i-1} + \frac{47}{60}\bar{v}_i + \frac{9}{20}\bar{v}_{i+1} - \frac{1}{20}\bar{v}_{i+2} = \sum_{r=0}^{k-1} d_r v_{i+1/2}^{(r)} = v(x_{i+1/2}) + \mathcal{O}(\Delta x^{2k-1}). \tag{5.45}$$

式中左端项是全局模板 S_{2k-1} 上的 $2k-2$ 次重构多项式在 $x_{i+1/2}$ 点处的取值. 这时如果权重 ω_r 满足精度要求

$$\omega_r = d_r + \mathcal{O}(\Delta x^{k-1}), \tag{5.46}$$

则组合 (5.43) 能达到理想的 $2k-1$ 阶精度

$$v^-_{i+1/2} = \sum_{r=0}^{k-1} \omega_r v^{(r)}_{i+1/2} = v(x_{i+1/2}) + \mathcal{O}(\Delta x^{2k-1}). \tag{5.47}$$

(3) 任何包含间断的模板都被赋予几乎为零的权重.

Jiang 和 Shu[37] 选取符合上面三个条件的系数如下

$$\omega_r = \frac{\alpha_r}{\displaystyle\sum_{r=0}^{k-1} \alpha_r}, \quad \alpha_r = \frac{d_r}{(\epsilon + \beta_r)^p}, \quad r = 0, \cdots, k-1, \tag{5.48}$$

其中 ϵ 是一个小正数, 作用是避免分母为零, 一般取 10^{-6}. p 是大于等于 2 的正整数, 作用是放大模板的不光滑性, 使得包含间断的模板的权重 ω_r 更小. 一般取 $p = 2$. β_r 称为模板的光滑度指示子, 取为模板 $S_r(i)$ 上重构多项式 $p_r(x)$ 的各级导数在目标区间 $[x_{i-1/2}, x_{i+1/2}]$ 上去长度化的 L^2 范数平方之和:

$$\beta_r = \sum_{l=1}^{k-1} \Delta x^{2l-1} \int_{x_{i-1/2}}^{x_{i+1/2}} \left(\frac{\partial^l p_r(x)}{\partial x^l} \right)^2 \mathrm{d}x. \tag{5.49}$$

在等距网格上, 对于 $k = 1$, 有 $d_0 = 1$. 对于 $k = 2$, 有 $d_0 = \dfrac{2}{3}, d_1 = \dfrac{1}{3}$, 以及

$$\begin{aligned} \beta_0 &= (\bar{v}_{i+1} - \bar{v}_i)^2, \\ \beta_1 &= (\bar{v}_i - \bar{v}_{i-1})^2. \end{aligned} \tag{5.50}$$

对于 $k = 3$, 有 $d_0 = \dfrac{3}{10}, d_1 = \dfrac{6}{10}, d_2 = \dfrac{1}{10}$, 以及

$$\begin{cases} \beta_0 = \dfrac{13}{12}(\bar{v}_i - 2\bar{v}_{i+1} + \bar{v}_{i+2})^2 + \dfrac{1}{4}(3\bar{v}_i - 4\bar{v}_{i+1} + \bar{v}_{i+2})^2, \\[2mm] \beta_1 = \dfrac{13}{12}(\bar{v}_{i-1} - 2\bar{v}_i + \bar{v}_{i+1})^2 + \dfrac{1}{4}(\bar{v}_{i-1} - \bar{v}_{i+1})^2, \\[2mm] \beta_2 = \dfrac{13}{12}(\bar{v}_{i-2} - 2\bar{v}_{i-1} + \bar{v}_i)^2 + \dfrac{1}{4}(\bar{v}_{i-2} - 4\bar{v}_{i-1} + 3\bar{v}_i)^2. \end{cases} \tag{5.51}$$

注意以上过程是针对重构界面左值 $v^-_{i+1/2}$ 的. 如重构界面右值 $v^+_{i+1/2}$, 所有相关公式都要关于 $x_{i+1/2}$ 点做对称性修正.

WENO 重构过程

给定任意一个函数 $v(x)$ 在每个单元 I_i 上的平均值 $\{\bar{v}_i\}$, 希望获得 $v(x)$ 在网格单元界面的具有 $(2k-1)$ 阶精度的左重构值 $v^-_{i+1/2}$ 和右重构值 $v^+_{i-1/2}$. 步骤如下:

(1) 在 k 个子模板 $S_r(i)$, $r = 0, \cdots, k-1$ 上重构具有 k 阶精度的网格界面值 $v_{i+1/2}^{(r)}$ 和 $v_{i-1/2}^{(r)}$. 利用公式 (5.28) 重构.

(2) 找到优化权 d_r 和 $\tilde{d}_r$, 使得 (5.45) 和

$$v_{i-1/2} = \sum_{r=0}^{k-1} \tilde{d}_r v_{i-1/2}^{(r)} = v(x_{i-1/2}) + \mathcal{O}(\Delta x^{2k-1}) \tag{5.52}$$

成立. 根据对称性, $\tilde{d}_r = d_{k-1-r}$. 例如当 $k = 3$ 时, $\tilde{d}_0 = \dfrac{1}{10}, \tilde{d}_1 = \dfrac{6}{10}, \tilde{d}_2 = \dfrac{3}{10}$.

(3) 计算光滑度指示子 $\beta_r, r = 0, \cdots, k-1$.

(4) 计算非线性权重 ω_r 和 $\tilde{\omega}_r$. 后者的公式类似于 (5.48), 仅将系数 d_r 用 $\tilde{d}_r$ 替换.

(5) 计算 $(2k-1)$ 阶重构值:

$$v_{i+1/2}^- = \sum_{r=0}^{k-1} \omega_r v_{i+1/2}^{(r)}, \qquad v_{i-1/2}^+ = \sum_{r=0}^{k-1} \tilde{\omega}_r v_{i-1/2}^{(r)}. \tag{5.53}$$

5.5 标量双曲守恒律的 WENO 格式

5.5.1 有限体积 WENO 格式

类似于一维有限体积 ENO 方法, 一维有限体积 WENO 格式的半离散形式为

$$\frac{\mathrm{d}\bar{u}_i}{\mathrm{d}t} + \frac{1}{\Delta x_i}\left[\hat{f}(u_{i+1/2}^-, u_{i+1/2}^+) - \hat{f}(u_{i-1/2}^-, u_{i-1/2}^+)\right] = 0, \tag{5.54}$$

其中, 数值通量函数为

$$\hat{f}_{i+1/2} = \hat{f}(u_{i+1/2}^-, u_{i+1/2}^+). \tag{5.55}$$

网格界面重构值 $u_{i+1/2}^\pm$ 由解的网格平均值 $\{\bar{u}_i\}$ 通过 WENO 重构 (5.53) 获得.

如 5.3.1 节所述, 要求标量数值通量函数 $\hat{f}(a,b)$ 关于 a 和 b 是 Lipschitz 连续的, 和原始通量 f 相容, 且是 a 的非减函数和 b 的非增函数 (单调数值通量). 单调数值通量包括 Godunov 通量、Engquist-Osher 通量和 Lax-Friedrichs 通量等.

Shu 推荐对于 $k \geqslant 3$ 的 WENO 重构, 用计算量小且简单的 Lax-Friedrichs 通量:

$$\hat{f}(a,b) = \frac{1}{2}\big(f(a) + f(b) - \alpha(b-a)\big), \tag{5.56}$$

其中 $\alpha = \max\limits_{u}|f'(u)|$, u 取在相关范围内.

注意有限体积法适用于非等距网格.

5.5.2　有限差分 WENO 格式

守恒型有限差分法的半离散形式为

$$\frac{\mathrm{d}u_i(t)}{\mathrm{d}t} = -\frac{1}{\Delta x}(\hat{f}_{i+1/2} - \hat{f}_{i-1/2}). \tag{5.57}$$

这需要构造网格半点的数值通量 $\hat{f}_{i+1/2}$, 有多种实施方法, 下面介绍两种, 第一种因为简单和计算量小而更常用, 但只适用于等距网格. 第二种可应用于非等距网格, 可任意选择数值通量函数, 获得较高分辨率, 但计算量较大.

方法 1 (用通量的 WENO 重构).

这种方法类似于 5.3.2 节中的第二种有限差分 ENO 格式. 要求等距网格, 将通量点值 $f_i = f(u_i)$ 看作一个隐式存在的数值通量函数 $h(x)$ 的网格平均值 (5.39). 给定网格平均值 $\{f_i\}$, 用重构方法得到以 $2k-1$ 阶精度逼近 $h(x_{i+1/2})$ 的数值通量 $\hat{f}_{i+1/2}$. 由式 (5.40), 有

$$f'(x_i) = \frac{\hat{f}_{i+1/2} - \hat{f}_{i-1/2}}{\Delta x} + \mathcal{O}(\Delta x^{2k-1}). \tag{5.58}$$

计算双曲守恒律时, 先将通量分裂为正负两部分:

$$f(u) = f^+(u) + f^-(u), \quad 满足 \ \frac{\mathrm{d}f^+(u)}{\mathrm{d}u} \geqslant 0, \ \frac{\mathrm{d}f^-(u)}{\mathrm{d}u} \leqslant 0, \tag{5.59}$$

然后定义 "网格平均值" $\bar{v}_i = f^+(u_i)$, 用 WENO 重构式 (5.53) 的第一式计算半点左值 $v_{i+1/2}^-$. 类似地, 定义 "网格平均值" $\bar{v}_i = f^-(u_i)$, 并用 (5.53) 的第二式计算半点右值 $v_{i+1/2}^+$. 令 $\hat{f}_{i+1/2}^\pm = v_{i+1/2}^\mp$. 最后形成数值通量

$$\hat{f}_{i+1/2} = \hat{f}_{i+1/2}^+ + \hat{f}_{i+1/2}^-. \tag{5.60}$$

注意, 对于线性方程, 一维有限差分 WENO 格式 (5.57) 和有限体积 WENO 格式 (5.54) 是等价的, 仅初值取法不同 (前者取格点值, 后者取网格平均值). 但对于非线性方程是不等价的.

方法 2 (用解变量的 WENO 插值).

式 (5.32) 可以推广到包括偶数阶或奇数阶格式精度的更一般形式 [47-49]:

$$\hat{f}_{i+1/2} = f_{i+1/2} + \sum_{l=1}^{[(m-1)/2]} a_{2l}\Delta x^{2l}\left(\frac{\partial^{2l} f}{\partial x^{2l}}\right)_{i+1/2} + C\Delta x^m\left(\frac{\partial^m f}{\partial x^m}\right)_{i+1/2} + \mathcal{O}(\Delta x^{m+1}). \tag{5.61}$$

要求误差首项中的系数 C 为常数或仅依赖于 x_i. Jiang 等[47,48] 给出了一种有限差分 WENO 格式 (称为 AWENO 格式, A: alternative): 用数值通量函数 $\hat{f}(u_{i+1/2}^-, u_{i+1/2}^+)$ 以 m 阶精度逼近 (5.61) 中的 $f_{i+1/2}$, 其中半点处的解值 $u_{i+1/2}^\pm$ 用 WENO 插值获得, 并基于通量点值 $\{f_i\}$ 用有限差分逼近 (5.61) 中的各阶通量导数 $(\partial^{2l} f/\partial x^{2l})_{i+1/2}$.

以五阶 $(m = 5)$ WENO 格式为例 (因 $2k - 1 = m$, 故 $k = 3$). 数值通量为

$$\hat{f}_{i+1/2} = f_{i+1/2} - \frac{1}{24}\Delta x^2 \left(\frac{\partial^2 f}{\partial x^2}\right)_{i+1/2} + \frac{7}{5760}\Delta x^4 \left(\frac{\partial^4 f}{\partial x^4}\right)_{i+1/2}$$

$$+ C\Delta x^5 \left(\frac{\partial^5 f}{\partial x^5}\right)_{i+1/2} + \mathcal{O}(\Delta x^6). \tag{5.62}$$

式 (5.62) 右端第一项可选择用任何一种数值通量函数以五阶精度近似,

$$f_{i+1/2} = \hat{f}(u_{i+1/2}^-, u_{i+1/2}^+) + C'\Delta x^5 \left(\frac{\partial^5 f}{\partial x^5}\right)_{i+1/2} + \mathcal{O}(\Delta x^6). \tag{5.63}$$

式 (5.62) 右端第二项和第三项用中心差分近似为[48]

$$\Delta x^2 \left.\frac{\partial^2 f}{\partial x^2}\right|_{i+1/2} = \frac{1}{48}\left(-5f_{i-2} + 39f_{i-1} - 34f_i - 34f_{i+1} + 39f_{i+2} - 5f_{i+3}\right) + \mathcal{O}(\Delta x^6),$$

$$\Delta x^4 \left.\frac{\partial^4 f}{\partial x^4}\right|_{i+1/2} = \frac{1}{2}\left(f_{i-2} - 3f_{i-1} + 2f_i + 2f_{i+1} - 3f_{i+2} + f_{i+3}\right) + \mathcal{O}(\Delta x^6). \tag{5.64}$$

为了用 WENO 插值计算半点左侧值 $u_{i+1/2}^-$, 首先选目标区间 $[x_{i-1/2}, x_{i+1/2}]$. 用相应的子模板 $S_r = \{x_{i-r}, \cdots, x_{i-r+k-1}\}, r = 0, \cdots, k-1$, 插值构造关于 u 的 $k-1$ 次 (k 阶精度近似) 多项式 $p_r(x), r = 0, \cdots, k-1$. 当 $k = 3$ 时, 有子模板 $S_0 = \{x_i, x_{i+1}, x_{i+2}\}$, $S_1 = \{x_{i-1}, x_i, x_{i+1}\}$, $S_2 = \{x_{i-2}, x_{i-1}, x_i\}$. 取 $u_{i+1/2}^{(r)} = p_r(x_{i+1/2})$, 得候选值

$$u_{i+1/2}^{(0)} = \frac{3}{8}u_i + \frac{3}{4}u_{i+1} - \frac{1}{8}u_{i+2},$$

$$u_{i+1/2}^{(1)} = -\frac{1}{8}u_{i-1} + \frac{3}{4}u_i + \frac{3}{8}u_{i+1}, \tag{5.65}$$

$$u_{i+1/2}^{(2)} = \frac{3}{8}u_{i-2} - \frac{5}{4}u_{i-1} + \frac{15}{8}u_i.$$

接下来, 找到最优权 d_r, 其满足 $\sum_{r=0}^{k-1} d_r = 1$, 且使得 (5.65) 的线性组合等于全局模板 $S_{2k-1} = \{x_{i-k+1}, \cdots, x_{i+k-1}\}$ 上插值多项式在 $x_{i+1/2}$ 点的取值 (用 $u_{i+1/2}$

表示):

$$u_{i+1/2} := \frac{3}{128}u_{i-2} - \frac{5}{32}u_{i-1} + \frac{45}{64}u_i + \frac{15}{32}u_{i+1} - \frac{5}{128}u_{i+2} = \sum_{r=0}^{k-1} d_r u_{i+1/2}^{(r)},$$

对于 $k = 3$, 有 $d_0 = \dfrac{5}{16}, d_1 = \dfrac{5}{8}, d_2 = \dfrac{1}{16}$.

最后, 用 WENO 权组合候选值 (5.65). 为此, 子模板光滑度指示子 β_r 有几种取法. 既可以严格按照 Jiang-Shu 公式 (5.49) 算出积分结果, 也可以如 Jiang 等[47]那样直接采用重构情况下的结果 (5.51), 还可以如 Deng[50] 那样取为子模板插值多项式的各阶导数在全局模板中点 x_i 处的无长度化 L^2 模之和:

$$\begin{cases} \beta_0 = (u_i - 2u_{i+1} + u_{i+2})^2 + \dfrac{1}{4}(3u_i - 4u_{i+1} + u_{i+2})^2, \\[2mm] \beta_1 = (u_{i-1} - 2u_i + u_{i+1})^2 + \dfrac{1}{4}(u_{i-1} - u_{i+1})^2, \\[2mm] \beta_2 = (u_{i-2} - 2u_{i-1} + u_i)^2 + \dfrac{1}{4}(u_{i-2} - 4u_{i-1} + 3u_i)^2. \end{cases} \tag{5.66}$$

将子模板光滑度指示子如 (5.66) 和最优权代入 (5.48) 式计算 WENO 权重 ω_r, 可得

$$u_{i+1/2}^- = \sum_{r=0}^{k-1} \omega_r u_{i+1/2}^{(r)}. \tag{5.67}$$

为计算 $u_{i+1/2}^+$, 只需将 $u_{i+1/2}^-$ 的计算过程关于界面点 $x_{i+1/2}$ 做镜像对称修正.

5.6　守恒律方程组的 ENO 和 WENO 方法

双曲守恒律方程组为

$$\frac{\partial \mathbf{u}}{\partial t} + \frac{\partial \mathbf{f}(\mathbf{u})}{\partial x} = \mathbf{0}, \tag{5.68}$$

其中 $\mathbf{u}, \mathbf{f}$ 为 m 维向量. 有两种途径将标量 ENO 和 WENO 格式推广到方程组: ① 按原分量 (component-wise) 途径; ② 按特征分量 (characteristic-wise) 途径. 第一种途径直接将标量格式用于各分量, 适合于能够做矢通量分裂的方程组, 如可压缩 Euler 方程. 后一种途径比较健壮, 下面介绍这种途径.

设通量 Jacobian 矩阵 $\mathbf{A} = \partial\mathbf{f}/\partial\mathbf{u}$ 的右特征矩阵为 $\mathbf{R} = \mathbf{R}(\tilde{\mathbf{u}}_{i+1/2})$, $\tilde{\mathbf{u}}_{i+1/2}$ 为变量 $\mathbf{u}_i$ 和 $\mathbf{u}_{i+1}$ 的代数平均或 Roe 平均. 先将与计算网格界面 $x_{i+1/2}$ 处数值通量

相关的网格点 j 上的物理量通过左乘左特征矩阵 $\mathbf{R}^{-1}$ 变换到特征分量并做 Lax-Friedrichs 通量分裂:

$$\mathbf{v}_j = \mathbf{R}^{-1}\mathbf{u}_j,$$
$$\mathbf{g}_j = \mathbf{R}^{-1}\mathbf{f}(\mathbf{u}_j), \tag{5.69}$$
$$g_j^{\pm,k} = 1/2\left(g_j^k \pm \alpha_k v_j^k\right), \quad k = 1, \cdots, m, \quad j = i-k+1, \cdots, i+k.$$

然后对各个特征分量分别做 ENO/WENO 重构 (或插值) 得到 $\mathbf{v}_{i+1/2}^{\pm}$ 和 $\hat{\mathbf{g}}_{i+1/2}^{\pm}$, 最后通过左乘右特征矩阵 $\mathbf{R}$ 变换回物理量:

$$\mathbf{u}_{i+1/2}^{\pm} = \mathbf{R}\mathbf{v}_{i+1/2}^{\pm},$$
$$\hat{\mathbf{f}}_{i+1/2}^{\pm} = \mathbf{R}\hat{\mathbf{g}}_{i+1/2}^{\pm}, \tag{5.70}$$
$$\hat{\mathbf{f}}_{i+1/2} = \hat{\mathbf{f}}_{i+1/2}^{+} + \hat{\mathbf{f}}_{i+1/2}^{-}.$$

5.7 半离散格式的时间离散方法

为了求解半离散的 ENO 和 WENO 格式, 使用 TVD RK 时间离散方法[46,51] (后来称为保强稳定性龙格-库塔 (strong stability-preserving Runge-Kutta, SSP RK) 方法[52]).

设 $\{t^n\}_{n=0}^{N}$ 是时间段 $[0, T]$ 的一个剖分, 且记 $\Delta t^n = t^{n+1} - t^n$, $n = 0, \cdots, N-1$. 时间离散的算法如下:

- 赋初值 $u_h^0 = \mathbb{P}_h u_0$;
- 对于 $n = 0, \cdots, N-1$, 按照如下步骤由 u_h^n 计算 u_h^{n+1},

(1) 赋值 $u_h^{(0)} = u_h^n$;

(2) 对于 $i = 1, \cdots, \mathcal{K}$, 计算中间函数值

$$u_h^{(i)} = \sum_{l=0}^{i-1}\left[\alpha_{il}u_h^{(l)} + \beta_{il}\Delta t^n L_h(u_h^{(l)})\right]; \tag{5.71}$$

(3) 赋值 $u_h^{n+1} = u_h^{(\mathcal{K})}$.

其中, $\mathbb{P}_h u_0$ 表示将初值 $u_0(x)$ 投影到数值解 u_h 的过程 (如取网格平均值), $\mathcal{K}$ 为 RK 方法的级数. 4 阶 (对应 $\mathcal{K} \geqslant 4$) 以上 TVD RK 方法出现负系数 β_{il}[51]. 常用的二、三阶 TVD RK 方法的参数见表 5.2.

表 5.2　二阶和三阶 TVD RK 方法的参数

级数 $\mathcal{K}$	α_{il}			β_{il}			$\max\{\beta_{il}/\alpha_{il}\}$
2	1			1			1
	$\frac{1}{2}$	$\frac{1}{2}$		0	$\frac{1}{2}$		
3	1			1			1
	$\frac{3}{4}$	$\frac{1}{4}$		0	$\frac{1}{4}$		
	$\frac{1}{3}$	0	$\frac{2}{3}$	0	0	$\frac{2}{3}$	

具体地, 二阶和三阶 TVD RK 方法的公式分别为

$$
\begin{cases}
u^{(0)} = u^n, \\
u^{(1)} = u^{(0)} + \Delta t^n L(u^{(0)}), \\
u^{(2)} = \dfrac{1}{2}u^{(0)} + \dfrac{1}{2}u^{(1)} + \dfrac{1}{2}\Delta t^n L(u^{(1)}), \\
u^{n+1} = u^{(2)},
\end{cases}
\tag{5.72}
$$

$$
\begin{cases}
u^{(0)} = u^n, \\
u^{(1)} = u^{(0)} + \Delta t^n L(u^{(0)}), \\
u^{(2)} = \dfrac{3}{4}u^{(0)} + \dfrac{1}{4}u^{(1)} + \dfrac{1}{4}\Delta t^n L(u^{(1)}), \\
u^{(3)} = \dfrac{1}{3}u^{(0)} + \dfrac{2}{3}u^{(2)} + \dfrac{2}{3}\Delta t^n L(u^{(2)}), \\
u^{n+1} = u^{(3)}.
\end{cases}
\tag{5.73}
$$

习　题　5

1. 在等距网格上, 将表达式

$$
\hat{f}_{i+1/2} = f_{i+1/2} + \sum_{l=1}^{m-1} a_{2l} \Delta x^{2l} \left(\frac{\partial^{2l} f}{\partial x^{2l}} \right)_{i+1/2} + \mathcal{O}(\Delta x^{2m+1})
$$

在 x_i 处做 Taylor 级数展开, 证明当常数 $a_2, a_4, \cdots, a_{2m-2}, \cdots$ 符合关系式

$$
\sum_{l=0}^{k} \frac{a_{2l}}{2^{2k-2l}(2k-2l+1)!} = 0, \quad a_0 = 1, \quad k = 1, 2, \cdots, m-1
$$

$$\left(a_2 = -\frac{1}{24}, a_4 = \frac{7}{5760}, a_6 = -\frac{31}{967680}, \cdots\right) \text{ 时, 有}$$

$$\frac{\hat{f}_{i+1/2} - \hat{f}_{i-1/2}}{\Delta x} = f'(x_i) + \mathcal{O}(\Delta x^{2m+1}).$$

2. 证明: 在 Jiang 和 Shu 的 1996 年的 WENO 文章中给出了如下定义的光滑性度量因子

$$\beta_r = \sum_{l=1}^{k-1} \Delta x^{2l-1} \int_{x_{i-1/2}}^{x_{i+1/2}} \left(\frac{\partial^l p_r(x)}{\partial x^l}\right)^2 \mathrm{d}x,$$

其中 $p_r(x)$ 是第 r 个模板上的重构多项式. 求证:

(1) 当解 $v(x)$ 充分光滑时, $\beta_r = \mathcal{O}(\Delta x^2)$.

(2) 当解 $v(x)$ 在第 r 个模板 $S_r(i)$ 上有间断时, $\beta_r = \mathcal{O}(1)$.

(3) 当 $k = 2, 3$ 时, 若解 $v(x)$ 充分光滑,

$$\omega_r = d_r + \mathcal{O}(\Delta x^{k-1}),$$

其中

$$\omega_r = \frac{\alpha_r}{\sum\limits_{r=0}^{k-1} \alpha_r}, \quad \alpha_r = \frac{d_r}{(\varepsilon + \beta_r)^2}, \quad r = 0, \cdots, k-1,$$

ε 是一个很小的常数.

3. 上机作业: 考虑如下的 Burgers 方程初值问题

$$\begin{cases} u_t + \left(\dfrac{u^2}{2}\right)_x = 0, \\ u(x,0) = \sin(\pi x), \quad 0 \leqslant x \leqslant 2, \ x \text{ 方向周期性边界条件.} \end{cases} \tag{5.74}$$

分别用有限体积法 3 阶 ENO 格式, 以及 3 阶和 5 阶 WENO 有限差分法求解. 时间方向用 3 阶 SSP Runge-Kutta 方法. 分别计算到 $T = 0.15$ 和 $T = 1$ 时刻, 比较解光滑情况和存在间断情况下精确解和数值解的图像, 并计算收敛阶 (解光滑情况可以使用 L^1, L^2 或 L^∞ 中任意一种范数度量误差, 解有间断的时候使用 L^1 范数度量误差). 精确解比较难求, 可以使用迭代的方法数值求得, 也可以使用其中一种高精度方法在更细的网格上计算的解作为参考. 建议使用后者.

第 6 章   双曲守恒律的间断有限元方法简介

间断有限元, 又称间断伽辽金 (discontinuous Galerkin, DG) 方法已发展成为求解偏微分方程数值解的一种重要方法. DG 方法首先由 Reed 和 Hill [53] 于 1973 年在求解线性中子输运方程时引入. 20 世纪 90 年代前后, Cockburn 和 Shu 等发展了 Runge-Kutta 间断有限元 (RKDG) 方法[54-59], 应用于一维和高维守恒律方程 (组), 并给出了部分收敛性及稳定性证明. 之后, DG 方法引起广泛的注意, 得到了深入的发展, 现已广泛应用在流体、半导体器件、电磁波等许多种问题的计算中.

DG 方法使用间断的基函数, 用数值通量建立相邻单元之间的关系, 兼具传统有限元法的单元划分灵活、边界条件容易处理和有限体积法的局部守恒的优点, 并容许网格有悬点、单元有独立基函数, 且因模板紧致, 适合并行计算, 在处理含有间断现象的问题中比传统有限元法有更好的效果.

本章主要讨论求解一维标量双曲守恒律的 RKDG 方法[58,59]. 包括三部分: DG 空间离散 (弱形式、基函数、数值通量、单元和单元边界的数值积分), 时间离散 (TVD RK[46,51], 后称为 SSP RK[52]), 以及斜率限制器 (slope limiter). 也简要介绍多维守恒律方程组的 RKDG 方法. 本书主要给出方法的实施过程, 忽略理论分析, 理论分析部分可参见文献 [58,59].

6.1   一维标量双曲守恒律的 RKDG 方法

这一节针对下面简单的标量双曲守恒律问题讨论 RKDG 方法,

$$u_t + f(u)_x = 0, \quad (x,t) \in (0,1) \times (0,T], \tag{6.1a}$$

$$u(x,0) = u_0(x), \quad \forall \, x \in (0,1). \tag{6.1b}$$

为简单起见, 假设上面的方程满足周期边界条件.

6.1.1   DG 空间离散

为了离散空间, 我们如下进行: 对于 $[0,1]$ 的任意一个剖分 $\{x_{j+1/2}\}_{j=0}^{N}$, 记 $I_j = [x_{j-1/2}, x_{j+1/2}]$, $\Delta_j = x_{j+1/2} - x_{j-1/2}$, $x_j = 0.5(x_{j-1/2} + x_{j+1/2})$, $j = 1, 2, \cdots, N$. 此外, 定义 Δx 为 $\max\limits_{1 \leqslant j \leqslant N} \Delta_j$.

要寻找精确解 u 的一个近似解 $u_h(x,t)$, 使得在每个时间 $t \in [0,T]$, u_h 限制在单元 I_j 上时属于局部有限元空间 $P^k(I_j)$, 即间断有限元空间为

$$V_h = \{v \in L^1(0,1): \ v|_{I_j} \in P^k(I_j), \ j = 1, \cdots, N\}, \tag{6.2}$$

这里 $P^k(I)$ 表示单元 I 上次数不超过 k 的多项式空间. 为了得到近似解 u_h, 首先写出间断有限元法的弱形式. 将方程 (6.1a) 和 (6.1b) 两边同时乘以一个任意的光滑函数 $v(x)$, 并在单元 I_j 上积分. 通过利用分部积分公式

$$\int_{I_j} f(u)_x v(x)\mathrm{d}x = f(u)v(x)\big|_{x_{j-1/2}}^{x_{j+1/2}} - \int_{I_j} f(u)\,(v(x))_x\,\mathrm{d}x$$

后, 可得

$$\int_{I_j} (u(x,t))_t\, v(x)\mathrm{d}x - \int_{I_j} f(u)\,(v(x))_x\,\mathrm{d}x$$
$$+ f\big(u(x_{j+1/2},t)\big)\,v\big(x_{j+1/2}^-\big) - f\big(u(x_{j-1/2},t)\big)\,v\big(x_{j-1/2}^+\big) = 0, \tag{6.3}$$

$$\int_{I_j} u(x,0)v(x)\mathrm{d}x = \int_{I_j} u_0(x)v(x)\mathrm{d}x. \tag{6.4}$$

接下来, 将光滑函数 v 替换为属于有限元解空间 V_h 的分片检验函数 φ_h, 精确解 u 替换为近似解 $u_h \in V_h$. 由于函数 u_h 在单元界面 $x_{j+1/2}$ 处是间断的, 必须将非线性通量 $f(u(x_{j+1/2},t))$ 替换为数值通量 $\hat{f}(u_h)_{j+1/2}(t)$, 其值由点 $x_{j+1/2}$ 处 u_h 的左右极限值 (可能不相等) 来决定, 也就是说, 数值通量为

$$\hat{f}(u_h)_{j+1/2}(t) = h\big(u_h(x_{j+1/2}^-,t), u_h(x_{j+1/2}^+,t)\big). \tag{6.5}$$

数值通量函数 h 的选取必须满足一定的要求. 注意到无论有限元空间的形式如何, 都可以使用同一种数值通量函数. 于是, DG 离散的近似解由下述弱形式的解来确定:

$$\forall\, j = 1, \cdots, N, \quad \forall\, \varphi_h \in P^k(I_j):$$

$$\int_{I_j} \partial_t u_h(x,t)\varphi_h(x)\mathrm{d}x - \int_{I_j} f(u_h(x,t))\partial_x \varphi_h(x)\mathrm{d}x$$
$$+ \hat{f}(u_h)_{j+1/2}(t)\varphi_h\big(x_{j+1/2}^-\big) - \hat{f}(u_h)_{j-1/2}(t)\varphi_h\big(x_{j-1/2}^+\big) = 0, \tag{6.6}$$

$$\int_{I_j} u_h(x,0)\varphi_h(x)\mathrm{d}x = \int_{I_j} u_0(x)\varphi_h(x)\mathrm{d}x. \tag{6.7}$$

式 (6.6) 中第二个积分用精确积分或数值积分计算 (后面将进一步介绍). 为了完成 DG 空间离散, 还需要选择数值通量函数 h. 我们希望构造一种在一阶单调格式基础上 "摄动" 的格式. 基本思想是通过对单调格式的 "摄动", 希望得到一种保持收敛性和稳定性的高精度格式. 特别地, 我们希望当 $k = 0$ 时, 即当近似解 u_h 是分片常数函数时, DG 离散给出单调格式.

当 $k = 0$ 时, 对于 $x \in I_j$, 可以将近似解写成

$$u_h(x,t) = u_j^0(t),$$

其中上标 0 表示多项式的阶次. 由于 $\varphi_h = 1$, 可以将弱形式 (6.6) 和 (6.7) 写为有限体积法

$$\forall \, j = 1, \cdots, N :$$

$$\partial_t u_j^0(t) + \left\{ h\left(u_j^0(t), u_{j+1}^0(t)\right) - h\left(u_{j-1}^0(t), u_j^0(t)\right) \right\} \Big/ \Delta_j = 0, \tag{6.8}$$

$$u_j^0(0) = \frac{1}{\Delta_j} \int_{I_j} u_0(x) \mathrm{d}x. \tag{6.9}$$

如果数值通量 $h(a, b)$ 满足 Lipschitz 连续、相容、单调, 则上述一阶格式 (6.8)-(6.9) 就是一个单调格式, 即数值通量要满足性质:

(i) 局部 Lipschitz 连续, 且相容于 $f(u)$, 即 $h(u, u) = f(u)$;

(ii) 第一个变量的非减函数, $h(\uparrow, \cdot)$;

(iii) 第二个变量的非增函数, $h(\cdot, \downarrow)$.

对于标量守恒律, 下面是一些比较著名的满足上面性质的数值通量.

(i) Godunov 通量[58,59] (参见式 (3.117)):

$$h^{\mathrm{G}}(a, b) = \begin{cases} \min\limits_{a \leqslant u \leqslant b} f(u), & a \leqslant b, \\ \max\limits_{a \geqslant u \geqslant b} f(u), & a > b. \end{cases}$$

(ii) Engquist-Osher 通量[4,60]:

$$h^{\mathrm{EO}}(a, b) = \int_0^b \min\left(f'(s), 0\right)\mathrm{d}s + \int_0^a \max\left(f'(s), 0\right)\mathrm{d}s + f(0).$$

(iii) Lax-Friedrichs 通量 (参见式 (3.118)):

$$h^{\mathrm{LF}}(a, b) = \frac{1}{2}\left[f(a) + f(b) - \alpha(b - a)\right],$$

$$\alpha = \max_{\inf u_0(x) \leqslant u \leqslant \sup u_0(x)} |f'(u)|, \quad u_0(x) \text{为计算区域上的初值}.$$

(iv) 局部 Lax-Friedrichs (Rusanov) 通量[58] (参见式 (3.120)):

$$h^{\mathrm{LLF}}(a,b) = \frac{1}{2}[f(a) + f(b) - \alpha(b-a)],$$

$$\alpha = \max_{\min(a,b) \leqslant u \leqslant \max(a,b)} |f'(u)|.$$

(v) 带熵修正的 Roe 通量[58]:

$$h^{\mathrm{Roe}}(a,b) = \begin{cases} f(a), & f'(u) \geqslant 0, \quad u \in [\min(a,b), \max(a,b)], \\ f(b), & f'(u) \leqslant 0, \quad u \in [\min(a,b), \max(a,b)], \\ h^{\mathrm{LLF}}(a,b), & \text{其他}. \end{cases}$$

对数值通量函数 h, 可采用 Godunov 通量, 因为它是产生最小数值黏性的数值通量. 局部 Lax-Friedrichs 通量的数值黏性比 Godunov 通量的大, 但是它们的性能非常相似. 当然, 如果 f 很复杂, 通常采用 Lax-Friedrichs 通量. 数值试验表明, 随着近似解精度阶数的增加, 数值通量的选取对于近似解品质的影响减小.

下面以多项式阶数 $k = 2$ 为例介绍 DG 空间离散的具体步骤. 如果用非正交多项式做基函数, 则质量矩阵可能是满阵, 且条件数可能较差. 但如果基函数 $\varphi_h(x)$ 取为 Legendre 多项式 P_l, 则可以利用它们的 L^2 正交性

$$\int_{-1}^{1} P_l(\xi) P_m(\xi) \mathrm{d}\xi = \frac{2}{2l+1} \delta_{lm}$$

得到一个对角质量矩阵. Legendre 多项式为 $P_0(\xi) = 1, P_l(\xi) = \dfrac{1}{2^l l!} \dfrac{\mathrm{d}^l}{\mathrm{d}\xi^l} [(\xi^2 - 1)^l]$, $l = 1, 2, \cdots$. 令 $\xi = (x - x_j)/(0.5\Delta_j)$, 取基函数 $\varphi_l(x) = P_l(\xi)$, 具体表达式为

$$\varphi_0(x) = 1, \quad \varphi_1(x) = \frac{x - x_j}{\Delta_j/2}, \quad \varphi_2(x) = \frac{3}{2}\left(\frac{x - x_j}{\Delta_j/2}\right)^2 - \frac{1}{2}, \quad \cdots.$$

单元上近似解 u_h 可表示为

$$u_h(x,t) = \sum_{l=0}^{k} u_j^l(t) \varphi_l(x), \quad x \in I_j.$$

可见自由度 u_j^l 和解 u_h 有相同量纲. 将基函数和近似解代入方程 (6.6) 和 (6.7), 得

$$\forall j = 1, \cdots, N, l = 0, \cdots, k:$$

$$\int_{I_j} \partial_t \Big(\sum_{m=0}^{k} u_j^m(t)\varphi_m(x) \Big) \varphi_l(x)\mathrm{d}x - \int_{I_j} f\big(u_h(x,t)\big) \partial_x \varphi_l(x)\mathrm{d}x$$

$$+ \hat{f}(u_h)_{j+1/2}(t)\varphi_l\big(x_{j+1/2}^-\big) - \hat{f}(u_h)_{j-1/2}(t)\varphi_l\big(x_{j-1/2}^+\big) = 0, \tag{6.10}$$

$$\int_{I_j} \Big(\sum_{m=0}^{k} u_j^m(0)\varphi_m(x) \Big) \varphi_l(x)\mathrm{d}x = \int_{I_j} u_0(x)\varphi_l(x)\mathrm{d}x. \tag{6.11}$$

记

$$\boldsymbol{\Phi}(x) = \big(\varphi_0(x), \varphi_1(x), \cdots, \varphi_k(x)\big)^{\mathrm{T}},$$

$$\mathbf{u}_j(t) = \big(u_j^0(t), u_j^1(t), \cdots, u_j^k(t)\big)^{\mathrm{T}},$$

则 $u_h(x,t) = \boldsymbol{\Phi}^{\mathrm{T}}(x)\mathbf{u}_j(t)$, $x \in I_j$. 可将方程 (6.10) 和 (6.11) 用向量形式表示

$$\forall\, j = 1, \cdots, N:$$

$$\int_{I_j} \boldsymbol{\Phi}(x)\boldsymbol{\Phi}^{\mathrm{T}}(x) \frac{\mathrm{d}\mathbf{u}_j(t)}{\mathrm{d}t}\mathrm{d}x - \int_{I_j} f\big(\boldsymbol{\Phi}^{\mathrm{T}}(x)\mathbf{u}_j(t)\big) \partial_x \boldsymbol{\Phi}(x)\mathrm{d}x$$

$$+ h\big(u_h(x_{j+1/2}^-, t), u_h(x_{j+1/2}^+, t)\big)\boldsymbol{\Phi}\big(x_{j+1/2}^-\big)$$

$$- h\big(u_h(x_{j-1/2}^-, t), u_h(x_{j-1/2}^+, t)\big)\boldsymbol{\Phi}\big(x_{j-1/2}^+\big) = 0, \tag{6.12}$$

$$\mathbf{u}_j(0) \int_{I_j} \boldsymbol{\Phi}(x)\boldsymbol{\Phi}^{\mathrm{T}}(x)\mathrm{d}x = \int_{I_j} u_0(x)\boldsymbol{\Phi}(x)\mathrm{d}x. \tag{6.13}$$

利用 Legendre 基函数的 L^2 正交性, 得到对角的局部质量矩阵 ($k = 2$ 时):

$$\mathbf{M} = \int_{I_j} \boldsymbol{\Phi}(x)\boldsymbol{\Phi}^{\mathrm{T}}(x)\mathrm{d}x = \Delta x_j \begin{bmatrix} 1 & 0 & 0 \\ 0 & 1/3 & 0 \\ 0 & 0 & 1/5 \end{bmatrix}. \tag{6.14}$$

基函数在端点取值为 $\varphi_l(x_{j+1/2}^-) = P_l(1) = 1$, $\varphi_l(x_{j-1/2}^+) = P_l(-1) = (-1)^l$.

对于 P^k 多项式近似, 为了使 DG 解达到理论上的 $k+1$ 阶精度, 要求单元体数值积分规则能精确积分 $2k$ 次多项式, 单元边界数值积分规则能精确积分 $2k+1$ 次多项式. 式 (6.12) 的第二项积分可以采用两点三阶精度高斯积分 (对 P^1 元)

$$\int_{-1}^{1} g(s)\mathrm{d}s \approx g\left(-\frac{1}{\sqrt{3}}\right) + g\left(\frac{1}{\sqrt{3}}\right),$$

或三点五阶精度高斯积分 (对 P^2 元)

$$\int_{-1}^{1} g(s)\mathrm{d}s \approx \frac{5}{9}g\left(-\sqrt{\frac{3}{5}}\right) + \frac{8}{9}g(0) + \frac{5}{9}g\left(\sqrt{\frac{3}{5}}\right).$$

经过 DG 空间离散后, 弱形式 (6.12) 和 (6.13) 变成一个分量个数和有限元自由度个数相等的 ODE 系统:

$\forall\, j = 1, \cdots, N, l = 0, \cdots, k :$

$$\frac{\mathrm{d}u_j^l(t)}{\mathrm{d}t} + \frac{2l+1}{\Delta_j}\left[-\int_{I_j} f(u_h(x,t))\frac{\mathrm{d}\varphi_l(x)}{\mathrm{d}x}\mathrm{d}x + h\big(u_h(x_{j+1/2}^-,t), u_h(x_{j+1/2}^-,t)\big) \right.$$

$$\left. - (-1)^l h\big(u_h(x_{j-1/2}^+,t), u_h(x_{j-1/2}^+,t)\big) \right] = 0, \tag{6.15}$$

$$u_j^l(0) = \frac{2l+1}{\Delta_j}\int_{I_j} u_0(x)\varphi_l(x)\mathrm{d}x. \tag{6.16}$$

如果选择另一组基函数, 局部质量矩阵可能是 $k+1$ 阶满矩阵, 但可用符号运算器求逆. 于是通过 DG 空间离散, 总可写出关于自由度的常微分方程组:

$$\frac{\mathrm{d}}{\mathrm{d}t}u_h = L_h(u_h), \quad t \in (0,T], \tag{6.17}$$

$$u_h(t = 0) = \mathbb{P}_{V_h}u_0, \tag{6.18}$$

这里函数 $L_h(u_h)$ 表示 $-f(u)_x$ 的 DG 空间离散, $\mathbb{P}_{V_h}$ 表示向 DG 空间的 L^2 投影.

6.1.2 TVD Runge-Kutta 时间离散

为了求解上述常微分方程组, 使用 TVD Runge-Kutta 时间离散方法[46].

设 $\{t^n\}_{n=0}^{N}$ 是 $[0,T]$ 的一个剖分, 且记 $\Delta t^n = t^{n+1} - t^n$, $n = 0, \cdots, N-1$. 时间离散的算法如下:

- 赋初值 $u_h^0 = \mathbb{P}_{V_h}u_0$;
- 对于 $n = 0, \cdots, N-1$, 按照如下步骤由 u_h^n 计算 u_h^{n+1},

(1) 赋值 $u_h^{(0)} = u_h^n$;

(2) 对于 $i = 1, \cdots, \mathcal{K}$, 计算中间函数值

$$u_h^{(i)} = \sum_{l=0}^{i-1}\left[\alpha_{il}u_h^{(l)} + \beta_{il}\Delta t^n L_h(u_h^{(l)})\right]; \tag{6.19}$$

(3) 赋值 $u_h^{n+1} = u_h^{(\mathcal{K})}$.

注意, 一般取级数 $\mathcal{K} = k + 1$ 使得 RK 方法的时间精度也达到 $k + 1$ 阶. 但 4 阶以上 TVD RK 方法出现负数 β_{il}[51]. 数值试验[59] 显示, 取 $\mathcal{K} \geqslant 3$, 可以保证 $k = 0$—8 次 DG 元的稳定性, 但取 $\mathcal{K} \leqslant 2$ 却不能保证 $k \geqslant 2$ 次 DG 元的稳定性.

这种 RKDG 方法非常方便编程计算, 只需写一个计算 $L_h(u_h)$ 的子程序即可. 计算 $L_h(u_h)$ 的过程只涉及边邻居单元的信息. 常用的二、三阶 TVD RK 方法的参数见表 5.2, 具体公式参见 (5.73).

6.1.3 线性情况下的稳定性

针对线性情形 $f = cu$ 的 k 次多项式 DG 空间离散和具有 $k + 1$ 阶精度的 $k + 1$ 级 RK 时间离散方法, 取如下的 L^2 稳定性条件,

$$\frac{|c|\Delta t}{\Delta x} \leqslant \mathrm{CFL}_{L^2} = \frac{1}{2k + 1}. \tag{6.20}$$

该条件对于 $k = 0$ 很容易证明, 对于 $k = 1$ 已有证明, 但对于 $k \geqslant 2$ 没有严格证明. 对线性情形的数值试验[59] 表明, $\mathrm{CFL}_{L^2} = 1/(2k + 1)$ 比计算获得的 CFL 数上界值小 5% 左右; 对多项式阶数 $k \geqslant 2$ 的 DG 空间离散, 用一、二阶 TVD RK 方法在 $\Delta t/\Delta x$ 为常数时是不稳定的. 对非线性情形也要遵守稳定性条件 (6.20).

6.1.4 广义斜率限制器

计算间断问题时, 为了抑制数值振荡和非线性不稳定性, 一次及以上多项式元的 DG 方法需使用限制器. 记未限制的近似解为 u_h, 限制后的近似解为 $\tilde{u}_h = \Lambda\Pi_h u_h$, 这里 $\Lambda\Pi_h$ 为广义斜率限制器算子. 要求对初值和在每个 RK 子步后使用限制器.

6.1.4.1 MUSCL 限制器

当采用分段线性近似解时, 也就是

$$u_h|_{I_j} = \bar{u}_j + (x - x_j)u_{x,j}, \quad j = 1, \cdots, N,$$

其中 $u_{x,j}$ 为斜率. 可以使用 van Leer 提出的 MUSCL 限制器

$$\begin{aligned}
\tilde{u}_h|_{I_j} &= \bar{u}_j + (x - x_j)m\left(u_{x,j}, \frac{\bar{u}_j - \bar{u}_{j-1}}{\Delta_j}, \frac{\bar{u}_{j+1} - \bar{u}_j}{\Delta_j}\right) \\
&= \bar{u}_j + \frac{x - x_j}{\Delta_j/2}m\left(u_j^1, \frac{\bar{u}_j - \bar{u}_{j-1}}{2}, \frac{\bar{u}_{j+1} - \bar{u}_j}{2}\right).
\end{aligned} \tag{6.21}$$

这里, 线性近似解中斜率和自由度的关系为 $u_{x,j}\dfrac{\Delta_j}{2} = u_j^1$, m 为 minmod 限制函数:

$$m(a_1, a_2, a_3) = \begin{cases} s\min(|a_1|, |a_2|, |a_3|), & s = \mathrm{sgn}(a_1) = \mathrm{sgn}(a_2) = \mathrm{sgn}(a_3), \\ 0, & \text{其他}. \end{cases}$$

6.1.4.2 弱斜率限制器 $\Lambda\Pi_h^1$

对于分段线性近似解, 也可以使用 Osher 提出的弱限制器 $\Lambda\Pi_h^1$ (上标 1 表示作用于一次近似解 u_h^1):

$$\Lambda\Pi_h^1\big(u_h^1\big) = \widetilde{u}_h|_{I_j} = \bar{u}_j + (x - x_j)m\left(u_{x,j}, \frac{\bar{u}_j - \bar{u}_{j-1}}{\Delta_j/2}, \frac{\bar{u}_{j+1} - \bar{u}_j}{\Delta_j/2}\right), \quad (6.22)$$

由式 (6.22) 可以得到

$$\begin{aligned} \widetilde{u}_{j+1/2}^- &= \bar{u}_j + m(u_{j+1/2}^- - \bar{u}_j,\ \bar{u}_j - \bar{u}_{j-1},\ \bar{u}_{j+1} - \bar{u}_j), \\ \widetilde{u}_{j-1/2}^+ &= \bar{u}_j - m(\bar{u}_j - u_{j-1/2}^+,\ \bar{u}_j - \bar{u}_{j-1},\ \bar{u}_{j+1} - \bar{u}_j). \end{aligned} \quad (6.23)$$

这里, $u_{j\mp 1/2}^{\pm}$ 为原线性近似解在单元左右端点处的取值. (6.23) 中 TVD 限制函数 m 也可以换为 TVB 限制函数 $\overline{m}$ 以防止在极值点降低精度:

$$\overline{m}(a_1, \cdots, a_m) = \begin{cases} a_1, & |a_1| \leqslant M\Delta_j^2, \\ m(a_1, \cdots, a_m), & \text{其他}. \end{cases} \quad (6.24)$$

M 是极值点处解的二阶导数的量级估计上限. 其值的选取依赖于问题的解. M 越小, TVB 越接近 TVD 限制器; M 越大, 耗散越小, 但也越容易产生数值振荡.

6.1.4.3 广义斜率限制器 $\Lambda\Pi_h$

当采用高次 $(k \geqslant 2)$ 多项式近似解时, Cockburn 和 Shu[57] 用一种简单的方法定义一个广义斜率限制器. 他们只根据解的线性部分判断是否出现数值振荡, 而线性部分是解在分片线性空间中的 L^2 投影. 为此, 他们首先定义高阶近似解 u_h 的 P^1 部分:

$$u_h^1(x, t) = \sum_{l=0}^{1} u_j^l(t)\varphi_l(x),$$

然后定义广义斜率限制器 $\Lambda\Pi_h$ 如下[59]:

(1) 用式 (6.23) 计算 $\widetilde{u}_{j+1/2}^-$ 和 $\widetilde{u}_{j-1/2}^+$;

(2) 如果 $\widetilde{u}_{j+1/2}^- = u_{j+1/2}^-$ 且 $\widetilde{u}_{j-1/2}^+ = u_{j-1/2}^+$, 则令 $\widetilde{u}_h|_{I_j} = u_h|_{I_j}$;

(3) 如果不满足 (2), 则令 $\widetilde{u}_h|_{I_j}$ 等于 $\Lambda\Pi_h^1\big(u_h^1\big)$.

6.1.4.4　Biswas, Devine, Flaherty 矩限制器

用 Legendre 多项式基函数, 近似解可表示为

$$u_h(x,t) = u_j^{(0)} \cdot 1 + u_j^{(1)} \cdot \xi + u_j^{(2)} \cdot \frac{1}{2}(3\xi^2 - 1) + u_j^{(3)} \cdot \frac{1}{2}(5\xi^3 - 3\xi),$$

其中 $\xi = 2(x - x_j)/\Delta_j$. 解在 $x = x_j$ 处的各阶空间导数和自由度 $u_j^{(l)}$ 之间有关系:

$$
\begin{aligned}
\frac{\Delta_j}{2} \left.\frac{\partial u_h}{\partial x}\right|_{x=x_j} &= u_j^{(1)} - \frac{3}{2}u_j^{(3)}, \\
\frac{\Delta_j^2}{2^2 \times 3} \left.\frac{\partial^2 u_h}{\partial x^2}\right|_{x=x_j} &= u_j^{(2)}, \\
\frac{\Delta_j^3}{2^3 \times 15} \left.\frac{\partial^3 u_h}{\partial x^3}\right|_{x=x_j} &= u_j^{(3)},
\end{aligned}
\tag{6.25}
$$

因此, 可用较低阶自由度的差分来近似较高阶自由度 $u_j^{(l)}$:

$$
\begin{aligned}
u_j^{(1)} - \frac{3}{2}u_j^{(3)} &= \frac{\Delta_j}{2} \left.\frac{\partial u_h}{\partial x}\right|_{x_j} \approx \frac{1}{2}m(\Delta^- u_j^{(0)}, \Delta^+ u_j^{(0)}), \\
u_j^{(2)} &= \frac{\Delta_j}{6} \left.\frac{\partial}{\partial x}\left(\frac{\Delta_j}{2}\frac{\partial u_h}{\partial x}\right)\right|_{x_j} \approx \frac{1}{6}m\left(\Delta^-\left(u_j^{(1)} - \frac{3}{2}u_j^{(3)}\right), \Delta^+\left(u_j^{(1)} - \frac{3}{2}u_j^{(3)}\right)\right), \\
u_j^{(3)} &= \frac{\Delta_j}{10} \left.\frac{\partial}{\partial x}\left(\frac{\Delta_j^2}{12}\frac{\partial^2 u_h}{\partial x^2}\right)\right|_{x_j} \approx \frac{1}{10}m(\Delta^- u_j^{(2)}, \Delta^+ u_j^{(2)}).
\end{aligned}
$$

从 (6.25) 可知 $u_j^{(l)} = \mathcal{O}(\Delta_j^l)$, 于是对前两式简化有 $u_j^{(1)} - \frac{3}{2}u_j^{(3)} \approx u_j^{(1)}$. Biswas, Devine, Flaherty 矩限制器[60] 使用从高阶自由度到低阶自由度依次限制策略:

$$\widetilde{u}_j^{(l)} = \overline{m}\big(u_j^{(l)}, \alpha_l(u_j^{(l-1)} - u_{j-1}^{(l-1)}), \alpha_l(u_{j+1}^{(l-1)} - u_j^{(l-1)})\big), \quad l = k, \cdots, 1, \tag{6.26}$$

其中 $\alpha_l = \dfrac{1}{2(2l-1)}$. 如果高阶自由度 ("导数") 被限制, 则要限制低一阶的自由度, 否则不限制低阶自由度. 其中 α_l 也可取为 $\dfrac{1}{2(2l-1)} \leqslant \alpha_l \leqslant \dfrac{1}{2l-1}$. 取不等号左值时有较大耗散 (MUSCL 限制器), 取右值时有较小耗散 (弱限制器). TVB 限制器函数 $\overline{m}$ (6.24) 中第一个变量的参考量取为 $M\Delta_j^{l+1}$.

6.2 多维守恒律方程组的 RKDG 方法

这一节中, 我们将 RKDG 方法推广到多维双曲守恒律方程组:

$$u_t + \nabla \cdot \mathbf{f}(u) = 0, \quad (\mathbf{x}, t) \in \Omega \times (0, T], \qquad (6.27a)$$

$$u(\mathbf{x}, 0) = u_0(\mathbf{x}), \quad \forall\, \mathbf{x} \in \Omega \qquad (6.27b)$$

及周期边界条件. 为简单记, 假设 Ω 是单位立方体. 这里 $u \in \mathbb{R}^m$ 是 m 维向量, $\mathbf{f} \in \mathbb{R}^{m \times d}$ 是 d 个方向的有 m 个分量的通量.

6.2.1 方法的数学描述

多维方程组的 RKDG 方法和一维标量守恒律有同样的求解步骤[58], 即:

• 令 $u_h^0 = \Lambda\Pi_h \mathbb{P}_{V_h}(u_0)$ (将初值 $u_0(\mathbf{x})$ 向分片多项式空间 V_h 进行 L^2 投影并实施限制);

• 对于时间步 $n = 0, \cdots, N-1$, 按照下面的步骤由 u_h^n 计算 u_h^{n+1},

(1) 令 $u_h^{(0)} = u_h^n$;

(2) 对于 $i = 1, \cdots, \mathcal{K}$, 计算中间函数

$$u_h^{(i)} = \Lambda\Pi_h \sum_{l=0}^{i-1} \left[\alpha_{il} u_h^{(l)} + \beta_{il} \Delta t^n L_h(u_h^{(l)}) \right];$$

(3) 令 $u_h^{n+1} = u_h^{(\mathcal{K})}$.

下面介绍多维 DG 空间离散算子 L_h, 以及广义斜率限制器 $\Lambda\Pi_h$.

6.2.1.1 DG 空间离散

设 $\mathcal{T}_h$ 是区域 Ω 的一个剖分, $K \in \mathcal{T}_h$ 是任一单元. 间断有限元函数空间为 $V_h = V_h^k := \left\{ v \in L^1(\Omega) : v|_K \in P^k(K), K \in \mathcal{T}_h \right\}$, 其中 $P^k(K)$ 为局部空间. 用检验函数 $v_h \in P^k(K)$ 乘以方程 (6.27a) 并在单元 K 上积分, 用近似解 $u_h \in V_h$ 代替精确解 u, 得

$$\int_K \frac{\partial u_h(\mathbf{x}, t)}{\partial t} v_h(\mathbf{x}) \mathrm{d}\mathbf{x} + \int_K \nabla \cdot \mathbf{f}(u_h(\mathbf{x}, t)) v_h(\mathbf{x}) \mathrm{d}\mathbf{x} = 0, \quad \forall v_h \in P^k(K), \ \forall K \in \mathcal{T}_h.$$

利用分部积分, 得到

$$\frac{\mathrm{d}}{\mathrm{d}t} \int_K u_h(\mathbf{x}, t) v_h(\mathbf{x}) \mathrm{d}\mathbf{x} - \int_K \mathbf{f}(u_h(\mathbf{x}, t)) \cdot \nabla v_h(\mathbf{x}) \mathrm{d}\mathbf{x}$$

$$+ \sum_{e \in \partial K} \int_e \mathbf{f}(u_h(\mathbf{x}, t)) \cdot \mathbf{n}_{e,K} v_h(\mathbf{x}) \mathrm{d}\Gamma = 0, \quad \forall v_h \in P^k(K), \ \forall K \in \mathcal{T}_h, \qquad (6.28)$$

这里 $\mathbf{n}_{e,K}$ 是边 e 的单位外法向矢量. 注意到因为 u_h 在 $\mathbf{x} \in e \in \partial K$ 处是间断的, $\mathbf{f}\big(u_h(\mathbf{x},t)\big) \cdot \mathbf{n}_{e,K}$ 没有精确的定义. 因而, 如同一维情形, 将 $\mathbf{f}(u_h(\mathbf{x},t)) \cdot \mathbf{n}_{e,K}$ 用函数 $\hat{f}_{e,K}(\mathbf{x},t) = \hat{f}_{e,K}\big(u_h(\mathbf{x}_{\mathrm{int}(K)},t), u_h(\mathbf{x}_{\mathrm{ext}(K)},t)\big)$ 代替. 函数 $\hat{f}_{e,K}(u_{\mathrm{int}}, u_{\mathrm{ext}})$ 可选用任何两变量的、单调的、Lipschitz 连续且和 $\mathbf{f}(u) \cdot \mathbf{n}_{e,K}$ 相容的数值通量函数.

利用这种方式, 我们得到

$$
\frac{\mathrm{d}}{\mathrm{d}t} \int_K u_h(\mathbf{x},t) v_h(\mathbf{x}) \mathrm{d}\mathbf{x} - \int_K \mathbf{f}(u_h(\mathbf{x},t)) \cdot \nabla v_h(\mathbf{x}) \mathrm{d}\mathbf{x}
$$
$$
+ \sum_{e \in \partial K} \int_e \hat{f}_{e,K}(\mathbf{x},t) v_h(\mathbf{x}) \mathrm{d}\Gamma = 0, \quad \forall v_h \in P^k(K), \ \forall K \in \mathcal{T}_h.
$$

最后, 采用数值积分近似后面两个积分,

$$
\int_K \mathbf{f}\big(u_h(\mathbf{x},t)\big) \cdot \nabla v_h(\mathbf{x}) \mathrm{d}\mathbf{x} \approx \sum_{j=1}^M \omega_j \mathbf{f}\big(u_h(\mathbf{x}_{Kj})\big) \cdot \nabla v_h(\mathbf{x}_{Kj}) |K|, \quad (6.29)
$$

$$
\int_e \hat{f}_{e,K}(\mathbf{x},t) v_h(\mathbf{x}) \mathrm{d}\Gamma \approx \sum_{l=1}^L \omega_l \hat{f}_{e,K}(\mathbf{x}_{el},t) v_h(\mathbf{x}_{el}) |e|. \quad (6.30)
$$

这里 M 是单元体积分点数, L 是单元边积分点数. 因而, 最终得到弱形式为

$$
\frac{\mathrm{d}}{\mathrm{d}t} \int_K u_h(\mathbf{x},t) v_h(\mathbf{x}) \mathrm{d}\mathbf{x} - \sum_{j=1}^M \omega_j \mathbf{f}(u_h(\mathbf{x}_{Kj}),t) \cdot \nabla v_h(\mathbf{x}_{Kj}) |K|
$$
$$
+ \sum_{e \in \partial K} \sum_{l=1}^L \omega_l \hat{f}_{e,K}(\mathbf{x}_{el},t) v_h(\mathbf{x}_{el}) |e| = 0, \quad \forall v_h \in P^k(K), \quad \forall K \in \mathcal{T}_h. \tag{6.31}
$$

这些方程的全局质量矩阵是块对角阵. 和一维情形类似, 对应于单元 K 的块是局部函数空间维数阶方阵. 这些方程最终可以被写成关于自由度的 ODE 方程组形式: $\dfrac{\mathrm{d}}{\mathrm{d}t} u_h = L_h(u_h)$. 这里算子 $L_h(u_h)$ 是对 $-\operatorname{div} \mathbf{f}(u)$ 的离散逼近.

6.2.1.2　广义斜率限制器 $\Lambda\Pi_h$

这里给出一个简单、实用的广义斜率限制器[57]. 这个限制器满足 ① 守恒性: 对每一个单元 K, 限制前后的单元平均值不变; ② 斜率受限性: 限制后函数的斜率不大于未限制函数的斜率.

设未限制的函数为 u_h, 限制后的函数为 $\tilde{u}_h$.

Cockburn 和 Shu[57,59] 假设数值振荡只通过线性近似部分即可判断, 这意味着出现振荡时有 $u_h^1 \neq \Lambda\Pi_h^1 u_h^1$, 其中 u_h^1 是 u_h 在分片线性空间 V_h^1 上的 L^2 投影.

广义斜率限制器 $\Lambda\Pi_h u_h$ 的计算过程如下:

(1) 计算 $r_h|_K = \Lambda\Pi_h^1 u_h^1|_K$;

(2) 如果 $r_h|_K = u_h^1|_K$, 则没有数值振荡, 令 $\widetilde{u}_h|_K = u_h|_K$;

(3) 如果 $r_h|_K \neq u_h^1|_K$, 则有数值振荡, 令 $\widetilde{u}_h|_K = r_h|_K$.

这样, 为了定义任意空间 V_h 的限制器 $\Lambda\Pi_h$, 实际上只需定义分片线性函数 V_h^1 的限制器 $\Lambda\Pi_h^1$. 在 6.2.2.6 节中将给出矩形和三角形网格上 $\Lambda\Pi_h^1$ 的具体定义方式.

6.2.2　算法和实施细节

这一小节给出算法的实现细节, 包括针对三角元和矩形元的分片线性和二次多项式逼近的数值通量、求积规则、自由度和限制器.

6.2.2.1　数值通量

数值通量采用简单的局部 Lax-Friedrichs (LF) 通量

$$\hat{f}_{e,K}(a,b) = \frac{1}{2}\big[\mathbf{f}(a)\cdot\mathbf{n}_{e,K} + \mathbf{f}(b)\cdot\mathbf{n}_{e,K} - \alpha_{e,K}(b-a)\big].$$

数值黏性系数 $\alpha_{e,K}$ 是 Jacobian 矩阵 $\partial\mathbf{f}(u_h(\mathbf{x},t))/\partial u \cdot \mathbf{n}_{e,K}$ 在边 e 附近的最大特征值的估计. 实际上可按近似解的单元平均值来确定. 分以下两种情况[58].

(1) 对于三角形单元, 使用局部 LF 通量如下: 令 $\alpha_{e,K}$ 取基于两个与边 e 相邻单元平均值的 Jacobian 矩阵 $\partial\mathbf{f}(\bar{u}_{K\pm})/\partial u \cdot \mathbf{n}_{e,K}$ 的特征值绝对值中的较大者.

(2) 对于矩形单元, 除局部 LF 通量外, 也可以使用全局 LF 通量如下: 令 $\alpha_{e,K}$ 取基于同一行或同一列 (取决于 $\mathbf{n}_{e,K}$ 的方向) 单元平均值 $\bar{u}_{K'}$ 的 Jacobian 矩阵 $\partial\mathbf{f}(\bar{u}_{K'})/\partial u \cdot \mathbf{n}_{e,K}$ 的特征值的绝对值中的最大者.

6.2.2.2　求积规则 (quadrature rules)

根据分析, 如果采用 P^k 元方法, 单元边上的数值积分, 必须精确满足 $2k+1$ 阶 (次) 多项式的积分; 单元体上的数值积分, 必须精确满足 $2k$ 阶 (次) 多项式的积分, 这里讨论三角形单元和矩形单元中 P^1 元和 P^2 元方法的积分.

6.2.2.3　矩形单元的积分

关于单元边积分, 对于 P^1 元, 采用两点高斯积分

$$\int_{-1}^{1} g(x)\mathrm{d}x \approx g\left(-\frac{1}{\sqrt{3}}\right) + g\left(\frac{1}{\sqrt{3}}\right); \tag{6.32}$$

对于 P^2 元, 采用三点高斯积分

$$\int_{-1}^{1} g(x)\mathrm{d}x \approx \frac{5}{9}\left[g\left(-\sqrt{\frac{3}{5}}\right) + g\left(\sqrt{\frac{3}{5}}\right)\right] + \frac{8}{9}g(0). \tag{6.33}$$

　　关于单元面积分, 对于 P^1 元, 可采用式 (6.32) 的张量积, 这将使单元内部有四个积分点, 但是为了节省存储空间, 也可 "recycle" (再利用) 单元边界积分点处已经计算过的通量值.

　　因而, 对于 P^1 元, 为了积分 $\int_{-1}^{1}\int_{-1}^{1} g(x,y)\mathrm{d}x\mathrm{d}y$, 利用下面的求积规则:

$$
\begin{aligned}
\int_{-1}^{1}\int_{-1}^{1} g(x,y)\mathrm{d}x\mathrm{d}y \approx \frac{1}{4}\Bigg[& g\left(-1,\frac{1}{\sqrt{3}}\right) + g\left(-1,-\frac{1}{\sqrt{3}}\right) \\
& + g\left(-\frac{1}{\sqrt{3}},-1\right) + g\left(\frac{1}{\sqrt{3}},-1\right) \\
& + g\left(1,-\frac{1}{\sqrt{3}}\right) + g\left(1,\frac{1}{\sqrt{3}}\right) \\
& + g\left(\frac{1}{\sqrt{3}},1\right) + g\left(-\frac{1}{\sqrt{3}},1\right)\Bigg] \\
& + 2g(0,0).
\end{aligned}
$$

对于 P^2 元, 仍采用式 (6.33) 的张量积, 单元内部有 9 个积分点.

6.2.2.4　三角形单元的积分

　　三角形单元的边积分和矩形单元的一样. 对于单元积分, P^1 元使用三个边中点 $\mathbf{m}_i$ 数值积分:

$$
\int_K g(x,y)\mathrm{d}x\mathrm{d}y \approx \frac{|K|}{3}\sum_{i=1}^{3} g(\mathbf{m}_i). \tag{6.34}
$$

P^2 元用七个积分点、能精确积分五阶多项式的求积规则. 用 $\mathbf{a}_0$ 表示三角形重心, $\mathbf{a}_i$ 表示顶点, $\mathbf{m}_{ij}$ 表示连接顶点 $\mathbf{a}_i$ 和 $\mathbf{a}_j$ 的边的中点, 面积分规则为

$$
\int_K g(x,y)\mathrm{d}x\mathrm{d}y \approx \frac{|K|}{20}\sum_{i=1}^{3} g(\mathbf{a}_i) + \frac{2|K|}{15}\sum_{1\leqslant i<j\leqslant 3} g(\mathbf{m}_{ij}) + \frac{9|K|}{20} g(\mathbf{a}_0). \tag{6.35}
$$

6.2.2.5　基函数和自由度

　　我们强调基函数和自由度的选择不会影响算法, 因为算法完全是由试探函数空间 V_h、数值通量、求积规则、限制器以及时间离散方法的选择来决定的. 然而, 合适的基和自由度的选择可以简化算法的实施和计算.

1) 矩形单元的基

　　矩形单元上 k 次多项式 P^k 的 DG 元有 $\frac{1}{2}(k+1)(k+2)$ 个基函数. 对于 P^1 元情形, 利用下面的模态基表达式描述在矩形单元 $[x_{i-1/2}, x_{i+1/2}] \times [y_{j-1/2}, y_{j+1/2}]$

内的近似解

$$u_h(x, y, t) = \bar{u}(t) + u_x(t)\phi_i(x) + u_y(t)\psi_j(y), \qquad (6.36)$$

这里

$$\phi_i(x) = \frac{x - x_i}{\Delta x_i/2}, \qquad \psi_j(y) = \frac{y - y_j}{\Delta y_j/2}, \qquad (6.37)$$

及

$$\Delta x_i = x_{i+1/2} - x_{i-1/2}, \qquad \Delta y_j = y_{j+1/2} - y_{j-1/2}.$$

随时间变化的自由度为 (u_x, u_y 的量纲同 $\bar{u}$, 在光滑区 $u_x = \mathcal{O}(\Delta x_i)$, $u_y = \mathcal{O}(\Delta y_j)$)

$$\bar{u}(t), \quad u_x(t), \quad u_y(t).$$

这里省略了这些自由度应该带有的下标 i, j, 这些是标识矩形单元的指标.

注意到基函数

$$1, \quad \phi_i(x), \quad \psi_j(y)$$

是正交的, 因而局部质量矩阵是对角的:

$$\mathcal{M} = \Delta x_i \Delta y_j \text{diag}\left(1, \frac{1}{3}, \frac{1}{3}\right).$$

对于 P^2 元情形, 在矩形单元 $[x_{i-1/2}, x_{i+1/2}] \times [y_{j-1/2}, y_{j+1/2}]$ 内近似解 $u_h(x, y, t)$ 的表达式为

$$u_h(x, y, t) = \bar{u}(t) + u_x(t)\phi_i(x) + u_y(t)\psi_j(y) + u_{xy}(t)\phi_i(x)\psi_j(y)$$
$$+ u_{xx}(t)\left(\phi_i^2(x) - \frac{1}{3}\right) + u_{yy}(t)\left(\psi_j^2(y) - \frac{1}{3}\right), \qquad (6.38)$$

这里 $\phi_i(x)$ 和 $\psi_j(y)$ 的定义同式 (6.37), 随时间变化的自由度为

$$\bar{u}(t), \quad u_x(t), \quad u_y(t), \quad u_{xy}(t), \quad u_{xx}(t), \quad u_{yy}(t),$$

而且基函数

$$1, \quad \phi_i(x), \quad \psi_j(y), \quad \phi_i(x)\psi_j(y), \quad \phi_i^2(x) - \frac{1}{3}, \quad \psi_j^2(y) - \frac{1}{3}$$

也是正交的, 因而局部质量矩阵是对角的:

$$\mathcal{M} = \Delta x_i \Delta y_j \text{diag}\left(1, \frac{1}{3}, \frac{1}{3}, \frac{1}{9}, \frac{4}{45}, \frac{4}{45}\right).$$

2) 三角形单元的基

三角形单元上 k 次多项式 DG 元有 $\dfrac{1}{2}(k+1)(k+2)$ 个基函数. P^1 元情形:

$$u_h(x,y,t) = \sum_{i=1}^{3} u_i(t)\varphi_i(x,y), \tag{6.39}$$

这里采用 Lagrange 点基, 三个自由度 $u_i(t)$ 为三个边中点处的数值解, 基函数 (又称形函数) $\varphi_i(x,y)$ 为线性函数. 局部质量矩阵同样为对角阵

$$\mathcal{M} = |K|\mathrm{diag}\left(\frac{1}{3},\frac{1}{3},\frac{1}{3}\right).$$

P^2 元情形:

$$u_h(x,y,t) = \sum_{i=1}^{6} u_i(t)\varphi_i(x,y), \tag{6.40}$$

这里六个自由度 $u_i(t)$ 为三个边中点和三个顶点处的数值解. 基函数 $\varphi_i(x,y)$ 为二次函数, 在该节点 i 处值为 1, 在其余节点处值为 0. 质量矩阵不再是对角阵.

6.2.2.6　限制器

6.2.1.2 节介绍了 Cockburn-Shu 广义斜率限制器的计算过程. 下面给出其中所需的矩形单元和三角形单元上分片线性函数 $u_h(x,y)$ 的斜率限制算子.

1) 矩形单元上的限制器

在线性近似解 (6.36) 中, 对自由度 $u_x = 0.5\Delta x_i\left(\dfrac{\partial u}{\partial x}\right)_{ij}$ 和 $u_y = 0.5\Delta y_j\left(\dfrac{\partial u}{\partial y}\right)_{ij}$ 采用单元平均值的差分来实施限制. 对于标量方程, 自由度 u_x 被限制为

$$\widetilde{u}_x = \overline{m}(u_x, \bar{u}_{ij} - \bar{u}_{i-1,j}, \bar{u}_{i+1,j} - \bar{u}_{ij}), \tag{6.41}$$

这里函数 $\overline{m}$ 是式 (6.24) 定义的 TVB 修正的 minmod 函数. 式 (6.41) 属于弱限制器.

这种 TVB 修正是为了避免在光滑的极值点附近进行不必要的限制, 在那里自由度 u_x 或 u_y 的量级是 $\mathcal{O}(\Delta x^2)$ 或 $\mathcal{O}(\Delta y^2)$. 对于 TVB 常数 M 的估计, 应是函数 u 的二阶导数. 通常地, 数值结果对一定范围内 M 值的选取并不十分敏感. 本章中缺省取 $M = 50$.

类似地, 自由度 u_y 被限制为

$$\widetilde{u}_y = \overline{m}\left(u_y, \bar{u}_{ij} - \bar{u}_{i,j-1}, \bar{u}_{i,j+1} - \bar{u}_{ij}\right). \tag{6.42}$$

对于方程组情形, 在局部特征变量上进行限制. 以 x 方向为例, 限制矩形单元 ij 上自由度向量 u_x 的过程如下:

- 计算特征矩阵 $\mathcal{R}$ 和 $\mathcal{R}^{-1}$, 它们将取值于单元 ij 的解平均值、x 方向的 Jacobian 矩阵 $\partial f_1(\bar{u}_{ij})/\partial u$ 进行对角化

$$\mathcal{R}^{-1}\frac{\partial f_1(\bar{u}_{ij})}{\partial u}\mathcal{R} = \Lambda,$$

这里 Λ 是由 Jacobian 矩阵的特征值组成的对角矩阵. 注意 $\mathcal{R}$ 的每一列都是 Jacobian 矩阵的右特征向量, 而 $\mathcal{R}^{-1}$ 的每一行都是其左特征向量.

- 将限制所需的所有物理量, 即三个 m 维向量 $u_{xij}, \bar{u}_{i+1,j}-\bar{u}_{ij}$ 和 $\bar{u}_{ij}-\bar{u}_{i-1,j}$, 变换到特征场, 只需将这三个向量左乘矩阵 $\mathcal{R}^{-1}$.
- 应用标量斜率限制器 (6.41) 于特征场的每个分量.
- 将限制结果通过左乘矩阵 $\mathcal{R}$ 变换回物理空间.

y 方向的自由度向量 u_y 的限制过程类似.

2) **三角形单元上的限制器**

为了构造三角形单元上的斜率限制算子, 从一个简单的观察开始. 如图 6.1 所示, 设 $\mathbf{m}_i, i = 1, 2, 3$ 为三角形单元 K_0 的三个边的中点, $\mathbf{b}_i, i = 0, 1, 2, 3$ 表示单元 K_i 的重心. 以 $\mathbf{m}_1$ 为例. 假设 $\mathbf{m}_1$ 位于重心连线 $\mathbf{b}_0\mathbf{b}_1$ 和 $\mathbf{b}_0\mathbf{b}_2$ 之间, 则有

$$\mathbf{m}_1 - \mathbf{b}_0 = \alpha_1(\mathbf{b}_1 - \mathbf{b}_0) + \alpha_2(\mathbf{b}_2 - \mathbf{b}_0), \tag{6.43}$$

其中 α_1, α_2 为两个依赖于 $\mathbf{m}_1$ 和 K_0, K_1, K_2 这三个单元几何的非负系数 (非负性要求满足一定的条件).

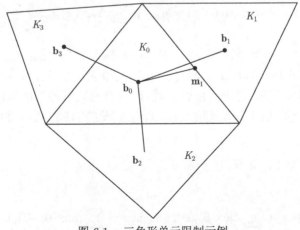

图 6.1　三角形单元限制示例

根据式 (6.43), 对于任意一个线性函数 u_h, 都能写出

$$u_h(\mathbf{m}_1) - u_h(\mathbf{b}_0) = \alpha_1 \left(u_h(\mathbf{b}_1) - u_h(\mathbf{b}_0) \right) + \alpha_2 \left(u_h(\mathbf{b}_2) - u_h(\mathbf{b}_0) \right).$$

由于单元均值 $\bar{u}_{K_i} = \dfrac{1}{|K_i|} \displaystyle\int_{K_i} u_h \mathrm{d}\mathbf{x} = u_h(\mathbf{b}_i)$, $i = 0, 1, 2, 3$, 因此有

$$\delta u_h(\mathbf{m}_1, K_0) \equiv u_h(\mathbf{m}_1) - \bar{u}_{K_0} = \alpha_1(\bar{u}_{K_1} - \bar{u}_{K_0}) + \alpha_2(\bar{u}_{K_2} - \bar{u}_{K_0}) \equiv \Delta\bar{u}(\mathbf{m}_1, K_0).$$
$$(6.44)$$

但是, 对于分片线性函数 u_h, 一般有 $\delta u_h(\mathbf{m}_1, K_0) \neq \Delta\bar{u}(\mathbf{m}_1, K_0)$. 式 (6.44) 为描述线性部分的限制器做好了准备. 考虑分片线性函数 $u_h(x, y)$. 对于 $(x, y) \in K_0$, 由式 (6.39) 可知

$$u_h(x, y) = \sum_{i=1}^{3} \left(u_h(\mathbf{m}_i) - \bar{u}_{K_0} + \bar{u}_{K_0} \right) \varphi_i(x, y) = \bar{u}_{K_0} + \sum_{i=1}^{3} \underbrace{\delta u_h(\mathbf{m}_i, K_0)}_{\text{将被限制}} \varphi_i(x, y).$$
$$(6.45)$$

为计算限制解 $\Lambda\Pi_h^1 u_h$, 先计算单元每个边中点解值相对于单元解平均值的差量 $\delta u_h(\mathbf{m}_i, K_0)$ 的限制量:

$$\Delta_i = \overline{m} \left(\delta u_h(\mathbf{m}_i, K_0), \nu\Delta\bar{u}(\mathbf{m}_i, K_0) \right), \quad i = 1, 2, 3, \tag{6.46}$$

其中 $\overline{m}$ 是 TVB 限制器函数 (6.24), $\nu > 1$ 是辅助参数, 一维中取 $\nu = 2$ (由式 (6.43) 可知, 一维中 $\alpha_1 = 0.5, \alpha_2 = 0$, 故 $\nu = 2$ 对应于弱限制器, $\nu = 1$ 对应于 MUSCL 限制器), 这里取 $\nu = 1.5$. 如果 $\sum\limits_{i=1}^{3} \Delta_i = 0$, 则简单地置

$$\Lambda\Pi_h^1 u_h(x, y) = \bar{u}_{K_0} + \sum_{i=1}^{3} \Delta_i \varphi_i(x, y). \tag{6.47}$$

注意如果 u_h 是一个全局线性函数, 由于式 (6.44) 保证了 $\delta u_h(\mathbf{m}_i, K_0) = \Delta\bar{u}(\mathbf{m}_i, K_0)$, 只要 $\nu > 1$, 式 (6.46) 总取 $\Delta_i = \delta u_h(\mathbf{m}_i, K_0)$, 此时有 $\Lambda\Pi_h^1 u_h(x, y) = u_h(x, y)$, 即 u_h 没有受到限制. 当 u_h 是分片线性函数时, 只要远离解函数的极值点, u_h 仍不受限制, 解的精度不降低. 当有极值点时, 适当选择 TVB 限制器中的参数 M 可以保证同样的效果.

如果 $\sum\limits_{i=1}^{3} \Delta_i \neq 0$, 计算

$$\mathrm{pos} = \sum_{i=1}^{3} \max(0, \Delta_i), \qquad \mathrm{neg} = \sum_{i=1}^{3} \max(0, -\Delta_i),$$

且令

$$\theta^+ = \min\left(1, \frac{\text{neg}}{\text{pos}}\right), \quad \theta^- = \min\left(1, \frac{\text{pos}}{\text{neg}}\right), \quad \hat{\Delta}_i = \theta^+ \max(0, \Delta_i) - \theta^- \max(0, -\Delta_i),$$

然后置

$$\Lambda\Pi_h^1 u_h(x, y) = \bar{u}_{K_0} + \sum_{i=1}^{3} \hat{\Delta}_i \varphi_i(x, y), \tag{6.48}$$

对于方程组, 限制局部特征场分量比限制物理分量有更好的效果. 为了限制边中点值 $u_h(\mathbf{m}_i)$ 和单元平均值之间的差量 $\delta u_h(\mathbf{m}_i, K_0)$, 采用如下过程:

- 找到使 Jacobian 矩阵

$$\mathcal{J} = \frac{\partial \mathbf{f}(\bar{u}_{K_0})}{\partial u} \cdot \frac{\mathbf{m}_i - \mathbf{b}_0}{|\mathbf{m}_i - \mathbf{b}_0|}$$

对角化为 $\mathcal{R}^{-1}\mathcal{J}\mathcal{R} = \Lambda$ 的左右特征矩阵 $\mathcal{R}^{-1}$ 和 $\mathcal{R}$, 其中 Λ 是特征值对角阵.

- 用 $\mathcal{R}^{-1}$ 左乘向量 $\delta u_h(\mathbf{m}_i, K_0)$ 和 $\Delta\bar{u}(\mathbf{m}_i, K_0)$, 将二者变换到特征场中.
- 使用标量限制函数 (6.46), 对特征场向量的每个分量做限制.
- 用矩阵 $\mathcal{R}$ 左乘限制后的特征场向量 Δ_i^{ch}, 得到物理空间中的向量 Δ_i^{phy}.

6.3　数 值 算 例

第一个例子用于检验 RKDG 方法的高精度以及数值黏性随 TVB 限制器的自由参数 M 增大而减小的结果[59].

例 6.1　考虑计算域 $(0, 2\pi) \times (0, T]$ 上带周期边界条件的线性对流方程问题[59],

$$u_t + u_x = 0, \quad u(x, 0) = u_0(x) = \begin{cases} 1, & \frac{\pi}{2} \leqslant x \leqslant \frac{3\pi}{2}, \\ 0, & \text{其他}. \end{cases} \tag{6.49}$$

图 6.2 显示了不同 M 值下 $P^1(k = 1)$ 元和 $P^6(k = 6)$ 元 DG 离散的数值结果. 使用 6.1.4.3 中的广义斜率限制器 $\Lambda\Pi_h$ 及 TVB 限制函数 (6.24). 对于 P^6 元, 无论 M 取何值, 总可用五个单元捕捉接触间断, 注意模拟时间很长, $T = 100\pi$.

第二个算例用于验证 RKDG 方法的激波捕捉能力[58,59].

例 6.2　考虑计算域 $(0, 1) \times (0, T]$ 上带周期边界条件的无黏 Burgers 方程问题:

$$u_t + \left(\frac{u^2}{2}\right)_x = 0, \quad u(x, 0) = \frac{1}{4} + \frac{1}{2}\sin\left(\pi(2x - 1)\right). \tag{6.50}$$

表 6.1 给出分片二次 DG 元数值解在 $T = 0.05$ 时的误差随网格加密的变化情况. 此时解是光滑的, 取 $M = 20$ 能够达到理想精度阶.

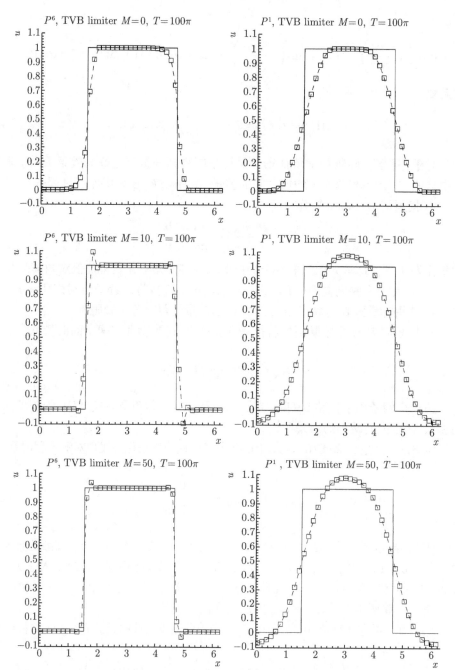

图 6.2　线性对流方程 (6.49) 的 RKDG 解和精确解的比较. $T = 100\pi$, 分别取二阶精度线性元和七阶精度六次元、40 个一致单元. 精确解 (实线)、数值解 (虚线) 且一个符号表示一个单元. 限制器中的参数 $M = 0$ (上)、10 (中)、50 (下). 摘自 [59]

表 6.1 Burgers 方程 (6.50). 广义斜率限制器参数 M 的影响. $k = 2$ 次 DG 元, CFL = 0.2, $T = 0.05$. 摘自 [59]

M	$1/\Delta x$	$L^1(0,1)$		$L^\infty(0,1)$	
		$10^5 \cdot$ 误差	精度阶	$10^5 \cdot$ 误差	精度阶
	10	2066.13	—	16910.05	—
0	20	251.79	3.03	3014.64	2.49
	40	42.52	2.57	1032.53	1.55
	80	7.56	2.49	336.62	1.61
	10	37.31	—	101.44	—
20	20	4.58	3.02	13.50	2.91
	40	0.55	3.05	1.52	3.15
	80	0.07	3.08	0.19	3.01

图 6.3 显示了分片线性 DG 元和二次 DG 元数值解, 当 $T = 0.4$ 时解已经发展出一个激波. 注意到两种情形下只用三个单元就捕捉到激波, 显示了格式有较高的分辨率.

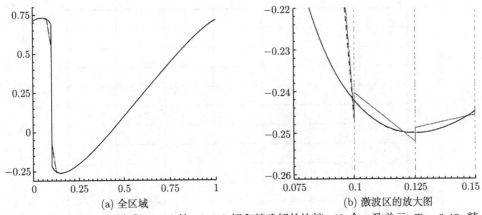

(a) 全区域 　　　　　　　　 (b) 激波区的放大图

图 6.3　无黏 Burgers 方程 (6.50) 的 RKDG 解和精确解的比较. 40 个一致单元, $T = 0.40$. 精确解 (实线)、分片线性解 (点划线)、分片二次解 (虚线). 摘自 [59]

习　题　6

1. 上机作业: 编程复现例 6.2. 空间离散用分片二次多项式近似, 时间离散用三阶 TVD RK 格式, 限制器用 6.1.4.3 节中带 TVB 限制函数 (自由参数 $M = 20$) 的广义斜率限制器. 计算到时间 $T = 0.05$, 输出和表 6.1 中相似的结果. 再计算到 $T = 0.4$, 给出类似于图 6.3 的分布结果.

第 7 章　贴体结构网格生成技术

前面几章介绍的数值方法大都需在直角网格上离散. 然而实际应用问题通常涉及复杂的几何区域. 直角网格不适用于复杂几何区域上的数值模拟. 考虑翼型绕流计算问题. 如图 7.1 所示, 如果采用包围翼型的矩形网格, 就会产生一系列复杂问题:

(1) 有些网格点如 d 点在翼型内部, 给这样的点赋予什么样的数值解?

(2) 只有少数网格点如 b 点恰好在翼型表面上, 其他大部分网格点都不在翼型上. 如 c 点在翼型外部, 其相邻网格点 d 在翼型内部. 那么 c 点的差分格式如何构造? c,d 之间的边界条件如何使用?

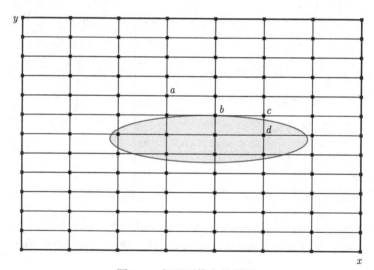

图 7.1　矩形网格上的翼型

理论上, 我们可以解决这些问题, 例如, 在有限体积法中, 可以将靠近壁面的直角网格单元修改为一条或多条边是拟合物面的多边形单元[5], 但这会引入不规则单元, 需要很多后续切割处理单元的工作. 在有限差分法中, 可以引入直角网格线和翼型边界的交点作为额外的网格点, 但这易引起数值不稳定性. 此外, 也可以用台阶形直角网格[61] 来近似和直角网格线斜交的边界, 或更精细地用台阶形直角网格单元的对角线来近似这种边界, 但这会使各网格线上格点数不等, 且引入较大的误差. 直角网格方法中常采用网格自适应加密技术[62,63], 以及浸入边界法[64]、假想区域法[65] 等各种模拟边界效应的技术, 但相应的格式和程序复杂, 通用性差. 显然, 这些途径都不是解决前述问题的首选.

为了有效地解决前述问题, 一个常用的方法是采用所谓 "贴体网格", 即网格线和计算区域的边界重合的网格. 贴体网格又可分为结构和非结构两类, 本书只讨论前者. 贴体结构网格在物理平面上如图 7.2 上图所示, 它可以看作由广义曲线坐标 (ξ, η) 的坐标线组成的网格, 在计算平面上如图 7.2 下图所示. 其中, 在翼型表面上 $\eta = \eta_{\min}$, 在远场边界上 $\eta = \eta_{\max}$, 在环绕翼型表面的网格线上 $\eta_{\min} < \eta = $ const $< \eta_{\max}$, 在每一条由翼型表面出发到远场边界终止的网格线上 $\xi = $ const. 在本例中, 由于物理域不是单连通的, 通常用图 7.2 中的虚线 (称为支割线) 把物理域割开, 使之变为单连通域. AI 线上的点和 CD 线上的点重合. 支割线的位置理论上可取任意一条 $\xi = $ const 坐标线. 该虚线构成了 ξ 方向的边界, 同时对应于 $\xi_{\min}$ 和 $\xi_{\max}$. 这样物理区域 $ACDI$ 就和计算区域 $A'C'D'I'$ 建立了映射关系. 计算平面中 $A'I'$ 边界外侧的点对应于 $C'D'$ 边界内侧的点. 图 7.2 中的网格因其在物理平面中的格局像字母 O, 故称为 O 型网格. 如果浸入求解区域中的物体是细长体且一头钝一头尖, 如叶片和翼型, 那么引入支割线生成 C 型网格 (图 7.3(a)) 比较方便; 如果物体是细长体且两头尖, 那么采用 H 型网格比较合适 (图 7.3(b)). O, C 和 H 型网格在实际应用中是很常见的.

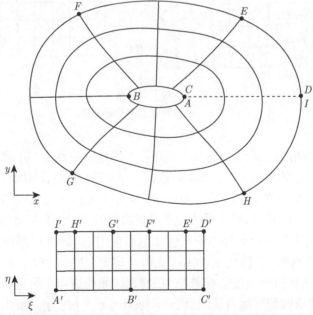

图 7.2　贴体结构网格和广义坐标系示意图. 上图为物理平面, 下图为计算平面 (取自 [1])

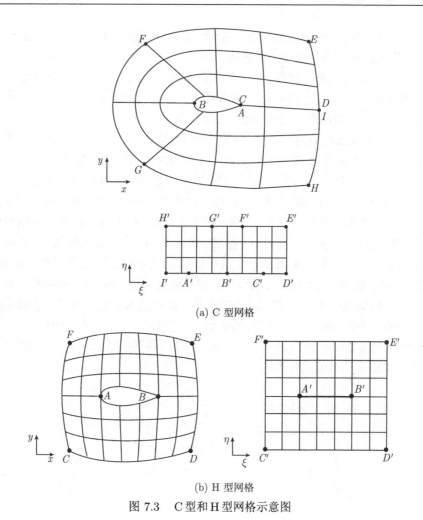

(a) C 型网格

(b) H 型网格

图 7.3　C 型和 H 型网格示意图

贴体结构网格的生成就是建立不规则物理区域中的点 (x,y) 和规则计算区域中的点 (ξ,η) 之间的对应关系. 在某种意义上, 贴体网格生成问题可看作一个边值问题: 在物理区域边界上给定 $\xi = \xi_b(x,y)$ 和 $\eta = \eta_b(x,y)$, 生成物理区域内部的 $\xi(x,y)$ 和 $\eta(x,y)$. 此时, 物理坐标 (x,y) 是自变量, 广义坐标 (ξ,η) 是因变量.

实际上, 在计算平面上操作网格生成更简便, 因为计算平面中的区域边界是坐标线, 内部格点形成规则矩形网格, 更容易确定 $x(\xi,\eta)$ 和 $y(\xi,\eta)$. 于是网格生成问题变成这样的一个边值问题[1]: 在物理区域的边界上给定点 $x = x_b(\xi,\eta)$, $y = y_b(\xi,\eta)$, 生成物理区域内部的点 $x = x(\xi,\eta)$, $y = y(\xi,\eta)$. 此时, (ξ,η) 是自变量, (x,y) 是因变量.

上述边值问题使用 Dirichlet 边界条件. 有时希望使用 von Neumann 边界条

件, 例如给定网格线和边界正交的条件, 而边界网格点的位置是解出来的. 更一般的推广是给定混合边界条件.

物理坐标 (x, y) 和广义坐标 (ξ, η) 必须存在一一对应的关系. 这等价于同一广义坐标方向的坐标线 (网格线) 不能相交, 且不同广义坐标方向的坐标线只能相交一次. 一旦映射 $x = x(\xi, \eta), y = y(\xi, \eta)$ 建立 (生成了网格), 也就建立了从 (x, y) 到 (ξ, η) 的变换关系:

$$\begin{cases} \xi = \xi(x, y), \\ \eta = \eta(x, y). \end{cases} \tag{7.1}$$

有了这个关系, 就可将计算问题的控制方程变换到计算坐标 (ξ, η) 下, 用均匀矩形网格上的有限差分方法求解. 显然, 这将简化数值方法的构造和计算程序的编制.

接下来的几节中, 首先介绍坐标变换的度量系数及其计算方法, 因为其中一些概念将出现在网格生成和变换到计算空间的控制方程中. 然后以二维情形为例, 给出常用的一般曲线坐标系下的可压缩流体力学方程. 最后介绍贴体结构网格的几种生成方法, 主要包括保角映射方法、代数方法和偏微分方程方法. 应当指出, 网格生成是偏微分方程数值计算中一个活跃的领域. 我们只涉及初步的思想和技术, 更多介绍可参见 [66-68].

7.1 坐标变换关系

7.1.1 坐标变换的度量项及其计算方法

设物理坐标 (x, y, z) 和广义坐标 (ξ, η, ζ) 之间存在唯一的单值的关系,

$$\xi = \xi(x, y, z), \quad \eta = \eta(x, y, z), \quad \zeta = \zeta(x, y, z). \tag{7.2}$$

这隐含着存在逆变换

$$x = x(\xi, \eta, \zeta), \quad y = y(\xi, \eta, \zeta), \quad z = z(\xi, \eta, \zeta). \tag{7.3}$$

给出变换 (7.2), 就可将偏微分主控方程变换成含有关于 ξ, η, ζ 偏导数的相应方程. 例如, 速度分量 u, v, w 对 x, y, z 的一阶导数通过链式法则变成

$$\begin{bmatrix} u_x & u_y & u_z \\ v_x & v_y & v_z \\ w_x & w_y & w_z \end{bmatrix} = \begin{bmatrix} u_\xi & u_\eta & u_\zeta \\ v_\xi & v_\eta & v_\zeta \\ w_\xi & w_\eta & w_\zeta \end{bmatrix} \begin{bmatrix} \xi_x & \xi_y & \xi_z \\ \eta_x & \eta_y & \eta_z \\ \zeta_x & \zeta_y & \zeta_z \end{bmatrix}, \tag{7.4}$$

式中, 右端第二个矩阵是变换 (7.2) 的 Jacobian 矩阵:

$$\mathbf{J} = \frac{\partial(\xi, \eta, \zeta)}{\partial(x, y, z)} \equiv \begin{bmatrix} \xi_x & \xi_y & \xi_z \\ \eta_x & \eta_y & \eta_z \\ \zeta_x & \zeta_y & \zeta_z \end{bmatrix}, \tag{7.5}$$

Jacobian 矩阵 $\mathbf{J}$ 的元素 ξ_x, ξ_y, ξ_z 等称为变换 (7.2) 的度量项 (metric terms)[5] 或变换参数[69]. 实际计算中, 逆变换 (7.3) 的 Jacobian 矩阵 $\mathbf{J}^{-1}$ 的元素更容易从给定的网格来计算. 逆 Jacobian 矩阵为

$$\mathbf{J}^{-1} = \frac{\partial(x, y, z)}{\partial(\xi, \eta, \zeta)} \equiv \begin{bmatrix} x_\xi & x_\eta & x_\zeta \\ y_\xi & y_\eta & y_\zeta \\ z_\xi & z_\eta & z_\zeta \end{bmatrix}. \tag{7.6}$$

于是, 矩阵 $\mathbf{J}$ 的元素可以用其逆矩阵 $\mathbf{J}^{-1}$ 的元素通过关系式

$$\mathbf{J} = \frac{\mathbf{J}^{-1}\text{的余子式的转置}}{J^{-1}} \tag{7.7}$$

求得. Jacobian 矩阵 $\mathbf{J}$ 的行列式 J (标量) 如下计算:

$$J^{-1} = |\mathbf{J}^{-1}| = x_\xi(y_\eta z_\zeta - y_\zeta z_\eta) - x_\eta(y_\xi z_\zeta - y_\zeta z_\xi) + x_\zeta(y_\xi z_\eta - y_\eta z_\xi). \tag{7.8}$$

使用 (7.7) 和 (7.8), Jacobian 矩阵 $\mathbf{J}$ 的元素可表示为

$$\xi_x = \frac{y_\eta z_\zeta - y_\zeta z_\eta}{J^{-1}}, \quad \xi_y = \frac{z_\eta x_\zeta - z_\zeta x_\eta}{J^{-1}}, \quad \xi_z = \frac{x_\eta y_\zeta - x_\zeta y_\eta}{J^{-1}},$$

$$\eta_x = \frac{y_\zeta z_\xi - y_\xi z_\zeta}{J^{-1}}, \quad \eta_y = \frac{z_\zeta x_\xi - z_\xi x_\zeta}{J^{-1}}, \quad \eta_z = \frac{x_\zeta y_\xi - x_\xi y_\zeta}{J^{-1}}, \tag{7.9}$$

$$\zeta_x = \frac{y_\xi z_\eta - y_\eta z_\xi}{J^{-1}}, \quad \zeta_y = \frac{z_\xi x_\eta - z_\eta x_\xi}{J^{-1}}, \quad \zeta_z = \frac{x_\xi y_\eta - x_\eta y_\xi}{J^{-1}}.$$

二维情形中, 因 $z_\zeta = 1, x_\zeta = y_\zeta = 0$, 有

$$J^{-1} = x_\xi y_\eta - x_\eta y_\xi, \tag{7.10}$$

$$\frac{\xi_x}{J} = y_\eta, \quad \frac{\xi_y}{J} = -x_\eta, \quad \frac{\eta_x}{J} = -y_\xi, \quad \frac{\eta_y}{J} = x_\xi. \tag{7.11}$$

有了数值网格, x_ξ, x_η 等项用适当的有限差分离散, 并用 (7.8)—(7.11) 计算 $\mathbf{J}$ 的元素.

7.1.2 度规张量及坐标变换的物理特性

为了理解广义坐标、正交坐标和保角坐标之间的关系, 需要引入与映射的逆 Jacobian 矩阵直接相关的基本度规张量 g_{ij}.

设物理空间中相距无限小两点的坐标变化为 Δx_k, 则两点间距离 Δs 的平方

$$(\Delta s)^2 = \sum_{k=1}^3 \Delta x_k \Delta x_k = \sum_{k=1}^3 \left(\sum_{i=1}^3 \frac{\partial x_k}{\partial \xi_i} \Delta \xi_i \right) \left(\sum_{j=1}^3 \frac{\partial x_k}{\partial \xi_j} \Delta \xi_j \right) = \sum_{i=1}^3 \sum_{j=1}^3 g_{ij} \Delta \xi_i \Delta \xi_j, \tag{7.12}$$

其中

$$g_{ij} = \sum_{k=1}^3 \frac{\partial x_k}{\partial \xi_i} \frac{\partial x_k}{\partial \xi_j} \tag{7.13}$$

为基本度规张量, 它联系广义坐标的微小变化 $\Delta \xi_i$ 和对物理距离 Δs 的贡献. 在二维情形中, 基本度规张量 (7.13) 的具体形式为

$$\mathbf{g} = \begin{bmatrix} x_\xi^2 + y_\xi^2 & x_\xi x_\eta + y_\xi y_\eta \\ x_\xi x_\eta + y_\xi y_\eta & x_\eta^2 + y_\eta^2 \end{bmatrix} = \frac{1}{J^2} \begin{bmatrix} \eta_x^2 + \eta_y^2 & -(\xi_x \eta_x + \xi_y \eta_y) \\ -(\xi_x \eta_x + \xi_y \eta_y) & \xi_x^2 + \xi_y^2 \end{bmatrix}. \tag{7.14}$$

基本度规张量和逆 Jacobian 矩阵有关系:

$$\mathbf{g} = \left(\mathbf{J}^{-1} \right)^{\mathrm{T}} \mathbf{J}^{-1}, \tag{7.15}$$

$\mathbf{g}$ 是一个对称矩阵. 取 (7.15) 的行列式给出

$$g := |\mathbf{g}| = \left| \mathbf{J}^{-1} \right|^2 = J^{-2}. \tag{7.16}$$

二维情形中有 $g = g_{11} g_{22} - (g_{12})^2 = J^{-2}$.

基本度规张量 g_{ij} 和逆变换度量项如 x_ξ 等可用计算网格的物理特征来解释. 以图 7.4 中的二维网格为例. 网格单元的面积为

$$\text{Area} = \sqrt{|\mathbf{g}|} \Delta \xi \Delta \eta = J^{-1} \Delta \xi \Delta \eta. \tag{7.17}$$

沿 ξ 网格线和 η 网格线的距离分别为

$$\Delta s_\xi = \sqrt{x_\xi^2 + y_\xi^2} \Delta \xi = \sqrt{g_{11}} \Delta \xi, \quad \Delta s_\eta = \sqrt{x_\eta^2 + y_\eta^2} \Delta \eta = \sqrt{g_{22}} \Delta \eta. \tag{7.18}$$

ξ 网格线和 x 轴的夹角 α 的方向余弦为

$$\cos \alpha = \frac{x_\xi}{\sqrt{g_{11}}}. \tag{7.19}$$

网格横纵比为 (在 $\Delta \xi = \Delta \eta$ 下)

$$\mathrm{AR} = \frac{\Delta s_\eta}{\Delta s_\xi} = \sqrt{\frac{g_{22}}{g_{11}}}. \tag{7.20}$$

网格的局部扭曲可用物理平面上 ξ 坐标线和 η 坐标线之间的夹角 θ 表示

$$\cos \theta = \frac{g_{12}}{\sqrt{g_{11}g_{22}}}. \tag{7.21}$$

三维网格物理特征和度规张量之间的关系参见 [70].

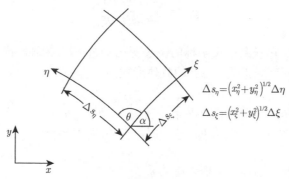

图 7.4   计算网格的物理特征

7.1.3   正交坐标系和保角坐标系

使用正交坐标能提高计算精度. 变换到正交坐标系中的控制方程因一些项的消失而简化. 如果坐标系还是保角的, 变换后的控制方程还可以进一步简化[69]. 使用正交或保角坐标系意味着计算区域相对简单且网格点分布受到一定约束.

二维正交网格意味着图 7.4 中的 $\theta = 90°$, 由式 (7.21), 有

$$g_{12} = x_\xi x_\eta + y_\xi y_\eta = 0. \tag{7.22}$$

三维网格的正交性条件为 $g_{ij} = 0$, $i \neq j$, $i, j = 1, 2, 3$.

如果坐标系是正交的, 那么度规张量只有对角项 g_{ii}, 习惯上定义长度因子 (Lame 系数)

$$h_i = \sqrt{g_{ii}}, \quad i = 1, 2, 3. \tag{7.23}$$

例如, 在柱坐标系 (r, ϕ, z) 中, $h_1 = 1, h_2 = r, h_3 = 1$. 在球坐标系 (r, θ, ϕ) 中, $h_1 = 1, h_2 = r, h_3 = r \sin \theta$. 长度因子 h_i 使广义坐标 ξ_i 的微小变化 $\Delta \xi_i$ 产生物理距离 $\Delta s = h_i \Delta \xi_i$.

在二维网格中, 如果 η 坐标线和 ξ 坐标线垂直, 则坐标线的切方向有如下关系:

$$\left(\frac{x_\eta}{\sqrt{x_\eta^2+y_\eta^2}}, \frac{y_\eta}{\sqrt{x_\eta^2+y_\eta^2}}\right) = \left(-\frac{y_\xi}{\sqrt{x_\xi^2+y_\xi^2}}, \frac{x_\xi}{\sqrt{x_\xi^2+y_\xi^2}}\right), \quad (7.24)$$

因此有

$$x_\eta = -y_\xi \mathrm{AR}, \quad y_\eta = x_\xi \mathrm{AR}. \quad (7.25)$$

如果网格横纵比 $\mathrm{AR}=1$, 则 (7.25) 简化为 Cauchy-Riemann 条件, 网格是保角的.

控制方程的复杂程度在不同坐标系中是不同的. 例如, Laplace 方程在直角坐标中为

$$u_{xx} + u_{yy} = 0 \quad \text{或} \quad (u_x)_x + (u_y)_y = 0. \quad (7.26)$$

对式(7.26) 的后一式应用链式法则并在方程两端同除以 Jacobian 行列式 J 后得

$$\frac{\xi_x}{J}(u_x)_\xi + \frac{\eta_x}{J}(u_x)_\eta + \frac{\xi_y}{J}(u_y)_\xi + \frac{\eta_y}{J}(u_y)_\eta = 0. \quad (7.27)$$

由式 (7.11) 可得变换参数满足的恒等式:

$$\left(\frac{\xi_x}{J}\right)_\xi + \left(\frac{\eta_x}{J}\right)_\eta = y_{\eta\xi} - y_{\xi\eta} = 0, \quad \left(\frac{\xi_y}{J}\right)_\xi + \left(\frac{\eta_y}{J}\right)_\eta = -x_{\eta\xi} + x_{\xi\eta} = 0, \quad (7.28)$$

将 (7.28) 的两式分别乘 u_x 和 u_y 并加到 (7.27), 整理得

$$\left(\frac{\xi_x}{J}u_x + \frac{\xi_y}{J}u_y\right)_\xi + \left(\frac{\eta_x}{J}u_x + \frac{\eta_y}{J}u_y\right)_\eta = 0. \quad (7.29)$$

将 $u_x = \xi_x u_\xi + \eta_x u_\eta, u_y = \xi_y u_\xi + \eta_y u_\eta$ 代入上式, 得一般曲线坐标系中的 Laplace 方程

$$\left(\frac{\xi_x^2+\xi_y^2}{J}u_\xi + \frac{\xi_x\eta_x+\xi_y\eta_y}{J}u_\eta\right)_\xi + \left(\frac{\eta_x^2+\eta_y^2}{J}u_\eta + \frac{\xi_x\eta_x+\xi_y\eta_y}{J}u_\xi\right)_\eta = 0, \quad (7.30\mathrm{a})$$

或利用 (7.14) 为

$$\left(\frac{g_{22}}{\sqrt{g}}u_\xi - \frac{g_{12}}{\sqrt{g}}u_\eta\right)_\xi + \left(-\frac{g_{12}}{\sqrt{g}}u_\xi + \frac{g_{11}}{\sqrt{g}}u_\eta\right)_\eta = 0. \quad (7.30\mathrm{b})$$

对于正交网格, $g_{12}=0$, $\sqrt{g}=h_1 h_2$, 则(7.30b) 简化为

$$\left(\frac{h_2}{h_1}u_\xi\right)_\xi + \left(\frac{h_1}{h_2}u_\eta\right)_\eta = 0. \quad (7.31)$$

对于保角网格, $h_1 = h_2$ 且 Cauchy-Riemann 条件 (7.25) (AR = 1) 成立. 由于 $h_1 = h_2$, 于是 (7.31) 进一步简化为和直角坐标系下一样形式的 Laplace 方程

$$u_{\xi\xi} + u_{\eta\eta} = 0. \tag{7.32}$$

7.2　一般曲线坐标系中流体力学方程组的强守恒形式

由于求解区域的复杂性, 在实际应用中, 有限差分法通常采用一般曲线坐标系下的控制方程. 这些方程可利用 7.1.1 节中的变换关系获得. 下面简要给出一般曲线坐标系下二维可压缩流体力学方程组的推导过程.

考虑二维可压缩 Navier-Stokes 方程组在直角坐标系下的守恒形式

$$\frac{\partial \mathbf{U}}{\partial t} + \frac{\partial \mathbf{E}}{\partial x} + \frac{\partial \mathbf{F}}{\partial y} = \frac{\partial \mathbf{E}_{\mathrm{v}}}{\partial x} + \frac{\partial \mathbf{F}_{\mathrm{v}}}{\partial y}, \tag{7.33}$$

其中,

$$\mathbf{U} = \begin{bmatrix} \rho \\ \rho u \\ \rho v \\ \rho E \end{bmatrix}, \quad \mathbf{E} = \begin{bmatrix} \rho u \\ \rho u^2 + p \\ \rho u v \\ u(\rho E + p) \end{bmatrix}, \quad \mathbf{F} = \begin{bmatrix} \rho v \\ \rho v u \\ \rho v^2 + p \\ v(\rho E + p) \end{bmatrix},$$

$$\mathbf{E}_{\mathrm{v}} = \begin{bmatrix} 0 \\ \tau_{xx} \\ \tau_{xy} \\ u\tau_{xx} + v\tau_{xy} + \lambda T_x \end{bmatrix} = \mathbf{R}_{xx} \begin{bmatrix} p_x \\ u_x \\ v_x \\ T_x \end{bmatrix} + \mathbf{R}_{xy} \begin{bmatrix} p_y \\ u_y \\ v_y \\ T_y \end{bmatrix},$$

$$\mathbf{F}_{\mathrm{v}} = \begin{bmatrix} 0 \\ \tau_{yx} \\ \tau_{yy} \\ u\tau_{yx} + v\tau_{yy} + \lambda T_y \end{bmatrix} = \mathbf{R}_{yx} \begin{bmatrix} p_x \\ u_x \\ v_x \\ T_x \end{bmatrix} + \mathbf{R}_{yy} \begin{bmatrix} p_y \\ u_y \\ v_y \\ T_y \end{bmatrix},$$

$$\tau_{xx} = \mu\left(\frac{4}{3}u_x - \frac{2}{3}v_y\right), \quad \tau_{xy} = \tau_{yx} = \mu\left(v_x + u_y\right), \quad \tau_{yy} = \mu\left(\frac{4}{3}v_y - \frac{2}{3}u_x\right).$$

假设物理网格不随时间变化, 即坐标变换关系如 (7.1) 的形式, 则有

$$\partial_x = \xi_x\partial_\xi + \eta_x\partial_\eta, \quad \partial_y = \xi_y\partial_\xi + \eta_y\partial_\eta.$$

因此 (7.33) 可写成

$$\frac{\partial \mathbf{U}}{\partial t} + \xi_x\frac{\partial \mathbf{E}}{\partial \xi} + \eta_x\frac{\partial \mathbf{E}}{\partial \eta} + \xi_y\frac{\partial \mathbf{F}}{\partial \xi} + \eta_y\frac{\partial \mathbf{F}}{\partial \eta} = \xi_x\frac{\partial \mathbf{E}_{\mathrm{v}}}{\partial \xi} + \eta_x\frac{\partial \mathbf{E}_{\mathrm{v}}}{\partial \eta} + \xi_y\frac{\partial \mathbf{F}_{\mathrm{v}}}{\partial \xi} + \eta_y\frac{\partial \mathbf{F}_{\mathrm{v}}}{\partial \eta}.$$

上式两端同除以 J, 有

$$\frac{1}{J}\frac{\partial \mathbf{U}}{\partial t} + \frac{\xi_x}{J}\frac{\partial \mathbf{E}}{\partial \xi} + \frac{\eta_x}{J}\frac{\partial \mathbf{E}}{\partial \eta} + \frac{\xi_y}{J}\frac{\partial \mathbf{F}}{\partial \xi} + \frac{\eta_y}{J}\frac{\partial \mathbf{F}}{\partial \eta} = \frac{\xi_x}{J}\frac{\partial \mathbf{E}_v}{\partial \xi} + \frac{\eta_x}{J}\frac{\partial \mathbf{E}_v}{\partial \eta} + \frac{\xi_y}{J}\frac{\partial \mathbf{F}_v}{\partial \xi} + \frac{\eta_y}{J}\frac{\partial \mathbf{F}_v}{\partial \eta}.$$
$$(7.34)$$

将含 $\mathbf{E}, \mathbf{F}$ 的无黏性项改写如下

$$\frac{\xi_x}{J}\frac{\partial \mathbf{E}}{\partial \xi} = \left(\frac{\xi_x}{J}\mathbf{E}\right)_{\xi} - \mathbf{E}\left(\frac{\xi_x}{J}\right)_{\xi}, \quad \frac{\eta_x}{J}\frac{\partial \mathbf{E}}{\partial \eta} = \left(\frac{\eta_x}{J}\mathbf{E}\right)_{\eta} - \mathbf{E}\left(\frac{\eta_x}{J}\right)_{\eta},$$
$$\frac{\xi_y}{J}\frac{\partial \mathbf{F}}{\partial \xi} = \left(\frac{\xi_y}{J}\mathbf{F}\right)_{\xi} - \mathbf{F}\left(\frac{\xi_y}{J}\right)_{\xi}, \quad \frac{\eta_y}{J}\frac{\partial \mathbf{F}}{\partial \eta} = \left(\frac{\eta_y}{J}\mathbf{F}\right)_{\eta} - \mathbf{F}\left(\frac{\eta_y}{J}\right)_{\eta},$$
$$(7.35)$$

对含 $\mathbf{E}_v, \mathbf{F}_v$ 的黏性项也类似改写. 将 (7.35) 代入 (7.34), 得

$$\frac{\partial}{\partial t}\left(\frac{\mathbf{U}}{J}\right) + \frac{\partial}{\partial \xi}\left(\frac{\xi_x}{J}\mathbf{E} + \frac{\xi_y}{J}\mathbf{F}\right) + \frac{\partial}{\partial \eta}\left(\frac{\eta_x}{J}\mathbf{E} + \frac{\eta_y}{J}\mathbf{F}\right)$$
$$- \mathbf{E}\left[\left(\frac{\xi_x}{J}\right)_{\xi} + \left(\frac{\eta_x}{J}\right)_{\eta}\right] - \mathbf{F}\left[\left(\frac{\xi_y}{J}\right)_{\xi} + \left(\frac{\eta_y}{J}\right)_{\eta}\right]$$
$$= \frac{\partial}{\partial \xi}\left(\frac{\xi_x}{J}\mathbf{E}_v + \frac{\xi_y}{J}\mathbf{F}_v\right) + \frac{\partial}{\partial \eta}\left(\frac{\eta_x}{J}\mathbf{E}_v + \frac{\eta_y}{J}\mathbf{F}_v\right)$$
$$- \mathbf{F}_v\left[\left(\frac{\xi_x}{J}\right)_{\xi} + \left(\frac{\eta_x}{J}\right)_{\eta}\right] - \mathbf{F}_v\left[\left(\frac{\xi_y}{J}\right)_{\xi} + \left(\frac{\eta_y}{J}\right)_{\eta}\right].$$
$$(7.36)$$

由恒等式 (7.28) 知 (7.36) 中的方括号项均为零, 于是 (7.36) 简化为强守恒形式

$$\frac{\partial \hat{\mathbf{U}}}{\partial t} + \frac{\partial \hat{\mathbf{E}}}{\partial \xi} + \frac{\partial \hat{\mathbf{F}}}{\partial \eta} = \frac{\partial \hat{\mathbf{E}}_v}{\partial \xi} + \frac{\partial \hat{\mathbf{F}}_v}{\partial \eta},$$
$$(7.37)$$

式中,

$$\hat{\mathbf{U}} = \frac{1}{J}\mathbf{U} = \frac{1}{J}(\rho, \rho u, \rho v, \rho E)^{\mathrm{T}},$$

$$\hat{\mathbf{E}} = \frac{\xi_x}{J}\mathbf{E} + \frac{\xi_y}{J}\mathbf{F} = \frac{1}{J}\begin{bmatrix} \rho\hat{u} \\ \rho u\hat{u} + \xi_x p \\ \rho v\hat{u} + \xi_y p \\ \hat{u}(\rho E + p) \end{bmatrix}, \quad \hat{\mathbf{F}} = \frac{\eta_x}{J}\mathbf{E} + \frac{\eta_y}{J}\mathbf{F} = \frac{1}{J}\begin{bmatrix} \rho\hat{v} \\ \rho u\hat{v} + \eta_x p \\ \rho v\hat{v} + \eta_y p \\ \hat{v}(\rho E + p) \end{bmatrix},$$

$$\hat{u} = u\xi_x + v\xi_y, \quad \hat{v} = u\eta_x + v\eta_y,$$

$$\hat{\mathbf{E}}_v = \frac{\xi_x}{J}\mathbf{E}_v + \frac{\xi_y}{J}\mathbf{F}_v = \frac{\mu}{J}\begin{bmatrix} 0 \\ r_{22}^{\xi\xi}u_\xi + r_{23}^{\xi\xi}v_\xi + r_{22}^{\xi\eta}u_\eta + r_{23}^{\xi\eta}v_\eta = \tau_{\xi\xi} \\ r_{32}^{\xi\xi}u_\xi + r_{33}^{\xi\xi}v_\xi + r_{32}^{\xi\eta}u_\eta + r_{33}^{\xi\eta}v_\eta = \tau_{\xi\eta} \\ u\tau_{\xi\xi} + v\tau_{\xi\eta} + \dfrac{\lambda}{\mu}\left[(\xi_x^2 + \xi_y^2)T_\xi + (\xi_x\eta_x + \xi_y\eta_y)T_\eta\right] \end{bmatrix},$$

$$\hat{\mathbf{F}}_v = \frac{\eta_x}{J}\mathbf{E}_v + \frac{\eta_y}{J}\mathbf{F}_v = \frac{\mu}{J}\begin{bmatrix} 0 \\ r_{22}^{\eta\xi}u_\xi + r_{23}^{\eta\xi}v_\xi + r_{22}^{\eta\eta}u_\eta + r_{23}^{\eta\eta}v_\eta = \tau_{\eta\xi} \\ r_{32}^{\eta\xi}u_\xi + r_{33}^{\eta\xi}v_\xi + r_{32}^{\eta\eta}u_\eta + r_{33}^{\eta\eta}v_\eta = \tau_{\eta\eta} \\ u\tau_{\eta\xi} + v\tau_{\eta\eta} + \dfrac{\lambda}{\mu}\left[(\xi_x\eta_x + \xi_y\eta_y)T_\xi + (\eta_x^2 + \eta_y^2)T_\eta\right] \end{bmatrix},$$

$$\tag{7.38}$$

其中,

$$r_{22}^{mn} = \frac{4}{3}m_x n_x + m_y n_y, \quad r_{23}^{mn} = m_y n_x - \frac{2}{3}m_x n_y,$$

$$r_{32}^{mn} = m_x n_y - \frac{2}{3}m_y n_x, \quad r_{33}^{mn} = m_x n_x + \frac{4}{3}m_y n_y,$$

上标 m, n 可取 ξ 和 η. 注意 $\tau_{\xi\eta} \neq \tau_{\eta\xi}$.

7.3   保角变换方法

保角变换可将二维物理平面 (x, y) 上的不规则区域变换到计算平面 (ξ, η) 上的规则矩形区域. 通过计算平面上的均匀直角网格, 构造二维不规则物理区域上的贴体网格. 这种网格生成方法的优点是可生成光滑性好的正交网格, 缺点是只适用于二维问题, 且对一般形状区域构造保角变换是非常困难的.

7.3.1   保角变换的概念

变换为保角的意思是, 在 (x, y) 平面中任意点 (x_0, y_0) 处引出的两条曲线 C_1 和 C_2, 其在变换 $\xi = \xi(x, y), \eta = \eta(x, y)$ 下的象曲线 C_1' 和 C_2' 在象点 $(\xi(x_0, y_0), \eta(x_0, y_0))$ 处的夹角, 与曲线 C_1 和 C_2 在点 (x_0, y_0) 处的夹角同向相等.

将物理平面和计算平面的坐标分别写成复数 $Z = x + \mathrm{i}y$ 和 $\zeta = \xi + \mathrm{i}\eta$. 如果函数 $\zeta = f(Z)$ 在区域 Ω_Z 内解析且导数 $f'(Z)$ 不为零, 则称 $\zeta = f(Z)$ 为从区域 Ω_Z 到 Ω_ζ 的保角变换.

$\zeta = f(Z)$ 为解析函数的条件是 Cauchy-Riemann 条件:

$$\xi_x = \eta_y, \quad \xi_y = -\eta_x \quad (\text{或等价地} \ \ y_\eta = x_\xi, \quad x_\eta = -y_\xi). \tag{7.39}$$

式 (7.39) 对 x 和 y 求导, 可知计算网格和物理网格之间还可由 Laplace 方程

$$\xi_{xx} + \xi_{yy} = 0, \quad \eta_{xx} + \eta_{yy} = 0, \tag{7.40}$$

联系起来. 虽然可以用方程 (7.40) 作为网格生成的出发方程, 但是一般情况下, (7.40) 式和 (7.39) 式不等价, 用 (7.40) 生成的网格不一定是正交的[2], 且求解域内部的网格分布完全由边界网格分布决定, 无法直接控制内部网格的疏密性.

在保角变换 $Z = F(\zeta)$ 中, 物理坐标和计算坐标之间有如下关系:

$$\begin{bmatrix} \mathrm{d}x \\ \mathrm{d}y \end{bmatrix} = \begin{bmatrix} h\cos\alpha & -h\sin\alpha \\ h\sin\alpha & h\cos\alpha \end{bmatrix} \begin{bmatrix} \mathrm{d}\xi \\ \mathrm{d}\eta \end{bmatrix}, \tag{7.41}$$

这里 $h = \sqrt{g_{11}} = \sqrt{g_{22}}$ 是长度因子, α 是物理平面上 ξ 坐标线的切线和 x 轴的夹角 (7.19). 如果已知 h 和 α, 则变换系数 $x_\xi (= h\cos\alpha)$ 等就可直接从式 (7.41) 获得. 更有用的是用复变量表示保角变换:

$$\mathrm{d}Z = H\mathrm{d}\zeta \quad \text{或} \quad Z = \int H\mathrm{d}\zeta, \tag{7.42}$$

其中 $H = he^{\mathrm{i}\alpha} = h(\cos\alpha + \mathrm{i}\sin\alpha)$. 于是 H 含有式 (7.41) 中所需的变换系数.

用保角变换生成网格包括两步[69]:

(i) 构造一个单步映射或序列映射以获得物理区域边界和计算区域边界之间的对应;

(ii) 由边界的对应, 生成物理区域的内部点.

考虑两种保角映射途径. 一种使用序列映射如 von Karman-Trefftz 变换将流线型外形 (如翼型或涡轮叶片) 映射为一个单位矩形. 另一种使用单步映射, 通常是基于将 N 边多边形映射到一条直线的 Schwarz-Christoffel 变换及其各种修正.

7.3.2 序列保角映射

序列映射通常是围绕 von Karman-Trefftz 变换公式

$$\frac{Z' - a}{Z' - b} = \left(\frac{Z - A}{Z - B}\right)^{1/k} \tag{7.43}$$

建立的. 选择 Z' 平面中的 a, b 和 Z 平面中的 A, B 使其适配所考虑的几何. 式 (7.43) 将 Z 平面中的一个翼型映射到 Z' 平面中的一个拟圆. 如图 7.5 所示, 选择参数

$$A = Z_\mathrm{t}, \quad B = Z_\mathrm{n}, \quad a = -b = \frac{Z_\mathrm{n} - Z_\mathrm{t}}{2k}, \quad k = 2 - \frac{\tau}{\pi}, \tag{7.44}$$

这里, Z_t 是后缘, Z_n 是前缘和前缘曲率圆心之间连线的中点, τ 是后缘包容角. 使用这套参数将 Z 平面上的一个翼型映射到 Z' 平面上的一个拟圆, 拟圆形心大约在 $Z' = C$ 点. 但变换 (7.43) 在点 Z_n 和 Z_t 处是奇异的. 从图 7.5 可见后缘夹角 τ 在 Z' 平面中变成了 $180°$.

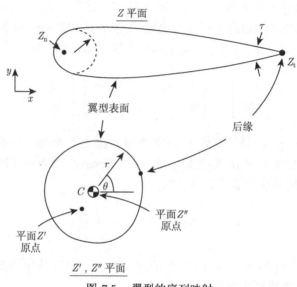

图 7.5　翼型的序列映射

变换 (7.43) 的执行次序为

$$\omega = \frac{Z - A}{Z - B}, \tag{7.45a}$$

$$v = \omega^{1/k}, \tag{7.45b}$$

$$Z' = \frac{a - bv}{1 - v}. \tag{7.45c}$$

式 (7.45b) 带来复杂性. 当 $\tau = 0$ 时, $k = 2$, 于是一个 ω 值带来两个 v 值; 更一般地 $\tau \neq 0$, 于是一个 ω 值可导致无穷多个 v 值. 选择正确 v 值的策略是从物理平面 Z 中的一个 "安全" 点如上游无穷远跟踪到关心点, 详见 [71].

Z' 平面上的拟圆可方便地通过

$$Z'' = Z' - C \tag{7.46}$$

变换到 Z'' 平面上以坐标原点为中心的拟圆. 这个变换可以改善从 Z'' 平面上拟圆到中间计算平面 ζ 上单位圆的 Theodorsen-Garrick 变换的收敛性.

为了实施 Theodorsen-Garrick 变换, 有必要确保能够定义 Z'' 平面中拟圆上的任意一点. 通过引入极坐标, $Z'' = r(\theta) \exp(\mathrm{i}\theta)$, 习惯上用 $\ln r$ 关于 θ 的周期性三次样条函数来拟合该拟圆[72].

Theodorsen-Garrick 变换可写成

$$\frac{\mathrm{d}Z''}{\mathrm{d}\zeta} = \exp\left[\sum_{j=0}^{N} (A_j + \mathrm{i}B_j)\,\zeta^j\right]. \tag{7.47}$$

系数 A, B 的选取使得 ζ 平面中单位圆上 $2N$ 个均匀分布点映射到 Z'' 平面中拟圆上的等价点. ζ 平面中单位圆的外部区域通过令 $\zeta = r\exp(\mathrm{i}\phi)$ 且置

$$R = \exp(\ln r), \quad \beta = \phi \tag{7.48}$$

映射到最终的计算平面 (R, β) 上的矩形内部: $1 \leqslant R \leqslant R_{\max}$, $0 \leqslant \beta \leqslant 2\pi$.

综上, 序列变换 (7.45)—(7.48) 将 (x, y) 平面上一个孤立物体的外部区域映射到 (R, β) 平面上一个矩形区域内部.

原则上, 在 (R, β) 平面上划分均匀坐标线网格, 用以上序列变换的逆变换可得到物理区域中的网格. 然而, 虽然逆变换对于建立物理区域边界和计算区域边界的对应关系 (称为阶段 1) 比较有效, 但相应的逆变换对于建立内部网格点之间的对应 (称为阶段 2) 却不是很有效. Ives[71] 建议在阶段 2 中使用椭圆方程 $x_{\xi\xi} + x_{\eta\eta} = 0$, $y_{\xi\xi} + y_{\eta\eta} = 0$ 求解器生成内部网格, 其中边界值已经用阶段 1 确定. 也可以直接使用变换 (7.45) 和 (7.46) 并结合网格横纵比为 1 以及网格贴体的要求生成高质量的 O 型网格[73]. 序列变换方法也可推广到包含多个孤立物体的区域[72].

7.3.3 单步保角映射

本小节描述 Davis[74] 于 1979 年给出的 Schwarz-Christoffel 变换的一种有效的实现, 该实现可推广到曲边物体. 传统的 Schwarz-Christoffel 变换将物理平面 Z 中被一个简单封闭多边形包围的区域映射到变换平面 ω 的上半平面, 且多边形和 ω 平面的实轴重合. 通过引入支割线 (图 7.6), 可以将物理平面 Z 中介于一个闭合多边形和无穷远之间的区域当成一个封闭区域. 因此可用 Schwarz-Christoffel 变换将该区域映射到平面 ω 的上半平面, 从而生成物体外部网格. 但本小节将具体描述二维管道内部区域的 Schwarz-Christoffel 变换.

传统形式的 Schwarz-Christoffel 变换公式[75] 为

$$\frac{\mathrm{d}Z}{\mathrm{d}\omega} = M \prod_{j=1}^{N} (\omega - b_j)^{-\alpha_j/\pi}, \tag{7.49}$$

其中 α_j 是边通过角点 j 的转角 (逆时针方向为正), 实数 b_j 是变换平面 ω 的实轴上的未知位置且其中三个可随意选定, M 是复常数, 通常和物理区域的几何有关.

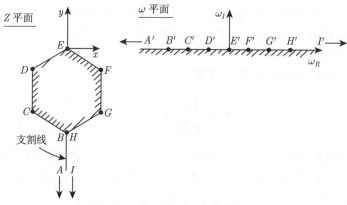

图 7.6   Schwarz-Christoffel 变换

物理平面上的物体无须是封闭的. 于是, 图 7.7 中 Z 平面上的任意管道区域, 可用 Schwarz-Christoffel 变换映射到 ω 平面的上半平面, 使得上管壁入口处的 Z_N 点被映射到 ω 平面上实轴下游的 b_N 点.

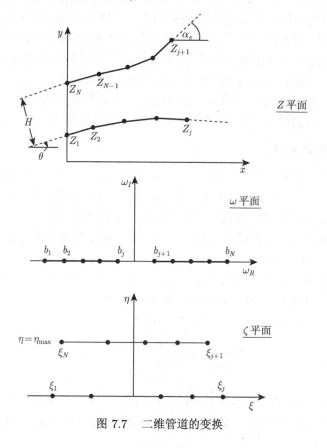

图 7.7   二维管道的变换

原则上, 在 ω 平面上划分均匀矩形网格并用逆映射即可生成物理区域的网格. 但对于管道区域更方便的是做第二次映射, 将上半 ω 平面变换成 ζ 平面中平行于实轴的直管道.

管道从 Z 平面到 ω 平面的 Schwarz-Christoffel 映射为

$$\frac{\mathrm{d}Z}{\mathrm{d}\omega} = \frac{M}{\omega} \left(\prod_{j=1}^{N} (\omega - b_j)^{-\alpha_j/\pi} \right) \omega^{-\alpha_e/\pi}, \tag{7.50}$$

式 (7.50) 只包含管道上实际存在的角度和极点. α_j 是 Z 平面上过 Z_j 角点的转角. 复常数 M 由管道的宽度及其与 x 轴间的方位角决定. b_j 是 ω 平面中的极点, 对应于物理平面 Z 中的角点, b_j 的值是通过重复积分 (7.50) 迭代确定的.

从 ω 平面到 ζ 平面的映射为

$$\zeta = -\frac{1}{\pi} \ln \omega + \mathrm{i}. \tag{7.51}$$

如果假设管道向上游平行地延伸到无穷远 ($\omega \to \infty$), 则 (7.50) 变成 ([69], 第 92 页)

$$\frac{\mathrm{d}Z}{\mathrm{d}\omega} = \frac{M}{\omega}. \tag{7.52}$$

积分 (7.52) 且结合 (7.51) 得

$$Z = \pi M (\mathrm{i} - \zeta) + Z_0. \tag{7.53}$$

上式应用于上游直管道的上下壁面得 (图 7.7 中可预设 $\zeta_{\text{upper}} - \zeta_{\text{lower}} = \eta_{\text{max}} = 1$)

$$Z_{\text{upper}} - Z_{\text{lower}} = \mathrm{i}He^{\mathrm{i}\theta} = -\pi M \eta_{\text{max}} \mathrm{i} = -\pi M \mathrm{i}. \tag{7.54}$$

H 和 θ 的定义见图 7.7. 于是 $M = -He^{\mathrm{i}\theta}/\pi$.

原则上, 如果已知平面 ω 中的所有极点 $b_j, j = 1, \cdots, N$, 式 (7.50) 的数值积分可以生成网格. 但该式在 $\omega = b_j$ 附近会有奇性. 一种较好的方案是对 (7.50) 的数值积分使用 Davis[74] 于 1979 年提出的结合极点解析积分的组合二阶推进格式:

$$\frac{Z_{k+1} - Z_k}{\zeta_{k+1} - \zeta_k} = \frac{M}{(\omega_{k+1/2})^{1+\alpha_e/\pi}} \prod_{j=1}^{N} \left(\frac{(\omega_{k+1} - b_j)^{1-\alpha_j/\pi} - (\omega_k - b_j)^{1-\alpha_j/\pi}}{(\omega_{k+1} - \omega_k)^{1-\alpha_j/\pi}} \right). \tag{7.55}$$

k 是积分路径方向的指标. 其中, 对于第二次变换 (7.51) 的差分近似式为

$$\omega_{k+1} - \omega_k = -\pi \omega_{k+1/2} (\zeta_{k+1} - \zeta_k). \tag{7.56}$$

(7.55) 和 (7.56) 提供了物理平面 Z 和计算平面 ζ 之间的直接联系, 计算平面中的积分路径可任意选择, 例如沿边界线 $\eta = 0$ 和 $\eta = \eta_{\text{max}}$.

　　因为极点位置 b_j 未知, 积分 (7.55) 一次可以获得 $Z_j^\nu - Z_{j-1}^\nu$, 这里 ν 是迭代指标. 但由于物理平面中的收敛值 $\{Z_j^c\}_{j=1}^N$ (物理域中的管道角点) 是已知的, 故对应的计算平面中未知点 $\zeta_j^{\nu+1}$ 可用下式更新:

$$\zeta_j^{\nu+1} = \zeta_{j-1}^{\nu+1} + \frac{|Z_j^c - Z_{j-1}^c|}{|Z_j^\nu - Z_{j-1}^\nu|} \left(\zeta_j^\nu - \zeta_{j-1}^\nu\right). \tag{7.57}$$

而极点 b_j 的更新值则从式 (7.51) 获得如下

$$b_j^{\nu+1} = \exp\left[\pi(\mathrm{i} - \zeta_j^{\nu+1})\right]. \tag{7.58}$$

方程 (7.55)—(7.58) 反复迭代直到 $|Z_j^\nu - Z_j^c| < \epsilon \approx 10^{-5}$, $\forall j \in [1, N]$. 这通常需要 10—15 次迭代.

　　以上确定 b_j 正确值的反复积分是沿着计算平面 ζ 中边界线 $\eta = 0$ 和 $\eta = \eta_{\max}$ 进行的, 这能建立物理区域边界点和计算区域边界点的对应. $\{b_j\}$ 解出后, 在计算平面中沿 $\xi = \mathrm{const}$ 和 $\eta = \mathrm{const}$ 的直线积分 (7.55), 可生成物理区域的内部网格.

　　以上方法的一个特点是, 计算平面中管道内的位势流是 $\phi + \mathrm{i}\psi = \zeta$, 这里 ϕ 是速度势, ψ 是流函数, 流速为单位速度. 于是计算平面中坐标线 $\eta = \mathrm{const}$ 为流线, $\xi = \mathrm{const}$ 为等势线. 物理区域中对应的网格线也是流线和等势线.

7.4　代数映射方法

　　代数网格生成方法就是通过直接给定坐标变换 $\mathbf{x} = \mathbf{x}(\boldsymbol{\xi})$ 的代数形式来生成网格. 坐标变换将复杂的物理区域 Ω_p 映射到简单的计算区域 Ω_c. 在计算区域 Ω_c 上做简单的网格剖分: $\{(\xi_i, \eta_j) : \xi_i = (i-1)/(I-1), \eta_j = (j-1)/(J-1), 1 \leqslant i \leqslant I, 1 \leqslant j \leqslant J\}$, 用代数技术将 Ω_c 上的网格逆映射到物理区域 Ω_p 就完成物理区域的网格生成. 常见的代数技术有一维拉伸函数法、正交映射、两边界法、多面法和无限插值 (transfinite interpolation, TFI) 法等. 下面介绍其中的一维拉伸函数法、两 (多) 边界法和无限插值法.

7.4.1　一维拉伸函数法

　　边界网格点分布可用一维拉伸函数有效地实现.

　　适当归一化的自变量为

$$\eta^* = \frac{\eta - \eta_A}{\eta_B - \eta_A} \in [0, 1], \quad \eta_A \leqslant \xi \leqslant \eta_B. \tag{7.59}$$

一个有效的拉伸函数为

$$s = P\eta^* + (1 - P)\left(1 - \frac{\tanh[Q(1 - \eta^*)]}{\tanh Q}\right) \in [0, 1], \tag{7.60}$$

其中 P 和 Q 是控制网格点分布的参数. P 有效地提供 $\eta^* = 0$ 附近分布的斜率: $s \approx P\eta^*$. Q 称为阻尼因子, 控制 s 对于 η^* 线性部分的偏离. Q 越大, 偏离越大; η^* 越接近于 1, 偏离也越大. 但当 $P \approx 1$ 时, 偏离将会很小.

一旦得到 s, 就可用于指定边界段 AB 上 x 或 y 的分布, 例如

$$\frac{x(s) - x_A}{x_B - x_A} = f(s) \quad \text{或} \quad \frac{y(s) - y_A}{y_B - y_A} = g(s). \tag{7.61}$$

$f(s), g(s)$ 是预先给定的函数, 通常 $f(s) = g(s) = s$. 当 $P < 1$ 时, 在 A 点附近加密.

如果希望在 $\eta^* \in [0, 1]$ 区间两端同样加密, 可以使用双曲正切函数

$$s = \frac{1}{2} + \frac{1}{2}\frac{\tanh[\alpha(2\eta^* - 1)]}{\tanh(\alpha)}, \quad \eta^* = \frac{j-1}{j_{\max} - 1}, \quad j = 1, 2, \cdots, j_{\max}. \tag{7.62}$$

给定的参数 α 越大, 在 $s = 0$ 和 $s = 1$ 附近, 网格越密. 通常取 $\alpha = 2$.

如果希望在 $\eta^* \in [0, 1]$ 区间的两端和内部某处加密, 可以使用双指数函数:

$$s = \begin{cases} A_1 \dfrac{e^{A_2 \frac{\eta^*}{A_3}} - 1}{e^{A_2} - 1}, & \eta^* \in [0, A_3], \ s \in [0, A_1], \\[3mm] A_1 + (1 - A_1)\dfrac{e^{A_4 \frac{\eta^* - A_3}{1 - A_3}} - 1}{e^{A_4} - 1}, & \eta^* \in [A_3, 1], \ s \in [A_1, 1], \end{cases} \tag{7.63}$$

其中参数 A_1, A_2, A_3 由用户给定, 而 A_4 是根据连续条件 $(ds/d\eta^*)|_{A_3} \subset C^1$ 建立代数方程, 进而用牛顿法迭代解出.

对于简单几何区域, 其内部网格可用一维拉伸函数和简单的剪切变换相结合的手段来建立. 例如图 7.8 所示有一对平行边界的区域内的网格可以用 x 方向均匀、y 方向拉伸的剪切变换 (7.64) 生成[2]:

$$x_{i,j} = x_L + (x_R - x_L)r_i, \quad r_i = \xi^*, \quad \xi_i^* = \frac{i-1}{i_{\max} - 1},$$

$$y_{i,j} = y_B(x_{i,j}) + [y_T(x_{i,j}) - y_B(x_{i,j})]s_j, \quad s_j = \frac{e^{\alpha \eta_j^*} - 1}{e^\alpha - 1}, \quad \eta_j^* = \frac{j-1}{j_{\max} - 1}. \tag{7.64}$$

这里, η 方向使用了单指数函数

$$s = \frac{e^{\alpha \eta^*} - 1}{e^\alpha - 1} \tag{7.65}$$

作为拉伸函数, ξ^*, η^* 为归一化计算坐标. 参数 α 越大, $\eta^* = 0$ 附近网格就越密.

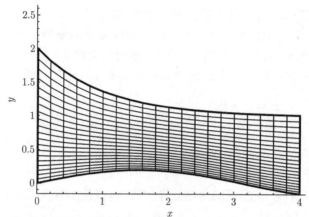

图 7.8 用拉伸函数和剪切变换生成管道的贴体网格. 公式 (7.64) 中,
$x_L = 0, x_R = 4, y_B(x) = 0.2\sin(x), y_T(x) = 1 + e^{-x}, \alpha = 1, i_{\max} = 20, j_{\max} = 20$

对于曲线边界, 常常使用离散拉伸函数乘以总弧长的结果来插值确定边界网格点的物理位置. 反过来, 如果已知物理边界上网格点分布, 也可以计算拉伸函数. 例如设一边界线的网格点为 $\{x_{1,j}, y_{1,j}, j = 1, \cdots, j_{\max}\}$. 归一化自变量 η^* 和拉伸函数 s 分别为

$$
\begin{aligned}
\eta_j^* &= \frac{j-1}{j_{\max}-1}, \\
s_j &= \frac{d_j}{d_{j_{\max}}}, \quad d_j = d_{j-1} + \sqrt{(x_{1,j} - x_{1,j-1})^2 + (y_{1,j} - y_{1,j-1})^2}, \quad d_1 = 0.
\end{aligned}
\tag{7.66}
$$

7.4.2 两边界法

两边界法提供一种在两个给定的边界之间插值内部区域的方法. 通过插值可以完全确定两个边界之间的内部网格. 以图 7.9 中的管道为例说明该方法.

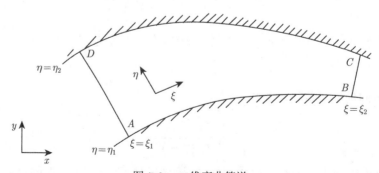

图 7.9 二维弯曲管道

设计算区域为 $\xi_1 \leqslant \xi \leqslant \xi_2$, $\eta_1 \leqslant \eta \leqslant \eta_2$. 设归一化自变量 $\eta^* = (\eta - \eta_1)/(\eta_2 - \eta_1)$. 给定一维拉伸函数 $s_{AD}(\eta^*)$ 和 $s_{BC}(\eta^*)$, 用来控制入口边界 AD 和出口边界 BC 上的网格点分布. 在边界 AD 和 BC 之间区域中的拉伸函数 s 用简单的线性插值获得

$$s = s_{AD} + \xi^*(s_{BC} - s_{AD}), \tag{7.67}$$

其中归一化自变量 $\xi^* = (\xi - \xi_1)/(\xi_2 - \xi_1)$. 类似地, 边界 AB 和 DC 上的网格点分布也使用一维拉伸函数 $r_{AB}(\xi^*)$ 和 $r_{DC}(\xi^*)$ 来控制. 两边界法提供一种在边界 AB 和 DC 之间插值生成内部网格的手段. 一个简单的插值为

$$
\begin{aligned}
x(\xi, \eta) &= (1-s)x_{AB}(r_{AB}) + sx_{DC}(r_{DC}), \\
y(\xi, \eta) &= (1-s)y_{AB}(r_{AB}) + sy_{DC}(r_{DC}).
\end{aligned}
\tag{7.68}
$$

通过边界拉伸函数 $s_{AD}, s_{BC}, r_{AB}, r_{DC}$, 可以相当程度地控制内部网格点的疏密.

插值 (7.68) 的一个困难是当边界 AB 和 DC 上对应的网格点不对齐时, 边界附近的网格将扭曲严重. 此时, 将 (7.68) 换成另一种插值:

$$
\begin{aligned}
x(\xi, \eta) =\ & \mu_1(s)x_{AB}(r_{AB}) + \mu_2(s)x_{DC}(r_{DC}) + T_1\mu_3(s)\left(\frac{\mathrm{d}y_{AB}}{\mathrm{d}r_{AB}}(r_{AB})\right) \\
& + T_2\mu_4(s)\left(\frac{\mathrm{d}y_{DC}}{\mathrm{d}r_{DC}}(r_{DC})\right), \\
y(\xi, \eta) =\ & \mu_1(s)y_{AB}(r_{AB}) + \mu_2(s)y_{DC}(r_{DC}) - T_1\mu_3(s)\left(\frac{\mathrm{d}x_{AB}}{\mathrm{d}r_{AB}}(r_{AB})\right) \\
& - T_2\mu_4(s)\left(\frac{\mathrm{d}x_{DC}}{\mathrm{d}r_{DC}}(r_{DC})\right),
\end{aligned}
\tag{7.69}
$$

其中

$$
\begin{aligned}
\mu_1(s) &= 2s^3 - 3s^2 + 1, \quad \mu_2(s) = -2s^3 + 3s^2, \\
\mu_3(s) &= s^3 - 2s^3 + s, \quad \mu_4(s) = s^3 - s^2
\end{aligned}
\tag{7.70}
$$

就可以生成与边界 AB 和 DC 局部正交的网格. 参数 T_1, T_2 控制正交性施加到内部的距离.

两边界法生成的典型网格见图 7.10, 其在 $\eta^* = 0$ 附近加密.

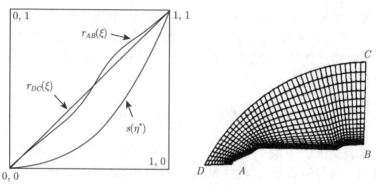

图 7.10　两边界法 (7.68) 生成的网格示意图. 仅 $s(\eta^*)$ 在 $\eta^* = 0$ 附近加密, 而 $r_{AB}(\xi^*)$ 为基本均匀分布, $r_{DC}(\xi^*)$ 为均匀分布. 注意 AD 和 BC 上网格点位置是由式 (7.68) 确定的

7.4.3　多面法

为了额外控制内部网格, 可在一对给定边界 $\mathbf{Z}_1(r) = (x_1(r), y_1(r))$ 和 $\mathbf{Z}_N(r) = (x_N(r), y_N(r))$ 之间 (如 AB 和 DC) 引进辅助曲面, $\mathbf{Z}_2, \cdots, \mathbf{Z}_{N-1}$, 其坐标 (x_i, y_i), $i = 2, \cdots, N - 1$ 均为归一化参变量 $r \in [0, 1]$ 的函数. 将相邻曲面上相同 r 值的点连接, 得到一序列方向矢量. Eiseman [76] 于 1979 年提出的多面法将这一序列方向矢量插值到区域中任意点. 这将提供两个直接好处:

(1) 通过调节边界面网格点和相邻辅助面上 r 相等的点之间的对应, 可使网格正交于边界.

(2) 网格沿 s 方向分布是用一序列方向矢量插值获得, 不仅沿 s 方向的分布光滑, 而且不要求内部网格插值辅助面. 原则上辅助面的个数没有限制, 实践中用两个辅助面就可很好地控制内部网格.

系列辅助面如图 7.11 所示. 一般地有 $N - 2$ 个辅助面. 相同参数 r 同时定义各个曲面 $\mathbf{Z}_i(r), i = 1, \cdots, N$ 上的一个点, 相邻曲面上的点连成一条直线 (虚线), 这些直线的切向定义一序列矢量函数, $\mathbf{V}_i(r)$, $i = 1, \cdots, N - 1$, 它们和曲面 $\mathbf{Z}_i(r)$ 的关系为

$$\mathbf{V}_i(r) = A_i\left[\mathbf{Z}_{i+1}(r) - \mathbf{Z}_i(r)\right], \quad i = 1, \cdots, N - 1. \tag{7.71}$$

参数 A_i 稍后根据最终的网格插值必须匹配区间 $0 \leqslant s \leqslant 1$ 这个条件来决定. 通过序列切矢量函数 $\mathbf{V}_i(r)$ 在 s 方向插值, 可形成一个对 r 和 s 都连续的切矢量函数,

$$\mathbf{V}(r, s) = \sum_{i=1}^{N-1} \psi_i(s)\mathbf{V}_i(r), \tag{7.72}$$

这里 $\psi_i(s)$ 是待确定的插值函数, 满足 $\psi_i(s_k) = \delta_{ik}$. 从 $\mathbf{V}_i(r)$ 的构造方式 (7.71) 可见, 显然存在一个可用于网格生成的从给定 r, s 值 (或 ξ, η) 到物理平面的连续映

射 $\mathbf{Z}(r,s)$, 使得

$$\frac{\partial \mathbf{Z}(r,s)}{\partial s} = \mathbf{V}(r,s) = \sum_{i=1}^{N-1} \psi_i(s)\mathbf{V}_i(r). \tag{7.73}$$

将式 (7.73) 从 $s = 0$ 到 $s \in [0,1]$ 积分并借助于式 (7.71), 得函数

$$\mathbf{Z}(r,s) = \mathbf{Z}_1(r) + \sum_{i=1}^{N-1} A_i G_i(s) \left[\mathbf{Z}_{i+1}(r) - \mathbf{Z}_i(r) \right], \tag{7.74}$$

其中 $G_i(s) = \displaystyle\int_0^s \psi_i(s'){\rm d}s'$. 参数 A_i 由 $A_i G_i(1) = 1$ 确定. 这样当 $s = 1$ 时, 式 (7.74) 给出网格插值匹配边界所要求的 $\mathbf{Z}(r,s) = \mathbf{Z}_N(r)$. 于是得到多面法变换的通用公式

$$\mathbf{Z}(r,s) = \mathbf{Z}_1(r) + \sum_{i=1}^{N-1} \frac{G_i(s)}{G_i(1)} \left[\mathbf{Z}_{i+1}(r) - \mathbf{Z}_i(r) \right]. \tag{7.75}$$

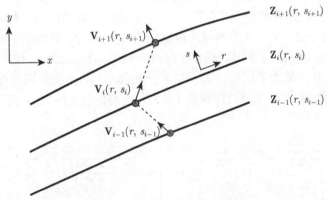

图 7.11　中间面 $\mathbf{Z}_i$ 和切向量 $\mathbf{V}_i$

由式 (7.73) 可知插值函数 $\psi_i(s)$ 的连续可微性比网格 $\mathbf{Z}$ 关于 s 的连续可微性低一阶. 一族合适的插值函数为

$$\psi_i(s) = \begin{cases} 1, & N = 2, \\ \displaystyle\prod_{l=1,l\neq i}^{N-1} (s - s_l), & N > 2. \end{cases} \tag{7.76}$$

注意该函数并不一定满足 $\psi_i(s_i) = 1$, 但它的影响是以比值 $G_i(s)/G(1)$ 出现在式 (7.75) 中的, 所以这不影响变换 (7.75) 的结果.

最简单的情况是 $N = 2$. 此时, 多面法 (7.75) 变成

$$\mathbf{Z}(r,s) = \mathbf{Z}_1(r) + s\left[\mathbf{Z}_2(r) - \mathbf{Z}_1(r)\right]. \tag{7.77}$$

由于没有辅助面, (7.77) 等价于两边界法 (7.68).

对于 $N = 3$, 有一个辅助面. 基于插值函数族 (7.76), 有 $\psi_1(s) = s - s_2$, $\psi_2(s) = s - s_1$. 因此, $G_1(s) = s(s - 2s_2)/2$, $G_2(s) = s(s - 2s_1)/2$, 多面法公式 (7.75) 变成

$$
\begin{aligned}
\mathbf{Z}(r,s) &= \left[1 - \frac{G_1(s)}{G_1(1)}\right]\mathbf{Z}_1(r) + \left[\frac{G_1(s)}{G_1(1)} - \frac{G_2(s)}{G_2(1)}\right]\mathbf{Z}_2(r) + \frac{G_2(s)}{G_2(1)}\mathbf{Z}_3(r) \\
&= \left[1 - \frac{s(s-2s_2)}{1-2s_2}\right]\mathbf{Z}_1(r) + \left[\frac{s(s-2s_2)}{1-2s_2} - \frac{s(s-2s_1)}{1-2s_1}\right]\mathbf{Z}_2(r) + \frac{s(s-2s_1)}{1-2s_1}\mathbf{Z}_3(r) \\
&= (1-s)^2\mathbf{Z}_1(r) + 2s(1-s)\mathbf{Z}_2(r) + s^2\mathbf{Z}_3(r) \quad (\text{如果置 } s_1=0, s_2=1). \tag{7.78}
\end{aligned}
$$

对于最简单情形 $N = 2$, 多面法生成的典型网格如图 7.12(a) 所示, 此时网格在 s/η 方向是直线. 实践中常采用 $N = 4$, 其中两个面匹配固定边界 $\mathbf{Z}_1(r)$ 和 $\mathbf{Z}_4(r)$. 两个辅助面 $\mathbf{Z}_2(r)$ 和 $\mathbf{Z}_3(r)$, 用来控制内部网格. 通过调节 $\mathbf{Z}_2(r)$ 和 $\mathbf{Z}_3(r)$ 上的点沿 r 方向的分布 (具体操作见 7.6 节中 $N = 4$ 多面法实例), 可使得 η 方向网格线正交于两个边界面. $N = 4$ 的典型网格如图 7.12(b) 所示, 其中两个辅助面初始位置用 $\mathbf{Z}_1$ 和 $\mathbf{Z}_4$ 线性插值确定, 且和各自对应的边界相距 $\Delta s = 0.1$. 应当强调的是, 辅助面的引入是为了控制内部网格的分布和形状, 不需要和最终的网格线重合. 而且多面法中仍可采用拉伸变量 s 在 ξ 方向的插值 (7.67) 来调节 η 方向的格点分布.

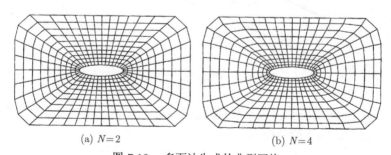

(a) $N=2$ (b) $N=4$

图 7.12   多面法生成的典型网格

椭圆长轴为 1.0, 短轴为 0.25, 角光滑的外边界矩形长 8、宽 4.8

7.4.4 无限插值法

无限插值法最早由 Gordon 和 Hall[77] 于 1973 年提出. 由于插值函数匹配了计算区域各组边界面以及若干中间面上连续的无穷多个插值节点, 因此称为 "无限插值法".

　　无限插值法利用计算区域边界面和内部若干中间面上给定的物理位置及其对跨界 (离界) 计算坐标的导数, 通过单坐标插值、张量积和布尔和, 或通过递归公式, 得到整个计算区域上的物理位置, 这些物理位置的离散化就是物理区域中的网格. 无限插值法的优点是计算量小, 可以生成间距可控的贴体结构网格, 也可以调整一个现存的结构网格为小幅变化后新边界的贴体网格.

　　前面介绍的两 (多) 边界法只在一个方向 (s 或等价的 η) 插值, 在边界 $\eta = \eta_1$ 和 $\eta = \eta_2$ 上的另一个方向 (r 或等价的 ξ) 提供连续映射. 但使用无限插值法, 可以在所有边界上指定连续的映射, $\mathbf{Z}_{AB}(\xi, \eta_1)$, $\mathbf{Z}_{DC}(\xi, \eta_2)$, $\mathbf{Z}_{AD}(\xi_1, \eta)$, $\mathbf{Z}_{BC}(\xi_2, \eta)$ (图 7.9), 在区域内部两个方向 (ξ 和 η, 或等价的 r 和 s) 同时插值.

　　作为构造物理区域网格的中间步, 引入归一化参数坐标 (r, s), 使得

$$0 = r_1 \leqslant r \leqslant r_2 = 1, \quad 当\ \xi_1 \leqslant \xi \leqslant \xi_2\ 时,$$
$$0 = s_1 \leqslant s \leqslant s_2 = 1, \quad 当\ \eta_1 \leqslant \eta \leqslant \eta_2\ 时. \tag{7.79}$$

定义混合函数 $\phi_1(r), \phi_2(r), \psi_1(s), \psi_2(s)$, 满足条件

$$\phi_j(r_{j'}) = \delta_{jj'}, \quad j, j' = 1, 2 \quad 和 \quad \psi_k(s_{k'}) = \delta_{kk'}, \quad k, k' = 1, 2, \tag{7.80}$$

这里 δ_{ij} 是克罗内克符号: $i = j$, $\delta_{ij} = 1$; $i \neq j$, $\delta_{ij} = 0$.

　　无限插值法可按照三个步骤实施. 首先, 用给定的边界映射进行单个 r 和 s 方向的插值:

$$\mathbf{Z}_r(r, s) = \phi_1(r)\mathbf{Z}(r_1, s) + \phi_2(r)\mathbf{Z}(r_2, s), \tag{7.81}$$

$$\mathbf{Z}_s(r, s) = \psi_1(s)\mathbf{Z}(r, s_1) + \psi_2(s)\mathbf{Z}(r, s_2). \tag{7.82}$$

(7.81) 是将左右边界的映射 $\mathbf{Z}(0, s)$ 和 $\mathbf{Z}(1, s)$, 插值到中间 r 值的连续映射; (7.82) 是将上下边界的映射 $\mathbf{Z}(r, 0)$ 和 $\mathbf{Z}(r, 1)$, 插值到中间 s 值的连续映射. 它们各自相当于两边界法映射 (7.68).

　　其次, 定义一个张量积插值

$$\mathbf{Z}_{rs}(r, s) \equiv \sum_{j=1}^{2} \sum_{k=1}^{2} \phi_j(r)\psi_k(s)\mathbf{Z}(r_j, s_k), \tag{7.83}$$

该插值只和给定的边界映射在 $(0, 0)$, $(0, 1)$, $(1, 0)$, $(1, 1)$ 这四个角点处匹配.

　　最后, 为了精确匹配二维区域中所有边界上给定的映射, 定义布尔和 (Boolean sum) 插值

$$\mathbf{Z}(r,s) = \mathbf{Z}_r(r,s) + \mathbf{Z}_s(r,s) - \mathbf{Z}_{rs}(r,s), \tag{7.84}$$

这个构造是无限插值法的核心.

实践中, 式 (7.84) 也可递归性地分两步实施. 第一步, 在 r 方向做单变量插值:

$$\mathbf{Z}_r(r,s) = \sum_{j=1}^{2} \phi_j(r)\mathbf{Z}(r_j,s), \tag{7.85}$$

其中 $\mathbf{Z}(r_j,s), j=1,2$ 表示左右边界的物理位置 (插值条件). 第二步, 利用第一步的结果再在 s 方向作单变量插值:

$$\mathbf{Z}(r,s) = \mathbf{Z}_r(r,s) + \sum_{k=1}^{2} \psi_k(s)\left[\mathbf{Z}(r,s_k) - \mathbf{Z}_r(r,s_k)\right]. \tag{7.86}$$

混合函数的选择和两边界法或多面法中的方式类似. 如选为简单的线性函数

$$\phi_1(r) = 1-r, \quad \phi_2(r) = r, \quad \psi_1(s) = 1-s, \quad \psi_2(s) = s, \tag{7.87}$$

就得到双线性无限插值 (7.84) 或 (7.86). 在 (7.84) 中, 单变量插值和张量积插值分别为

$$\mathbf{Z}_r(r,s) = (1-r)\mathbf{Z}(0,s) + r\mathbf{Z}(1,s),$$

$$\mathbf{Z}_s(r,s) = (1-s)\mathbf{Z}(r,0) + s\mathbf{Z}(r,1),$$

$$\mathbf{Z}_{rs}(r,s) = (1-r)(1-s)\mathbf{Z}(0,0) + (1-r)s\mathbf{Z}(0,1) + r(1-s)\mathbf{Z}(1,0) + rs\mathbf{Z}(1,1). \tag{7.88}$$

虽然双线性无限插值所生成的网格可通过边界格点分布控制边界附近的疏密, 但和两边界法 (7.68) 一样, 不能使网格和边界正交.

为了更好地控制内部网格, 可像多面法那样, 引入多个曲面的几何信息 (物理位置 $\mathbf{Z}(r,s_k)$ 及其跨界 (又叫离界) 导数 $\partial^n\mathbf{Z}(r,s_k)/\partial s^n,\ k=1,\cdots,K$). 例如, 给定边界 $s_1=0$ 和 $s_2=1$ 上的物理位置及一阶跨边界导数, 用单变量 Hermite 混合函数 $\psi_k^{(n)}(s)$ 将它们组合成单变量插值:

$$\mathbf{Z}_s(r,s) = \sum_{k=1}^{2}\sum_{n=0}^{1} \psi_k^{(n)}(s)\frac{\partial^n\mathbf{Z}(r,s_k)}{\partial s^n} = \psi_1^{(0)}(s)\mathbf{Z}(r,s_1) + \psi_1^{(1)}(s)\frac{\partial\mathbf{Z}(r,s_1)}{\partial s}$$

$$+ \psi_2^{(0)}(s)\mathbf{Z}(r,s_2) + \psi_2^{(1)}(s)\frac{\partial\mathbf{Z}(r,s_2)}{\partial s}, \tag{7.89}$$

其中

$$\psi_1^{(0)}(s) = 2s^3 - 3s^2 + 1, \quad \psi_1^{(1)}(s) = s^3 - 2s^2 + s,$$

$$\psi_2^{(0)}(s) = -2s^3 + 3s^2, \qquad \psi_2^{(1)}(s) = s^3 - s^2.$$

边界上的跨界导数可用边界物理位置的切向导数的叉积给出

$$\frac{\partial \mathbf{Z}(r, s_k)}{\partial s} = \mathbf{k} \times \frac{\partial \mathbf{Z}(r, s_k)}{\partial r} T_k(r), \quad k = 1, 2, \tag{7.90}$$

这里 $\mathbf{k}$ 是垂直纸面指向外的单位矢量, 标量函数 $T_k(r)$ 可调节边界物理位置的跨界 (法向) 导数的大小, 其值越大, 正交性效应越深入物理区域内部. 基于两边界物理位置函数及其一阶导数 (7.90) 的单变量插值 (7.89) 等价于两边界法的变种 (7.69). Eriksson[78] 于 1982 年指出, 指定一至三阶跨界导数可以更准确地控制网格分布, 尤其在三维网格中.

三维无限插值法可以表示成每步只有一个方向单变量插值的三步递归公式. 第一步,

$$\mathbf{Z}_1(r, s, t) = \sum_{i=1}^{I} \sum_{n=0}^{P} \alpha_i^{(n)}(r) \frac{\partial^n \mathbf{Z}(r_i, s, t)}{\partial r^n}, \tag{7.91}$$

第二步,

$$\mathbf{Z}_2(r, s, t) = \mathbf{Z}_1(r, s, t) + \sum_{j=1}^{J} \sum_{m=0}^{Q} \beta_j^{(m)}(s) \left(\frac{\partial^m \mathbf{Z}(r, s_j, t)}{\partial s^m} - \frac{\partial^m \mathbf{Z}_1(r, s_j, t)}{\partial s^m} \right), \tag{7.92}$$

第三步,

$$\mathbf{Z}(r, s, t) = \mathbf{Z}_2(r, s, t) + \sum_{k=1}^{K} \sum_{l=0}^{R} \gamma_k^{(l)}(t) \left(\frac{\partial^l \mathbf{Z}(r, s, t_k)}{\partial t^l} - \frac{\partial^l \mathbf{Z}_2(r, s, t_k)}{\partial t^l} \right). \tag{7.93}$$

混合函数须满足条件

$$\frac{\partial^{\bar{n}} \alpha_i^{(n)}(r_i)}{\partial r^{\bar{n}}} = \delta_{i\bar{i}} \delta_{n\bar{n}}, \quad \frac{\partial^{\bar{m}} \beta_j^{(m)}(s_j)}{\partial s^{\bar{m}}} = \delta_{j\bar{j}} \delta_{m\bar{m}}, \quad \frac{\partial^{\bar{l}} \gamma_k^{(l)}(t_k)}{\partial t^{\bar{l}}} = \delta_{k\bar{k}} \delta_{l\bar{l}}. \tag{7.94}$$

7.5 偏微分方程方法

偏微分方程网格生成方法主要有双曲型方程法、抛物型方程法和椭圆型方程法. 因为抛物型方程法和双曲型方程法相似, 且研究文献较少, 本书不做介绍. 本章首先简要介绍可应用于钝体外流场网格的双曲型方程法, 其优点是计算量低, 网格正交性较好, 缺点是由于从一个边界往外推进生成网格, 外边界不易控制, 且由凹形和不规则边界外推的网格易出现畸形或相交, 通用性较差. 其次重点介绍基于求解椭圆型方程的网格生成方法, 这也是应用最广泛的方法, 其优点是网格正交性和光滑性较好, 通用性强, 缺点是方法复杂, 计算量较大.

7.5.1　双曲型方程法

用双曲型方程生成网格, 是从一条已布置网格点的边界出发, 采用逐层推进法逐渐得到整个区域上的网格. 方法的计算效率高, 同时生成的网格又有较好的正交性[79].

在二维中, 假设给定边界 $\eta = 0$ 上的网格点分布 (初始状态). 网格生成方程为

$$\begin{cases} x_\xi x_\eta + y_\xi y_\eta = 0, \\ x_\xi y_\eta - x_\eta y_\xi = J^{-1}. \end{cases} \tag{7.95}$$

第一式保证了整个物理区域中网格的正交性, 第二式控制网格几何尺度 (Jacobian 因子 J^{-1} 为控制单元的面积). $J(\xi, \eta)$ 应在生成网格前在全场范围内预先选定.

当数值求解时, 需要对式 (7.95) 中的非线性项做局部线性处理, 例如

$$x_\xi x_\eta = (\hat{x} + (x - \hat{x}))_\xi (\hat{x} + (x - \hat{x}))_\eta = \hat{x}_\xi \hat{x}_\eta + \hat{x}_\eta (x_\xi - \hat{x}_\xi) + \hat{x}_\xi (x_\eta - \hat{x}_\eta) + \mathcal{O}(\Delta^2)$$

$$\approx \hat{x}_\eta x_\xi + \hat{x}_\xi x_\eta - \hat{x}_\xi \hat{x}_\eta,$$

其中 Δ 表示网格步长, 上标 ^ 表示在已知状态处 (比如前一 η 网格层) 计算. 式 (7.95) 经过线性化处理后变成

$$\begin{cases} \hat{x}_\eta x_\xi + \hat{y}_\eta y_\xi + \hat{x}_\xi x_\eta + \hat{y}_\xi y_\eta = 0, \\ \hat{y}_\eta x_\xi - \hat{x}_\eta y_\xi - \hat{y}_\xi x_\eta + \hat{x}_\xi y_\eta = J^{-1} + \hat{J}^{-1}, \end{cases}$$

写成矩阵形式为

$$\hat{\mathbf{A}} \mathbf{z}_\xi + \hat{\mathbf{B}} \mathbf{z}_\eta = \mathbf{f} \quad \text{或} \quad \mathbf{z}_\eta + \hat{\mathbf{B}}^{-1} \hat{\mathbf{A}} \mathbf{z}_\xi = \hat{\mathbf{B}}^{-1} \mathbf{f}, \tag{7.96}$$

其中位置向量 $\mathbf{z}$, 矩阵 $\hat{\mathbf{A}}, \hat{\mathbf{B}}$ 和右端向量 $\mathbf{f}$ 分别为

$$\mathbf{z} = \begin{bmatrix} x \\ y \end{bmatrix}, \quad \hat{\mathbf{A}} = \begin{bmatrix} \hat{x}_\eta & \hat{y}_\eta \\ \hat{y}_\eta & -\hat{x}_\eta \end{bmatrix}, \quad \hat{\mathbf{B}} = \begin{bmatrix} \hat{x}_\xi & \hat{y}_\xi \\ -\hat{y}_\xi & \hat{x}_\xi \end{bmatrix}, \quad \mathbf{f} = \begin{bmatrix} 0 \\ J^{-1} + \hat{J}^{-1} \end{bmatrix}. \tag{7.97}$$

如果 $\hat{x}_\xi^2 + \hat{y}_\xi^2 \neq 0$, 则逆矩阵 $\hat{\mathbf{B}}^{-1}$ 存在, 且 $\hat{\mathbf{B}}^{-1}\hat{\mathbf{A}}$ 是对称矩阵, 有完备的实特征值和特征向量, 于是方程 (7.96) 在 η 方向是双曲型的, 可用相关的数值方法求解[79].

用隐式格式求解方程 (7.96) 时, η 方向的导数采用一阶向后差分, ξ 方向的导数采用二阶中心差分, 且增加适当的阻尼项 $\mathbf{d}_j^{k+1}$ 以保证稳定性[66]. 可得离散方程:

$$\hat{\mathbf{A}}\frac{\mathbf{z}_{j+1}^{k+1} - \mathbf{z}_{j-1}^{k+1}}{2\Delta\xi} + \hat{\mathbf{B}}\frac{\mathbf{z}_j^{k+1} - \mathbf{z}_j^k}{\Delta\eta} = \mathbf{f}_j + \mathbf{d}_j^{k+1}. \tag{7.98}$$

设 $\Delta\xi = \Delta\eta = 1$ (取不同步长值不影响物理区域的网格, 但取为 1 最简单), 由 (7.98) 可得关于第 $k+1$ 层网格点位置的块三对角方程组:

$$\mathbf{A}_j\mathbf{z}_{j-1}^{k+1} + \mathbf{B}_j\mathbf{z}_j^{k+1} + \mathbf{C}_j\mathbf{z}_{j+1}^{k+1} = \mathbf{b}_j, \quad j = 2, \cdots, j_{\max} - 1. \tag{7.99}$$

在 ξ/j 方向需要给定适当的边界条件. 块三对角方程组 (7.99) 的解向 η/k 方向推进, 外边界是通过求解确定的. 对于如何计算给定外边界时的问题, 可参见文献 [80].

7.5.2 椭圆型方程法

椭圆型方程法不一定生成正交网格或保角网格, 但可控制内部网格的疏密.

Thompson 最早提出椭圆型方程网格生成法 (如见 [81]). 最常用的网格生成方程是如下形式的泊松方程

$$\xi_{xx} + \xi_{yy} = P(\xi, \eta), \quad \eta_{xx} + \eta_{yy} = Q(\xi, \eta), \tag{7.100}$$

其中 P 和 Q 是用来控制内部网格疏密的已知函数.

使用椭圆型方程的一个优点是即使区域边界有斜率间断, 内部网格仍然光滑, 而使用双曲型方程则将边界斜率间断传播到内部网格.

对于适当的 P, Q 值, 方程 (7.100) 满足极值原理, 即 ξ 和 η 的最大最小值出现在物理边界上. 这可保证计算区域和物理区域的一一对应.

数值求解正变换方程 (7.100) 的困难在于如何划分物理边界网格点和如何找到计算平面中坐标平行线对应的物理网格. 在实际求解中, 将方程 (7.100) 变换到规则的计算平面 (ξ, η) 中更为方便. 此时 ξ, η 为自变量, x, y 为因变量. 变换的推导过程如下. 由坐标变换关系 (7.1) 可知存在以下微分关系式:

$$1 = \frac{\partial\xi}{\partial\xi} = \frac{\partial\xi\big(x(\xi,\eta), y(\xi,\eta)\big)}{\partial\xi} = \xi_x x_\xi + \xi_y y_\xi, \tag{7.101a}$$

$$0 = \frac{\partial\xi}{\partial\eta} = \frac{\partial\xi\big(x(\xi,\eta), y(\xi,\eta)\big)}{\partial\eta} = \xi_x x_\eta + \xi_y y_\eta, \tag{7.101b}$$

$$0 = \frac{\partial \eta}{\partial \xi} = \frac{\partial \eta \big(x(\xi, \eta), y(\xi, \eta) \big)}{\partial \xi} = \eta_x x_\xi + \eta_y y_\xi, \tag{7.101c}$$

$$1 = \frac{\partial \eta}{\partial \eta} = \frac{\partial \eta \big(x(\xi, \eta), y(\xi, \eta) \big)}{\partial \eta} = \eta_x x_\eta + \eta_y y_\eta, \tag{7.101d}$$

由 (7.101a) 与 (7.101b) 联立以及 (7.101c) 与 (7.101d) 联立, 可分别解得

$$\xi_x = y_\eta J, \quad \xi_y = -x_\eta J \quad \text{和} \quad \eta_x = -y_\xi J, \quad \eta_y = x_\xi J, \tag{7.102}$$

其中变换的 Jacobian 因子

$$J = \left| \frac{\partial(\xi, \eta)}{\partial(x, y)} \right| = \left| \frac{\partial(x, y)}{\partial(\xi, \eta)} \right|^{-1} = (x_\xi y_\eta - y_\xi x_\eta)^{-1}. \tag{7.103}$$

对任意光滑函数 $u(x, y) = u\big(x(\xi, \eta), y(\xi, \eta) \big)$, 由链式法则可得

$$u_{xx} = (\xi_x)^2 u_{\xi\xi} + 2\xi_x \eta_x u_{\xi\eta} + (\eta_x)^2 u_{\eta\eta} + \xi_{xx} u_\xi + \eta_{xx} u_\eta,$$

$$u_{yy} = (\xi_y)^2 u_{\xi\xi} + 2\xi_y \eta_y u_{\xi\eta} + (\eta_y)^2 u_{\eta\eta} + \xi_{yy} u_\xi + \eta_{yy} u_\eta.$$

上两式相加, 得

$$u_{xx} + u_{yy} = \hat{\alpha} u_{\xi\xi} + 2\hat{\beta} u_{\xi\eta} + \hat{\gamma} u_{\eta\eta} + (\xi_{xx} + \xi_{yy}) u_\xi + (\eta_{xx} + \eta_{yy}) u_\eta, \tag{7.104}$$

其中 $\hat{\alpha} = \xi_x^2 + \xi_y^2$, $\hat{\beta} = \xi_x \eta_x + \xi_y \eta_y$, $\hat{\gamma} = \eta_x^2 + \eta_y^2$.

将式 (7.104) 中的因变量 u 换成 x 和 y[3], 并利用 (7.102) 改写右端项中的 $\hat{\alpha}, \hat{\beta}, \hat{\gamma}$, 利用 (7.100) 改写右端的最后两项, 可得计算平面中的逆变换方程:

$$\alpha x_{\xi\xi} - 2\beta x_{\xi\eta} + \gamma x_{\eta\eta} = -J^{-2} \left[P(\xi, \eta) x_\xi + Q(\xi, \eta) x_\eta \right], \tag{7.105a}$$

$$\alpha y_{\xi\xi} - 2\beta y_{\xi\eta} + \gamma y_{\eta\eta} = -J^{-2} \left[P(\xi, \eta) y_\xi + Q(\xi, \eta) y_\eta \right], \tag{7.105b}$$

其中 $\alpha = x_\eta^2 + y_\eta^2$, $\beta = x_\xi x_\eta + y_\xi y_\eta$, $\gamma = x_\xi^2 + y_\xi^2$.

为了控制网格的疏密, Thompson 等[82] 于 1977 年建议取如下源函数:

$$P(\xi, \eta) = -\sum_{l=1}^{L} a_l \mathrm{sgn}\,(\xi - \xi_l) \exp\,(-b_l |\xi - \xi_l|)$$

$$- \sum_{i=1}^{I} c_i \mathrm{sgn}\,(\xi - \xi_i) \exp\left[-d_i \sqrt{(\xi - \xi_i)^2 + (\eta - \eta_i)^2} \right], \tag{7.106}$$

$$Q(\xi, \eta) = -\sum_{m=1}^{M} a_m \mathrm{sgn}\,(\eta - \eta_m) \exp\,(-b_m |\eta - \eta_m|)$$

$$-\sum_{i=1}^{I} c_i \mathrm{sgn}\,(\eta - \eta_i) \exp\left[-d_i\sqrt{(\xi - \xi_i)^2 + (\eta - \eta_i)^2}\right], \qquad (7.107)$$

其中 $a_{l/m}, b_{l/m}, c_i$ 和 d_i 是非负系数, 选择不同的值可产生不同的网格加密. 式(7.106) 和 (7.107) 的第一项分别可使 $\xi = \mathrm{const}$ 网格线族向 $\xi = \xi_l$ 线和 $\eta = \mathrm{const}$ 网格线族向 $\eta = \eta_m$ 线聚集, 而第二项可使两族网格线向点 (ξ_i, η_i) 聚集. 例如, 式 (7.107) 中选择 $\eta_m = \eta_1$ 和一个大的 a_1 值, 可使网格在翼型表面 ABC 附近加密, 如图 7.13 所示. 使用第二项可使网格在翼型前缘 B 和后缘 A/C 附近加密.

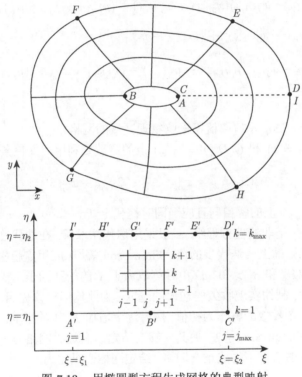

图 7.13　用椭圆型方程生成网格的典型映射

方程 (7.105) 的边界条件可用图 7.13 中的具体例子来说明. 在下边界 ABC ($A'B'C'$) 上置 $\eta = \eta_1$, $x = x_{ABC}(\xi), y = y_{ABC}(\xi)$, $\xi_1 \leqslant \xi \leqslant \xi_2$, 并划分边界网格点. 在上边界 $DFI(D'F'I')$ 上置 $\eta = \eta_2$, $x = x_{DFI}(\xi), y = y_{DFI}(\xi)$, $\xi_1 \leqslant \xi \leqslant \xi_2$, 并划分边界网格点. 划分方法采用 7.4.1 节中的一维拉伸函数. 注意在边界 $A'I'$ 或 $C'D'$ 上不提任何边界条件, 因为物理平面中的对应线是重合的内部线 (支割线).

对方程 (7.105) 中的一阶和二阶偏导数皆采用中心差分离散, 得离散方程

$$\alpha'(Z_{j-1,k} - 2Z_{j,k} + Z_{j+1,k}) - \frac{\beta'}{2}(Z_{j+1,k+1} - Z_{j-1,k+1} - Z_{j+1,k-1} + Z_{j-1,k-1})$$

$$+ \gamma'(Z_{j,k-1} - 2Z_{j,k} + Z_{j,k+1}) + \frac{\delta'}{2}P(Z_{j+1,k} - Z_{j-1,k})$$

$$+ \frac{\delta'}{2}Q(Z_{j,k+1} - Z_{j,k-1}) = 0, \quad Z = x \text{ 或 } y, \tag{7.108}$$

其中,

$$\alpha' = 0.25\left[(x_{j,k+1} - x_{j,k-1})^2 + (y_{j,k+1} - y_{j,k-1})^2\right],$$

$$\beta' = 0.25\left[(x_{j+1,k} - x_{j-1,k})(x_{j,k+1} - x_{j,k-1}) + (y_{j+1,k} - y_{j-1,k})(y_{j,k+1} - y_{j,k-1})\right],$$

$$\gamma' = 0.25\left[(x_{j+1,k} - x_{j-1,k})^2 + (y_{j+1,k} - y_{j-1,k})^2\right],$$

$$\delta' = \frac{1}{16}\left[(x_{j+1,k} - x_{j-1,k})(y_{j,k+1} - y_{j,k-1}) - (x_{j,k+1} - x_{j,k-1})(y_{j+1,k} - y_{j-1,k})\right]. \tag{7.109}$$

这里已假设 $\Delta\xi = \Delta\eta = 1$(取值不影响物理区域的网格).

边界 $A'I'(j = 1)$ 和 $C'D'(j = j_{\max})$ 上的离散要利用周期性条件, 例如

$$(x_{\xi\xi})_{1,k} = x_{j_{\max}-1,k} - 2x_{1,k} + x_{2,k}.$$

边界 $j = 1$ 和 $j_{\max}$ 上的解相同且应当同时迭代更新.

方程 (7.108) 是非线性方程组, 一般采用迭代法求解. 在迭代过程中, 系数 α', β', γ', δ' 取为已知的上一迭代步的值. Thompson 等[82] 应用点超松弛法求解且发现当 $\alpha' > |0.5\delta'P|$ 和 $\gamma' > |0.5\delta'Q|$ 时可取大于 1 的松弛因子. 显然过大的 P, Q 值会降低收敛率, 制约实现收敛的初值的选取. 为此他们建议先用 $P = Q = 0$ 或较小的值计算一个收敛的解作为初值, 然后逐步增加 P, Q 的影响.

可以修改 Thompson 方法, 使其能够在给定所有边界网格点分布和内部网格点某种疏密控制的情况下生成正交网格. 给定网格横纵比为

$$\frac{h_2}{h_1} = \frac{\sqrt{g_{22}}}{\sqrt{g_{11}}} = f(\xi, \eta), \tag{7.110}$$

其中 $f(\xi, \eta)$ 原则上是给定的控制网格疏密的函数. 网格正交时, $\beta = x_\xi x_\eta + y_\xi y_\eta = g_{12} = 0$, $\alpha = x_\eta^2 + y_\eta^2 = g_{22} = h_2^2$, $\gamma = x_\xi^2 + y_\xi^2 = g_{11} = h_1^2$, $J^{-2} = g_{11}g_{22} - (g_{12})^2 = (h_1h_2)^2$. 如下特别地选择[69]

$$P = \frac{1}{h_1h_2}\frac{\partial f}{\partial \xi}, \quad Q = \frac{1}{h_1h_2}\frac{\partial}{\partial \eta}\left(\frac{1}{f}\right), \tag{7.111}$$

使方程 (7.105a) 和 (7.105b) 变为

$$h_2^2 Z_{\xi\xi} + h_1^2 Z_{\eta\eta} + h_1 h_2 \left[f_\xi Z_\xi + \left(\frac{1}{f}\right)_\eta Z_\eta \right] = 0, \quad Z = x \text{ 或 } y.$$

上式两端同除以 $h_1 h_2$, 即得生成正交网格的控制方程:

$$(f x_\xi)_\xi + \left(\frac{1}{f} x_\eta\right)_\eta = 0, \quad (f y_\xi)_\xi + \left(\frac{1}{f} y_\eta\right)_\eta = 0. \tag{7.112}$$

当 $f \equiv 1$ 时, (7.112) 变成计算平面上的 Laplace 方程, 可用于生成保角的内部网格 (见 7.3.2 节末尾).

实际计算中首先用给定边界生成一个非正交网格. 接下来用 (7.110) 式确定全部边界上的横纵比 $f(\xi, \eta)$, 并用无限插值法 (7.4.4节) 获得区域内部的 f 值. 将方程 (7.112) 的离散方程迭代几步得到修正的网格, 然后再重新计算边界上的 $f(\xi, \eta)$. 重复整个过程, 直到网格点不再变化. 可见内部网格疏密控制主要来自给定的边界格点分布; 无限插值提供一些额外控制.

7.6 网格生成实例

在本节中, 前面讨论的一些技术 (主要包括7.4.3节中的多面法) 将被结合起来编制一个能生成介于两条固定边界线之间区域中网格的计算机程序.

物理区域如图 7.14 所示, 下边界为对称细长体加下游直线延伸段 (ABC), 上边界是流场的远场边界, 为半圆加直线 (FED), 将在上下两个边界之间生成半个 C 型网格.

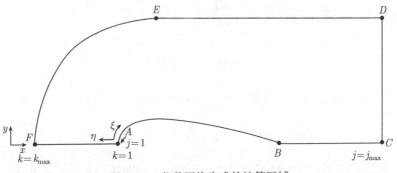

图 7.14 代数网格生成的计算区域

首先生成边界 ABC 和 FED 上的网格点. 使用一维拉伸函数 (7.60) 控制边界上网格点的分布. 然后用多面法生成这两个边界之间的内部网格. 在下边界 ABC

附近引入辅助曲线 $\mathbf{Z}_2$, 在上边界 FED 附近引入辅助曲线 $\mathbf{Z}_3$. 调节辅助曲线与相邻边界线的 r 参变量对应, 使得网格线正交于边界线. 选择辅助曲线上 $x(r), y(r)$ 的机制是用正交投影. 正交投影和拟正交网格构造法[69] 类似. 下面以 $\mathbf{Z}_2$ 为例, 介绍拟正交网格构造过程.

以下叙述中, μ, ν 表示广义曲线坐标. 假设已经用某种方法构建了作为辅助曲线 $\mathbf{Z}_2$ 的一条曲线 $\nu = \nu_2$, 希望在该曲线上找到一点 (μ_j, ν_2), 使其近似正交于边界线 $\mathbf{Z}_1$ 上的指定点 (μ_j, ν_1) (图 7.15). 点 (μ_j, ν_1) 处边界的法方向为 $-\,\mathrm{d}x/\mathrm{d}y|_{\nu_1,n}$, 该方向和辅助线 $\mathbf{Z}_2$ 相交于交点 (μ', ν_2). 计算该点处辅助曲线的法方向 $-\,\mathrm{d}x/\mathrm{d}y|_{\nu_2,n}$, 然后沿辅助曲线 $nu = nu_2$ 横移到另一交点 (μ'', ν_2), 使得此点处的法方向刚好穿过原边界点 (μ_j, ν_1). $\mathbf{Z}_2$ 曲线上最终和边界点 (μ_j, ν_1) "正交对应" 的点 (μ_j, ν_2), 取为 (μ', ν_2) 和 (μ'', ν_2) 这两个交点的代数平均. 这等价于使用一个平均特征方向

$$\left.\frac{\mathrm{d}y}{\mathrm{d}x}\right|_{\mathrm{av}} = 0.5\left(-\left.\frac{\mathrm{d}x}{\mathrm{d}y}\right|_{\nu_1,n} - \left.\frac{\mathrm{d}x}{\mathrm{d}y}\right|_{\nu_2,n}\right) \tag{7.113}$$

从边界 $\mathbf{Z}_1$ 上的点 (μ_j, ν_1) 出发与辅助曲线 $\mathbf{Z}_2$ 相交的交点. 上述拟正交构造过程是一个预估-校正方法. 计算此交点的代码见后面的子程序 SURCH.

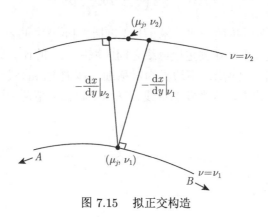

图 7.15   拟正交构造

设图 7.14 中的边界 AB 代表 NACA-00't' 翼型族:

$$y = t(a_1 x^{1/2} + a_2 x + a_3 x^2 + a_4 x^3 + a_5 x^4), \tag{7.114}$$

其中 $a_1 = 1.4779155$, $a_2 = -0.624424$, $a_3 = 1.727016$ (改正了 [69] 中 a_3 的负号), $a_4 = 1.384087$, $a_5 = -0.489769$, 't' 表示相对于单位弦长的两位数百分比翼型厚度 (这里取 't'= 12, 即式 (7.114) 中 $t = 0.12$). 对于边界 ABC, 有 $0 \leqslant \xi \leqslant 1$, $\xi = (j-1)/(j_{\max}-1)$.

为了关联边界 ABC 的物理坐标 (x, y) 和计算坐标 ξ, 有必要引入表面弧长 R_a,

$$R_a = \int_0^{x_a} \left[1 + \left(\frac{\mathrm{d}y}{\mathrm{d}x} \right)^2 \right] \mathrm{d}x, \tag{7.115}$$

其中 $\mathrm{d}y/\mathrm{d}x$ 由 (7.114) 式确定. 在后面给出的子程序 FOIL 中数值积分 (7.115) 式以获得关于翼型局部坐标 $0 \leqslant x_a \leqslant 1$ 的函数 R_a. 边界 ABC 的总弧长

$$R_{aC,\max} = R_{aB} + x_C - x_B. \tag{7.116}$$

用预设的一维拉伸函数 (7.60) 生成边界 ABC 的归一化参数 $r_{AC}(\xi)$, 使得满足

$$0 \leqslant r_{AC}(\xi) \leqslant 1, \quad \text{当 } 0 \leqslant \xi \leqslant 1 \text{ 时}. \tag{7.117}$$

因此边界 ABC 上任一点的物理表面弧长坐标 $r_{AC,d}$ 为

$$r_{AC,d}(\xi) = r_{AC}(\xi) R_{aC,\max}. \tag{7.118}$$

拉伸函数 $r_{AC}(\xi)$ 在子程序 STRECH 中计算. 对于 $r_{AC,d} \leqslant R_{aB}$, 边界 AB 的物理横坐标 $x(j)$ 用 $r_{AC,d}$ 的插值获得, 纵坐标 $y(j)$ 用 (7.114) 式计算. 这在子程序 FOIL 中通过置 INT=1 执行. 对于 $r_{AC,d} > R_{aB}$, 边界物理坐标来自 $x_B \leqslant x \leqslant x_C$ 间的线性插值. ABC 的物理坐标在主程序 ALGEM 中记为 $XS(1, j), YS(1, j)$.

类似地, 外边界 FED 的物理坐标 $XS(4, j), YS(4, j)$ 也可用归一化拉伸函数 $r_{FD}(\xi)$ 所对应的物理弧长坐标 $r_{FD,d}$ 插值获得. 其中, FE 为圆弧, ED 为直线.

边界 AF 和 CD 上的网格点位置依赖于预设的拉伸函数 $s_{AF}(\eta)$ 和 $s_{CD}(\eta)$, 但却是用下面的多面法格式 (7.120) 显式地获得的.

用四个面 $(N = 4)$ 实施 7.4.3 节中的多面法. 其中, ABC 构成 $\mathbf{Z}_1$ 面, FED 构成 $\mathbf{Z}_4$ 面. 初始的辅助面 $\mathbf{Z}_2$ 和 $\mathbf{Z}_3$ 由 $\mathbf{Z}_1$ 和 $\mathbf{Z}_4$ 线性插值构造:

$$\mathbf{Z}_2^i = \mathbf{Z}_1 + s_2(\mathbf{Z}_4 - \mathbf{Z}_1), \quad \mathbf{Z}_3^i = \mathbf{Z}_1 + s_3(\mathbf{Z}_4 - \mathbf{Z}_1), \quad 0 < S_2 < S_3 < 1. \tag{7.119}$$

初始辅助面 $\mathbf{Z}_2^i$ 和 $\mathbf{Z}_3^i$ 有正确的位置但与相邻的边界之间没有正确的 r 参数对应. 假如将面 $\mathbf{Z}_2^i$ 和 $\mathbf{Z}_3^i$ 代入多面法格式 (7.120), 所得的 η 网格线是连接 ABC 和 FED 上同一个 j 指标网格点的直线.

因此, 辅助面 $\mathbf{Z}_2$ 和 $\mathbf{Z}_3$ 对参数 r 的依赖关系需要调节, 使得连接 $\mathbf{Z}_2$ 上点和边界 $\mathbf{Z}_1$ 上对应点 (相同 r) 的直线垂直于 $\mathbf{Z}_1$, 连接 $\mathbf{Z}_3$ 和 $\mathbf{Z}_4$ 上对应点 (相同 r) 的直线垂直于 $\mathbf{Z}_4$. 多面法的性质能保证邻近边界 $\mathbf{Z}_1$ 和 $\mathbf{Z}_4$ 的网格是近似正交的.

由于 $\mathbf{Z}_1(r)$ 已知, 只需从网格点 $XS(1, j), YS(1, j)$ 引出一条正交于 $\mathbf{Z}_1$ 的直线, 使其和 $\mathbf{Z}_2$ 相交于点 $XS(2, j), YS(2, j)$. 这相当于图 7.15 中的预估阶段. $\mathbf{Z}_2$ 上交点

的正交性调节在子程序 SURCH 中执行. 该子程序也调节辅助面 $\mathbf{Z}_3$ 上对应于指标 j(参数 r) 的点 $\mathrm{XS}(3,j)$, $\mathrm{YS}(3,j)$, 使其和边界 $\mathbf{Z}_4$ 正交于网格点 $\mathrm{XS}(4,j)$, $\mathrm{YS}(4,j)$.

确定了面 $\mathbf{Z}_1$ 到 $\mathbf{Z}_4$ 的坐标以后, 用 [76] 中的多面法生成网格:

$$x(j,k) = \sum_{l=1}^{4} \mathrm{SH}(l)\mathrm{XS}(l,j), \quad y(j,k) = \sum_{l=1}^{4} \mathrm{SH}(l)\mathrm{YS}(l,j). \tag{7.120}$$

其中权函数

$$\begin{aligned}
\mathrm{SH}(1) &= (1-s)^2(1-a_1 s), \\
\mathrm{SH}(2) &= s(1-s)^2(a_1+2), \\
\mathrm{SH}(3) &= s^2(1-s)(a_2+2), \\
\mathrm{SH}(4) &= s^2[1-a_2(1-s)] \\
\text{且 } a_1 &= \frac{2}{3a_w-1}, \quad a_2 = \frac{2}{2-3a_w}.
\end{aligned} \tag{7.121}$$

式中, s 是 η 方向的归一化拉伸参数, 是用预设的 AF 和 CD 边界拉伸函数在 ξ 方向线性插值而得

$$s = s_{AF}(k) + \xi(j)\left[s_{CD}(k) - s_{AF}(k)\right]. \tag{7.122}$$

上述多面法格式被编写成 FORTRAN 77 主程序 ALGEM (Listing 7.1) 及其子程序 STRECH (Listing 7.2), FOIL (Listing 7.3) 和 SURCH (Listing 7.4). 表 7.1 给出了程序中用到的各个参数的含义. 图 7.16 给出了所生成的绕 NACA-0012 翼型的典型网格. 可见网格在下边界加密且在各边界上几乎正交. 建议初始辅助面 (7.119) 中取 $s_2 = 0.1, s_3 = 0.9$ 来控制边界附近的正交网格. 权函数 (7.121) 中的参数 a_w 会影响内部网格的均匀性, 典型取值为 0.5 到 0.6 之间, 同时取边界拉伸函数 (7.60) 中的参数 $P_{AC} = P_{FD} = P_{AF} = P_{CD} = 1$.

表 7.1　程序 ALGEM 中用到的参数

参数	说明
jmax, kmax	ξ 和 η 方向的网格点数
IRFL	> 0 表示网格关于 x 轴反射
t	翼型厚度, 如 0.12
s2, s3	辅助面 $\mathbf{Z}_2, \mathbf{Z}_3$ 的初步插值参数 s_2, s_3, (7.119)
aw	内部网格均匀性参数 a_w, (7.121)
pac, qac	边界 AC 拉伸函数的控制参数, (7.60), FD, AF, CD 类似
rac, rfd	归一化拉伸函数 $r_{AC}(\xi)$, $r_{FD}(\xi)$, (7.117)

续表

参数	说明
saf, scd	归一化拉伸函数 $s_{AF}(\eta)$, $s_{CD}(\eta)$, (7.122)
rab, racmx, rfe, rfdmx	下边界弧长 R_{aB}, $R_{aC,\max}$, (7.116), 类似地, 上边界弧长 R_{FE}, $R_{FD,\max}$
racd, rfdd	下边界物理弧长坐标 $r_{AC,d}$, (7.118), 类似地, 上边界弧长坐标 $r_{FD,d}$
xa, ra	翼型轴向坐标 x_a 和弧长坐标 R_a, (7.115)
xd, yd	插值的翼型物理坐标, 从子程序 FOIL 返回
xb, yb	边界角点 A, B, C, D, E, F 的坐标, 图 7.14
XS, YS	多个辅助面的坐标
x, y	生成的网格点坐标
s	多面法中的插值参数, (7.121)
SH	多面法中的权函数, (7.120)
em1—em4	辅助面 1—4 的切方向 (SURCH)
xs2, ys2	辅助面 2 经过正交调节后的坐标
xs3, ys3	辅助面 3 经过正交调节后的坐标

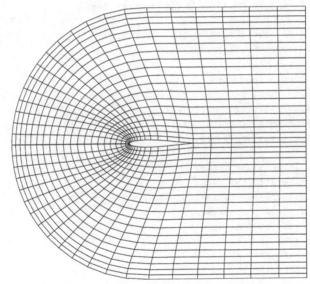

图 7.16 程序 ALGEM 生成的 C 型网格

Listing 7.1: 主程序 ALGEM

```
1  c       ALGEM applies a modified multi(4)-surface technique to the generation of a grid
   c       about a NACA-00 't' airfoil at zero incidence. The upper half grid is generated.
3          program ALGEB
           parameter (nm = 513)
5          parameter (n0foil = 1001)
           dimension x(nm,nm),y(nm,nm),xb(6),yb(6),XS(4,nm),YS(4,nm),
7         &rac(nm),rfd(nm),saf(nm),scd(nm),SH(4)
           common ra(n0foil),xa(n0foil)
```

```
 9 c        in the fixed format input file, there should be commas between data
            open(1,file='algem.dat')
11          open(2,file='algem.out')
            read(1,1) jmax, kmax, IPR, IRFL, t, s2, s3, aw
13    1     format(4I5, 4E10.3)
            read(1,2) pac, qac, pfd, qfd, paf, qaf, pcd, qcd
15    2     format(8E13.5)
            write(2, 3)
17          write(2, 4) jmax, kmax, IPR, t, s2, s3, aw
      3     format(' multisurface grid generation')
19    4     format(' jmax,kmax=', 2I4, ' print foil IPR=', I2, ' t=',
           &E10.3, 5X, ' s2,s3=', 2E10.3, ' aw=', E10.3)
21          write(2,5) pac, qac, pfd, qfd
            write(2,6) paf, qaf, pcd, qcd
23    5     format(' PAC=',E10.3,' QAC=',E10.3,' PFD=',E10.3,' QFD=',E10.3)
      6     format(' PAF=',E10.3,' QAF=',E10.3,' PCD=',E10.3,' QCD=',E10.3)
25 c        define corner points of the boundary
   c        A, B, C, D, E, F in Fig.13.25 in Fletcher 1991 book
27          data xb/2.00, 3.00, 5.00, 5.00, 2.25, 0.00/
            data yb/0.00, 0.00, 0.00, 2.25, 2.25, 0.00/
29          pi = 3.14159265358979323846 2643d0
   c
31 c        generate stretch functions
            call STRECH(jmax, pac, qac, rac)
33          call STRECH(jmax, pfd, qfd, rfd)
            call STRECH(kmax, paf, qaf, saf)
35          call STRECH(kmax, pcd, qcd, scd)
   c
37          write(2,7)(rac(j),j=1,jmax)
            write(2,8)(rfd(j),j=1,jmax)
39          write(2,9)(saf(j),j=1,kmax)
            write(2,10)(scd(j),j=1,kmax)
41    7     format(' rAC',18F7.4)
      8     format(' rFD',18F7.4)
43    9     format(' sAF',18F7.4)
     10     format(' sCD',18F7.4)
45 c        set INT = 0 to compute surface arc coordinates ra at xa for body AB
            call FOIL(0, t, rab, xd, yd)
47 c
            racmx = rab + xb(3) - xb(2)
49          rfe = 0.5 * pi * (yb(5)-yb(1))
            rfdmx = rfe + xb(4) - xb(5)
51 c        print original foil axial and arc coordinates if IPR .ne. 0
            if(IPR .ne. 0) then
53             write(2,11)
               write(2,12)(xa(1),ra(1),l=1,n0foil)
55   11        format(' xa, ra of airfoil surface')
     12        format(2E12.5)
```

```
57        endif
   c
59 c        generate points (XS,YS) on bounding surfaces 1 and 4
   13      do 17 j = 1,jmax
61        racd = rac(j) * racmx
          if(racd .lt. rab) then
63 c           set INT = 1 to interpolate a surface arc coordinate to get (xd,yd)
              call FOIL(1, t, racd, xd, yd)
65            xs(1,j) = xd * (xb(2)-xb(1)) + xb(1)
              ys(1,j) = yd * (xb(2)-xb(1)) + yb(1)
67        else
   c           on downstream line BC
69            xs(1,j) = xb(2) + (racd - rab) * (xb(3) - xb(2))/(racmx-rab)
              ys(1,j) = 0.0
71        endif
   15      rfdd = rfd(j) * rfdmx
73        if(rfdd .lt. rfe) then
   c           on half circle FE
75            rr = yb(5) - yb(1)
              the = rfdd/rr
77            xs(4,j) = xb(5) - rr * cos(the)
              ys(4,j) = rr *sin(the)
79        else
   c           on horizontal line FD
81            xs(4,j) = xb(5) + (rfdd - rfe) * (xb(4)-xb(5))/(rfdmx-rfe)
              ys(4,j) = yb(5)
83        endif
   17      continue
85 c
   c        SURCH generate middle surfaces 2 and 3 so that the grid adjacent to
87 c        bounding surfaces 1 and 4 is orthogonal
          call SURCH(jmax, s2, s3, XS, YS)
89 c
   c        output representative points of 4 multi-surfaces
91        do 22 L = 1,4
          write(2,18) L
93 18      format(10H Surface   ,I1)
          do 21 j = 1, jmax, 18
95        ja = j
          jb = ja + 17
97        write(2,19) (XS(L,jc),jc=ja,jb)
          write(2,20) (YS(L,jc),jc=ja,jb)
99 19      format('XS=', 18F7.4)
   20      format('YS=', 18F7.4,/)
101 21     continue
   22      continue
103 c        output S2, S3 on screen
          do j=1,jmax
```

```
105        print*,j,xs(2,j),ys(2,j),xs(3,j),ys(3,j)
           enddo
107 c
    c      generate interior grid
109        a1 = 2./(3.*aw-1.)
           a2 = 2./(3.*(1.-aw)-1.)
111        ajm = jmax - 1
           dxi = 1./ajm
113        do 24 k = 1,kmax
           do 23 j = 1,jmax
115        aj = j - 1
           xi = aj * dxi
117        s = saf(k) + xi * (scd(k) - saf(k))
           SH(1) = (1.-s)**2*(1.-a1*s)
119        SH(2) = (1.-s)**2*s*(a1+2.)
           SH(3) = (1.-s)*s*s*(a2+2.)
121        SH(4) = s*s*(1.-a2*(1.-s))
           x(j,k) = 0.0
123        y(j,k) = 0.0
           do L = 1,4
125        x(j,k) = x(j,k) + SH(L) * XS(L,j)
           y(j,k) = y(j,k) + SH(L) * YS(L,j)
127        enddo
    23     continue
129 24     continue
    c
131 c      reflect the grid about x-axis when IRFL .ne. 0
           if (IRFL .eq. 0) goto 28
133        if(nm .lt. 2*jmax-1) print*, 'nm is too small to store grid'
           if(nm .lt. 2*jmax-1) stop 222
135        jmap = jmax - 1
           do 27 k = 1,kmax
137        do 25 j = 1,jmax    !move (1...jmax) into (jmax...2*jmax-1)
           ja = 2*jmax - j
139        jb = ja - jmap
           x(ja,k) = x(jb,k)
141        y(ja,k) = y(jb,k)
    25     continue
143        do 26 j = 1,jmap
           ja = 2*jmax - j
145        x(j,k) = x(ja,k)
           y(j,k) = -y(ja,k)
147 26     continue
    27     continue
149        jmax =jmax + jmap
    c      output stretch s_AF and s_CD, and (x,y) for each k
151 28     do 33 k = 1, kmax
           write(2,29) k, saf(k), scd(k)
```

```
153   29    format(' k=',I3, 5X, ' SAF=',E10.3,' SCD=', E10.3)
            do 32 j = 1, jmax, 18
155         ja = j
            jb = ja + 17
157         write(2,30) (x(jc,k),jc=ja,jb)
            write(2,31) (y(jc,k),jc=ja,jb)
159   30    format(' X=', 18F7.4)
      31    format(' Y=', 18F7.4,/)
161   32    continue
      33    continue
163 c       output file 'fort.77' for plotting grid with gnuplot
            rewind(77)
165         do 60 i=1,jmax
            do 50 j=1,kmax
167         write(77,*)x(i,j), y(i,j)
      50    continue
169         write(77,*)
      60    continue
171         do 80 j=1,kmax
            do 70 i=1,jmax
173         write(77,*)x(i,j), y(i,j)
      70    continue
175         write(77,*)
      80    continue
177         close(77)
            stop
179         end
```

Listing 7.2: 子程序 STRECH

```
1         subroutine STRECH(n, P, Q, s)
    c     compute one-dimensional stretching function, s=P*eta+(1.-P)*( 1.-tanh
    c     (Q*(1.-eta))/tanh(Q) ),
3   c     for given control parameters P and Q.
          dimension s(n)
5         delta = 1./float(n-1)
          tqi = 1./tanh(Q)
7         do 1 L = 1, n
          eta = delta*float(L-1)
9         dum = Q*(1. - eta)
          dum = 1. - tanh(dum)*tqi
11        s(L) = P*eta + (1.-P)*dum
    1     continue
13        return
          end
```

Listing 7.3: 子程序 FOIL

```fortran
      subroutine FOIL(int, t, rab, x, y)
c     Surface profile is NACA-00't' aerofoil
c     If INT = 0, numerically integrate to obtain surface arc coordinates
c     If INT = 1, interpolate a surface arc coordinate rab to obtain (X,Y)
      parameter (n0foil = 1001)
c     improve L.E. mesh by equal stretch function with the ratio 'dsk' for x in [0,1]
      parameter (dsk=1.01)
      dimension a(5)
      common ra(n0foil),xa(n0foil)
      data a/1.4779155, -0.624424,-1.727016, 1.384087, -0.489769/
c     correct as -1.727016, sign is different from Fletcher 1991 book.
      pi = 3.14159265358979323846462643d0
      if(int .eq. 1) goto 2
c
c     numerically integrate to obtain ra(L) as a function of xa(L)
      ra(1) = 0.
      xa(1) = 0.
c     n0foil is the discrete point number used to represent the airfoil
      h = 1.0 * (dsk-1.0d0)/(dsk**(n0foil-1)-1.0d0)     !the first dx1
      radius = (a(1)/(1./t -a(2)))**2       !翼型头部半径
      print*,'radius, initial 2nd point=', radius, h
      if(h. ge. radius) then
         print*,'case 2: 2nd point >= L.E. radius, reset to radius'
         xa(2) = radius
         ra(2) = 0.5*pi*radius
      else
         print*,'case 1: 2nd point < L.E. radius, compute the arc'
         xa(2) = h
         ang = acos((radius-xa(2))/radius)
c        the 1st surface interval is a circular arc
         ra(2) = ang*radius
      endif
      dum = 3.*a(4) + 4.*a(5)*xa(2)
      dum = 2.*a(3) + dum*xa(2)
      dum = t*(0.5/sqrt(xa(2)) + a(2) + dum*xa(2))
      flp = sqrt(1.0 + dum*dum)
      do 1 L = 2, n0foil - 1
      lp = L+1
      xa(lp) = h*(dsk**L-1.0d0)/(dsk-1.0d0)
      dx = xa(lp) - xa(L)
      fl = flp
      dum = 3.*a(4) + 4.*a(5)*xa(lp)
      dum = 2.*a(3) + dum*xa(lp)
      dum = t*(0.5/sqrt(xa(lp)) + a(2) + dum*xa(lp))
      flp = sqrt(1.0 + dum*dum)
      ra(lp) = ra(L) + 0.5*(fl + flp)*dx
1     continue
```

```
48        rab = ra(n0foil)
          return
50  c
    c     interpolate between ra(L-1) and ra(L) to obtain X corresponding to
    c     surface coordinate RAB
52  c     subsequently obtain Y from analytic NACA-00't' profile
    2     do 3 L = 2, n0foil
54        if(rab .gt. ra(L)) goto 3
          lm = L - 1
56        x = xa(lm) + (xa(L) - xa(lm))*(rab-ra(lm))/(ra(L)-ra(lm))
          if (x .lt. 0.0)x = 0.0     !to avoid small negative
58        dum = a(4) + a(5)*x
          dum = a(3) + dum*x
60        dum = a(2) + dum*x
          y = t * (a(1)*sqrt(x) + dum*x)
62        return
    3     continue
64        write(*,4) rab, ra(1), ra(n0foil)
    4     format( 'RAB outside foil range',5X, ' RAB=', E10.3,
66       &' RA(1)=', E10.3, ' RA(n0foil)=',E10.3)
          return
68        end
```

Listing 7.4: 子程序 SURCH

```
          subroutine SURCH(jmax, s2, s3, XS, YS)
2   c     generate middle surfaces 2 and 3 to create orthogonal boundary grid
          parameter (nm = 513)
4         dimension xs2(nm),ys2(nm),xs3(nm),ys3(nm),XS(4,nm),YS(4,nm)
          jmap = jmax - 1
6   c
    c     preliminary generation of surfaces 2 and 3
8         do 1 j = 1,jmax
          dxs = XS(4,j) - XS(1,j)
10        dys = YS(4,j) - YS(1,j)
          XS(2,j) = XS(1,j) + s2*dxs
12        YS(2,j) = YS(1,j) + s2*dys
          XS(3,j) = XS(1,j) + s3*dxs
14        YS(3,j) = YS(1,j) + s3*dys
    1     continue
16  c
    c     project orthogonally from surface 1 onto surface 2
18        do 9 j = 2,jmap
          if(abs(XS(1,j+1)-XS(1,j-1)). gt. 1.0E-6) goto 2
20        em1 = 1.0E6*(YS(1,j+1)-YS(1,j-1))
          goto 3
22  2     em1 = (YS(1,j+1)-YS(1,j-1))/(XS(1,j+1)-XS(1,j-1))
    3     if(abs(XS(2,j)-XS(2,j-1)). gt. 1.0E-6) goto 4
```

```fortran
24          em2 = 1.0E6*(YS(2,j)-YS(2,j-1))
            goto 5
26     4    em2 = (YS(2,j)-YS(2,j-1))/(XS(2,j)-XS(2,j-1))
       c    intersected point in [j-1,j] on Z2 by normal at point ZS(1,j)
28     5    x2 = (em1*(YS(1,j)-YS(2,j)+em2*XS(2,j))+XS(1,j))/(1.+em1*em2)
            y2 = YS(2,j) + em2*(x2-XS(2,j))
30     c
            stjm = sqrt((x2-XS(2,j-1))**2+(y2-YS(2,j-1))**2)
32          sjjm = sqrt((XS(2,j)-XS(2,j-1))**2+(YS(2,j)-YS(2,j-1))**2)
            dir = (x2-XS(2,j-1))*(XS(2,j)-XS(2,j-1))+
34     &          (y2-YS(2,j-1))*(YS(2,j)-YS(2,j-1))
            if(stjm.lt.sjjm.or.dir.lt.0) goto 8    !modify Fletcher book's small bug
36     c    intersected point in [j,j+1] on Z2 by normal at point ZS(1,j)
            if(abs(XS(2,j+1)-XS(2,j)). gt. 1.0E-6) goto 6
38          em2 = 1.0E6*(YS(2,j+1)-XS(2,j))
            goto 7
40     6    em2 = (YS(2,j+1)-YS(2,j))/(XS(2,j+1)-XS(2,j))
       7    x2 = (em1*(YS(1,j)-YS(2,j)+em2*XS(2,j))+XS(1,j))/(1.+em1*em2)
42          y2 = YS(2,j) + em2*(x2-XS(2,j))
       8    xs2(j) = x2
44          ys2(j) = y2
       9    continue
46     c
       c    project orthogonally from surface 4 onto surface 3
48          do 19 j = 2,jmap
            if(abs(XS(4,j+1)-XS(4,j-1)). gt. 1.0E-6) goto 12
50          em4 = 1.0E6*(YS(4,j+1)-YS(4,j-1))
            goto 13
52     12   em4 = (YS(4,j+1)-YS(4,j-1))/(XS(4,j+1)-XS(4,j-1))
       13   if(abs(XS(3,j)-XS(3,j-1)). gt. 1.0E-6) goto 14
54          em3 = 1.0E6*(YS(3,j)-YS(3,j-1))
            goto 15
56     14   em3 = (YS(3,j)-YS(3,j-1))/(XS(3,j)-XS(3,j-1))
       c    intersected point in [j-1,j] on Z3 by normal at point ZS(4,j)
58     15   x3 = (em4*(YS(4,j)-YS(3,j)+em3*XS(3,j))+XS(4,j))/(1.+em3*em4)
            y3 = YS(3,j) + em3*(x3-XS(3,j))
60     c
            stjm = sqrt((x3-XS(3,j-1))**2+(y3-YS(3,j-1))**2)
62          sjjm = sqrt((XS(3,j)-XS(3,j-1))**2+(YS(3,j)-YS(3,j-1))**2)
            dir = (x3-XS(3,j-1))*(XS(3,j)-XS(3,j-1))+
64     &          (y3-YS(3,j-1))*(YS(3,j)-YS(3,j-1))
            if(stjm.lt.sjjm.or.dir.lt.0) goto 18    !modify Fletcher book's small bug
66     c    intersected point in [j,j+1] on Z3 by normal at point ZS(4,j)
            if(abs(XS(3,j+1)-XS(3,j)). gt. 1.0E-6) goto 16
68          em3 = 1.0E6*(YS(3,j+1)-XS(3,j))
            goto 17
70     16   em3 = (YS(3,j+1)-YS(3,j))/(XS(3,j+1)-XS(3,j))
       17   x3 = (em4*(YS(4,j)-YS(3,j)+em3*XS(3,j))+XS(4,j))/(1.+em3*em4)
```

```
72        y3 = YS(3,j) + em3*(x3-XS(3,j))
   18     xs3(j) = x3
74        ys3(j) = y3
   19     continue
76 c
   c      store surface 2 and 3 locations
78        do 20 j = 2, jmap
          XS(2,j) = xs2(j)
80        YS(2,j) = ys2(j)
          XS(3,j) = xs3(j)
82        YS(3,j) = ys3(j)
   20     continue
84        return
          end
```

习 题 7

1. 利用 $J = 1/(g_{11}g_{22} - g_{12})^{1/2}$、式 (7.19)—(7.21), 参考图 7.4, 可得 $J\sin\theta = 1/(g_{11}g_{22})^{1/2}$. 给出以 α, θ, AR, J 表示的变换参数

$$x_\xi = \frac{\cos\alpha}{(\mathrm{AR}\ J\sin\theta)^{1/2}}, \qquad y_\xi = +\frac{\sin\alpha}{(\mathrm{AR}\ J\sin\theta)^{1/2}},$$

$$x_\eta = \cos(\theta+\alpha)\left(\frac{\mathrm{AR}}{J\sin\theta}\right)^{1/2}, \quad y_\eta = \sin(\theta+\alpha)\left(\frac{\mathrm{AR}}{J\sin\theta}\right)^{1/2}.$$

2. 将方程

$$u_x + v_y = 0, \qquad u_y - v_x = 0$$

变换到保角的广义坐标系中, 并演示所得到的方程为

$$U_\xi^* + V_\eta^* = 0, \qquad U_\eta^* - V_\xi^* = 0,$$

其中 $U^* = J^{-1}(\xi_y v + \eta_y u)$, $V^* = J^{-1}(\eta_y v - \xi_y u)$. (提示: 利用 (7.39).)

3. 将 Joukowski 映射 (类似于 von Karman-Trefftz 变换 (7.43), 但后缘夹角 $\tau = 0$, 因而 $k = 2$)

$$\frac{Z' + c}{Z' - c} = \left(\frac{Z - 2c}{Z + 2c}\right)^{1/2} \tag{7.123}$$

应用于 NACA-0012 翼型 (7.114). 参数 c 为 Z' 平面中拟圆的近似半径, 拟圆对应于 Z 平面中弦长为 1 的翼型. 由(7.44), c 和前缘曲率半径 r_n 的关系为

$$c = 0.25 - \frac{r_n}{8},$$

由翼型 (7.114) 得

$$r_n = \left(\frac{a_1}{1/t - a_2}\right)^2.$$

Z 平面的原点选在翼型坐标的 $(1 - 2c, 0)$ 点处, 使得后缘的 Z 坐标为 $(2c, 0)$, 前缘的 Z 坐标为 $(-1 + 2c, 0) = (-2c - 0.5r_n, 0)$.

(1) 将翼型弦长等分, 获得对应于翼型表面上点的 Z' 平面中拟圆周上点的坐标. (利用式 (7.45))

(2) 将 Z' 平面中拟圆表面数据按等角度步长插值, 用 (7.123) 的逆变换获得翼型表面对应的 Z 坐标点, 并讨论其分布情况.

(3) 对于拟圆外部的均匀极坐标网格, 用 (7.123) 的逆变换计算物理平面 Z 中的对应网格. 极坐标的最小半径应选得比拟圆的最大半径略大.

4. 如下形式的 Schwarz-Christoffel 变换

$$\frac{\mathrm{d}Z}{\mathrm{d}\zeta} = \frac{h}{\pi} \frac{(\zeta + 1)^{1/2}}{(\zeta - 1)^{1/2}} \tag{7.124}$$

把物理平面 Z 中一个高 h 的前台阶映射到计算平面 ζ 中的一条直线 (实轴) 上. 方程 (7.124) 可以解析地积分从而给出逆映射

$$\begin{cases} t = \log(\zeta + \sqrt{\zeta^2 - 1}), \\ Z = \dfrac{h}{\pi}(t + \sinh t). \end{cases} \tag{7.125}$$

计算平面中绕前台阶的位势流为

$$\phi + \mathrm{i}\psi = \frac{hU_\infty}{\pi}\zeta, \tag{7.126}$$

其中 U_∞ 是前台阶的远上游来流速度. 取 ζ 平面中的常势函数 ϕ 线和常流函数 ψ 线为网格线. 试使用逆映射 (7.125) 获得物理平面 (Z) 中的网格点.

5. 修改示范程序 ALGEM, 用多面法生成 NACA-0012 翼型网格. 网格点数为 $i_{\max} = 21, j_{\max} = 21$, 用辅助面数 $N = 3, 4$, 要求网格正交于内、外边界. 比较这两套辅助面所得网格的区别.

6. 修改示范程序 ALGEM, 用多面法生成椭圆和矩形之间区域的网格 (图 7.11), 网格点数为 $i_{\max} = 40, j_{\max} = 11$, 分别采用辅助面数 $N = 2, 3, 4$, 且对于 $N = 3, 4$ 情形, 要求网格正交于内、外边界.

7. 修改示范程序 ALGEM, 用无限插值法生成网格. 翼型上下边界 (FED, ABC) 和左右边界 (AF, CD) 之间的单变量插值, 均使用给定边界格点位置和离面导数信息的等价形式 (7.69).

8. 修改示范程序 ALGEM, 用 Poisson 方程法生成网格. 用辅助面$\{XS(1, J),$ $YS(1, J)\}$ 和 $\{XS(4, J), YS(4, J)\}$ 生成下边界 ABC 和上边界 FED 上的网格点. 用等效的方式创建左边界 AF 和右边界 CD 上的网格点.

(1) 设边界点均匀分布和 $P = Q = 0$, 用逐次超松弛迭代法求解方程 (7.108).

(2) 用边界点拉伸函数及式 (7.106) 和 (7.107) 提供的 P 和 Q, 求解方程 (7.108).

参 考 文 献

[1] Fletcher C A J. Computational Techniques for Fluid Dynamics 1: Fundamental and General Techniques [M]. Berlin, Heidelberg, New York, London, Paris, Tokyo: Springer-Verlag, 1991.

[2] 任玉新, 陈海昕. 计算流体力学基础 [M]. 北京: 清华大学出版社, 2006.

[3] 傅德薰, 马延文. 计算流体力学 [M]. 北京: 高等教育出版社, 2002.

[4] LeVeque R J. Finite Volume Methods for Hyperbolic Problems [M]. Cambridge: Cambridge University Press, 2002.

[5] Anderson J D. Computational Fluid Dynamics: The Basics with Applications [M]. New York: McGraw-Hill, Inc., 1995.

[6] Courant R, Friedrichs K, Lewy H. On the partial difference equations of mathematical physics [J]. IBM Journal of Research and Development, 1967, 11: 215-234. (Translated from the original paper in German in 1928.)

[7] Richtmyer R D, Morton K W. Difference methods for initial-value problems [M]. 2nd ed. New York: Wiley Interscience, 1967.

[8] Warming R, Hyett B. The modified equation approach to the stability and accuracy analysis of finite-difference methods [J]. J. Comput. Phys., 1974, 14: 159-179.

[9] Toro E F. Riemann Solvers and Numerical Methods for Fluid Dynamics: A Practical Introduction [M]. 3rd ed. Dordrecht, Heidelberg, London, New York: Springer, 2009.

[10] 应隆安, 滕振寰. 双曲型守恒律方程及其差分方法 [M]. 北京: 科学出版社, 1991.

[11] 水鸿寿. 一维流体力学差分方法 [M]. 北京: 国防工业出版社, 1998.

[12] Lax P D. Hyperbolic Systems of Conservation Laws and the Mathematical theory of Shock Waves [M]. CBMS-NSF Regional Conference Series in Applied Mathematics 11, Society for Industrial and Applied Mathematics, Philadelphia, USA, 1973.

[13] Lax P D, Wendroff B. Systems of conservation laws [J]. Comm. Pure Appl. Math., 1960, 13: 217-237.

[14] Lax P D. Weak solutions of nonlinear hyperbolic equations and their numerical computation. Comm. Pure. Appl. Math., 1954, 7: 159-193.

[15] MacCormack R W. The effects of viscosity in hypervelocity impact cratering. AIAA Paper 69-354, 1969.

[16] Warming R F, Beam R M. Upwind second-order difference schemes and applications in unsteady aerodynamic flows. Proc. AIAA 2nd Computational Fluid Dynamics Conf., Hartford, Conn., 1975.

[17] Roe P L. Approximate Riemann solvers, parameter vectors, and difference schemes [J]. J. Comput. Phys., 1981, 43: 357-372. Reprinted in 1997, 135(2): 250-258.

[18] Engquist B, Osher S. Stable and entropy satisfying approximations for transonic flow calculations [J]. Math. Comp., 1980, 34: 45-75.

[19] Steger J L, Warming R F. Flux vector splitting of the inviscid gasdynamic equations with application to finite-difference methods [J]. J. Comput. Phys., 1981, 40: 263-293.

[20] van Leer B. Flux-vector splitting for the Euler equations// Krause E. Eighth International Conference on Numerical Methods in Fluid Dynamics. Lecture Notes in Physics, vol 170. Berlin, Heidelberg: Springer. https://doi.org/10.1007/3-540-11948-5_66.

[21] Liou M S, Steffen C J. A new flux splitting scheme[J]. J. Comput. Phys., 1993, 107: 23-39.

[22] Harten A, Lax P D, van Leer B. On upstream differencing and Godunov-type schemes for hyperbolic conservation laws [J]. SIAM Review, 1983, 25(1): 35-61.

[23] Toro E F, Spruce M, Speares W. Restoration of the contact surface in the HLL-Riemann solver [J]. Shock Waves, 1994, 4(1): 25-34.

[24] Einfeldt B. On Godunov-type methods for gas dynamics [J]. SIAM J. Numer. Anal., 1988, 25(2): 294-318.

[25] Rusanov V V. Calculation of interaction of non-steady shock waves with obstacles [J]. J. Comput. Math. Phys. USSR, 1961, 1: 267-279.

[26] Harten A, Hyman J M, Lax P D, et al. On finite-difference approximations and entropy conditions for shocks [J]. Commun. Pure Appl. Math., 1976, 29(3): 297-322.

[27] Harten A. High resolution schemes for hyperbolic conservation laws [J]. J. Comput. Phys., 1983, 49: 357-393.

[28] Sweby P. High resolution schemes using flux limiters for hyperbolic conservation laws [J]. SIAM J. Numer. Anal, 1984, 21(5): 995-1011.

[29] 张涵信. 无波动、无自由参数的耗散差分格式 [J]. 空气动力学学报, 1988, 6(2): 143-165.

[30] van Leer B. Towards the ultimate conservative difference scheme II. Monotonicity and conservation combined in a second: Order scheme [J]. J. Comput. Phys., 1974, 14: 361-370.

[31] van Leer B. Towards the ultimate conservative difference scheme V. A second-order sequel to Godunov's method [J]. J. Comput. Phys., 1979, 32: 101-136.

[32] Osher S, Chakravarthy S. High resolution schemes and the entropy condition [J]. SIAM J. Numer. Anal., 1984, 21: 955-984.

[33] Shu C W. TVB uniformly high-order schemes for conservation laws [J]. Math. Comp., 1987, 49: 105-121.

[34] Goodman J B, LeVeque R J. On the accuracy of stable schemes for 2D scalar conservation laws [J]. Math. Comp., 1985, 45: 15-21.

[35] Harten A, Engquist B, Osher S, et al. Uniformly high order accurate essentially non-oscillatory schemes, III [J]. J. Comput. Phys., 1987, 71: 231-303.

[36] Liu X D, Osher S, Chan T. Weighted essentially non-oscillatory schemes [J]. J. Comput. Phys., 1994, 115: 200-212.

[37] Jiang G S, Shu C W. Efficient implementation of weighted ENO schemes [J]. J. Comput. Phys., 1996, 126: 202-228.

[38] 刘儒勋, 舒其望. 计算流体力学的若干新方法 [M]. 北京: 科学出版社, 2003.

[39] Henrick A K, Aslam T D, Powers J M. Mapped weighted essentially non-oscillatory schemes: Achieving optimal order near critical points [J]. J. Comput. Phys., 2005, 207: 542-567.

[40] Borges R, Carmona M, Costa B, et al. An improved weighted essentially non-oscillatory scheme for hyperbolic conservation laws [J]. J. Comput. Phys., 2008, 227(6): 3191-3211.

[41] Shu C W. High order WENO and DG methods for time-dependent convection-dominated PDEs: A brief survey of several recent developments [J]. J. Comput. Phys., 2016, 316: 598-613.

[42] Collela P, Woodward P. The piecewise parabolic method (PPM) for gas-dynamical simulations [J]. J. Comput. Phys., 1984, 54: 174-201.

[43] Shu C W. Essentially non-oscillatory and weighted essentially non-oscillatory schemes for hyperbolic conservation laws [R]. ICASE Report No. 97-65, NASA Langley Research Center, 1997.

[44] Shu C W, Osher S. Efficient implementation of essentially non-oscillatory shock capturing schemes II [J]. J. Comput. Phys., 1989, 83: 32-78.

[45] Zhang R, Zhang M P, Shu C W. On the order of accuracy and numerical performance of two classes of finite volume WENO schemes [J]. Commun. Comput. Phys., 2011, 9(3): 807-827.

[46] Shu C W, Osher S. Efficient implementation of essentially non-oscillatory shock capturing schemes [J]. J. Comput. Phys., 1988, 77: 439-471.

[47] Jiang Y, Shu C W, Zhang M P. An alternative formulation of finite difference weighted ENO schemes with Lax-Wendroff time discretization for conservation laws [J]. SIAM J. Sci. Comput., 2013, 35(2): A1137-A1160.

[48] Jiang Y, Shu C W, Zhang M P. Free-stream preserving finite difference schemes on curvilinear meshes [J]. Methods and Applications of Analysis, 2014, 21(1): 1-30.

[49] Zeng F J, Shen Y Q, Liu S P. A perturbational weighted essentially non-oscillatory scheme [J]. Computers and Fluids, 2018, 172: 196-208.

[50] Deng X G. High-order accurate dissipative weighted compact nonlinear schemes [J]. Science in China Series A: Mathematics, 2002, 45: 356-370.

[51] Gottlieb S, Shu C W. Total variation diminishing Runge-Kutta schemes [J]. Math. Comp., 1998, 67(221): 73-85.

[52] Gottlieb S, Shu C W, Tadmor E. Strong stability-preserving high-order time discretization methods [J]. SIAM Rev., 2001, 43(1): 89-112.

[53] Reed W H, Hill T R. Triangular mesh methods for the neutron transport equation [Z]. Technical Report LA-UR-73-479, Los Alamos Scientific Laboratory, 1973.

[54] Cockburn B, Shu C W. TVB Runge-Kutta local projection discontinuous Galerkin finite element method for conservation laws II: General framework [J]. Math. Comp., 1989, 52: 411-435.

[55] Cockburn B, Lin S Y, Shu C W. TVB Runge-Kutta local projection discontinuous Galerkin finite element method for conservation laws III: One-dimensional systems [J]. J. Comput. Phys., 1989, 84: 90-113.

[56] Cockburn B, Hou S C, Shu C W. TVB Runge-Kutta discontinuous Galerkin method for conservation laws IV: The multidimensional case [J]. Math. Comp., 1990, 54: 545-581.

[57] Cockburn B, Shu C W. TVB Runge-Kutta discontinuous Galerkin method for conservation laws V: Multidimensional systems [J]. J. Comput. Phys., 1998, 144: 199-224.

[58] Cockburn B. Discontinuous Galerkin methods for convection-dominated problems [C]//Barth T, Deconinck H. High-Order Methods for Computational Physics, Lecture Notes in Computational Science and Engineering: Volume 9. Springer-Verlag, 1999: 69-224.

[59] Cockburn B, Shu C W. Runge-Kutta discontinuous Galerkin methods for convection-dominated problems [J]. J. Sci. Comput., 2001, 16: 173-261.

[60] Biswas R, Devine K D, Flaherty J E. Parallel, adaptive finite element methods for conservation laws [J]. Appl. Numer. Math., 1994, 14: 255-283.

[61] Ferziger J H, Perić M, Street R L. Computational Methods for Fluid Dynamics [M]. 4th ed. Cham: Spring Nature Switzerland AG, 2020.

[62] Berger M, Oliger J. Adaptive mesh refinement for hyperbolic partial differential equations [J]. J. Comput. Phys., 1984, 53: 484-512.

[63] Aftosmis M J, Berger M J, Melton J E. Robust and efficient Cartesian mesh generation for component-based geometry [J]. AIAA J., 1998, 36(6): 952-960.

[64] Capizzano F. Turbulent wall model for immersed boundary methods [J]. AIAA J., 2011, 49(11): 2367-2381.

[65] Glowinski R, Pan T W, Hesla T I, et al. A distributed Lagrange multiplier fictitious domain method for particulate flows [J]. Int. J. Multiphase Flow, 1999, 25: 755-794.

[66] Thompson J F, Warsi Z U A, Mastin W C. Numerical Grid Generation: Foundations and Applications [M]. Amsterdam: North-Holland, 1985.

[67] Arcilla A S, Häuser J, Eiseman P R, et al. Numerical Grid Generation in Computational Fluid Dynamics and Related Fields [M]. Amsterdam: North-Holland, 1991.

[68] Spekreijse S P. Elliptic generation systems [C]//Thompson J F, Soni B K, Weatherill N P. Handbook of Grid Generation. Boca Raton: CRC Press, 1998.

[69] Fletcher C A J. Computational Techniques for Fluid Dynamics 2: Specific Techniques for Different Flow Categories [M]. Berlin, Heidelberg, New York, London, Paris, Tokyo: Springer-Verlag, 1991.

[70] Kerlick D G, Klopfer G H. Assessing the quality of curvilinear coordinate meshes by decomposing the Jacobian matrix [C]//Thompson J F. Numericla Grid Generation. Amsterdam: North-Holland, 1982: 787-807.

[71] Ives D C. Conformal grid generation [C]//Thompson J F. Numericla Grid Generation. Amsterdam: North-Holland, 1982: 107-136.

[72] Ives D C. A modern look at conformal mapping including multiply connected regions [J]. AIAA J., 1976, 14: 1006-1011.

[73] Vassberg J C, Jameson A. In pursuit of grid convergence for two-dimensional Euler solutions [J]. Journal of Aircraft, 2010, 47(4): 1152-1166.

[74] Davis R T. Numerical methods for coordinate generation based on Schwarz-Christoffel transformations [Z]. AIAA Paper 79-1463, 1979.

[75] Miline-Thompson L M. Theoretical Hydrodynamics [M]. 5th ed. London: Macmillan, 1968: 277.

[76] Eiseman P R. A multi-surface method of coordinate generation [J]. J. Comput. Phys., 1979, 33: 118-150.

[77] Gordon W J, Hall C A. Construction of curvilinear coordinate systems and application to mesh generation [J]. Int. J. Numer. Method Eng., 1973, 7: 461-477.

[78] Eriksson L E. Generation of boundary conforming grids around wing-body configurations using transfinite interpolation [J]. AIAA J., 1982, 20: 1313-1320.

[79] Steger J L, Chaussee D S. Generation of body-fitted coordinates using hyperbolic partial differential equations [J]. SIAM J. Sci. Stat. Comp., 1980, 1(4): 431-437.

[80] Jeng Y N, Shu Y L. Grid generation for internal flow problems by methods using hyperbolic equations [J]. Numer. Heat. Transfer: Part B, 1995, 27: 43-61.

[81] Thompson J F. General curvilinear coordinate systems [C]//Thompson J F. Numerical Grid Generation. Amsterdam: North-Holland, 1982: 1-30.

[82] Thompson J F, Thames F C, Mastin C W. TOMCAT-a code for numerical generation of boundary-fitted curvilinear coordinate systems on fields containing any number of arbitrary two-dimensional bodies [J]. J. Comput. Phys., 1977, 24: 274-302.

索　引

其他